CLOUD STORAGE TECHNOLOGY
—ANALYSIS AND PRACTICE

云存储技术
——分析与实践

刘 洋⊙著

U0226407

经济管理出版社
ECONOMY & MANAGEMENT PUBLISHING HOUSE

图书在版编目（CIP）数据

云存储技术——分析与实践/刘洋著. —北京：经济管理出版社，2016.9（2021.7重印）
ISBN 978-7-5096-4577-2

Ⅰ.①云…　Ⅱ.①刘…　Ⅲ.①计算机网络—信息存储—研究　Ⅳ.①TP393.071

中国版本图书馆 CIP 数据核字（2016）第 204332 号

组稿编辑：高　娅
责任编辑：高　娅
责任印制：黄章平
责任校对：雨　千

出版发行：经济管理出版社
　　　　　（北京市海淀区北蜂窝 8 号中雅大厦 A 座 11 层　100038）
网　　址：www. E-mp. com. cn
电　　话：(010) 51915602
印　　刷：唐山玺诚印务有限公司
经　　销：新华书店
开　　本：720mm×1000mm/16
印　　张：24.75
字　　数：422 千字
版　　次：2017 年 3 月第 1 版　2021 年 7 月第 8 次印刷
书　　号：ISBN 978-7-5096-4577-2
定　　价：79.00 元

前言 Preface

在经历计算浪潮和网络浪潮之后，数据存储技术已经发展为信息领域的三大支撑技术之一。随着云计算、物联网等信息技术的发展，异构数据源越来越多，数据量飞速增长，这就使得社会对数据存储的需求逐日攀升。同时，借力于大数据分析，数据存储为社会带来的价值也日益增大。如今，数据存储作为与社会生产生活息息相关的关键性资产受到了社会全方位的关注。云存储是一种以数据存储和管理为核心的云计算系统，具有易扩展、易管理、低成本、安全可靠、服务不中断等特点，是大数据时代数据存储的首要选择。

目前，云存储作为云计算领域的细分和延伸，单独对其进行讨论的书籍还不多。本书作为课题项目的成果，目标在于弥补这种缺憾。全书采用循序渐进的方法，对云存储技术进行系统性梳理，引导读者逐步了解云存储领域的背景知识和主流技术，在力求保持通俗易懂的基础上，还包含了对云存储技术领域高级话题的讨论。

本书共分为七章。第一章概括介绍云存储系统的概念、分类、系统结构、优势、设计思想、技术标准、技术基础，为后续章节的展开埋下伏笔。第二章介绍存储技术的基础。首先介绍了以磁盘驱动器、固态盘、磁带、光盘和相变存储器为代表的外存储设备，其次讨论了磁盘阵列存储技术，再次分析比较了直连存储、附网存储和存储区域网的相关概念、原理和特点，最后介绍了数据保护、分级存储和存储系统的评价体系。第三章介绍虚拟化技术，通过回顾其发展历程，对其进行归类，着重讲述了存储虚拟化、系统虚拟化、桌面虚拟化和应用虚拟化，并介绍了典型的虚拟化产品，如 VMware vSphere、Microsoft

Azure 和 Xen。第四章对分布式存储系统进行介绍，分别讨论了以 HDFS、TFS 和 Lustre 为代表的分布式文件系统，以 Dynamo 为代表的分布式键值系统，以 Bigtable 和 Hbase 为代表的分布式表格系统，以及以 MongoDB 为代表的分布式数据库系统。第五章集中介绍在云存储相关领域的研究成果，涵盖了节能存储、固态存储、混合存储、分布式文件系统的小文件处理、基于 MapReduce 的近似计算等关键技术。第六章从实践的角度出发，介绍了如何基于 Hadoop 构建简单的云存储系统。第七章介绍 Open Stack 的对象存储服务 Swift，从实践的角度梳理了基于 Open Stack Swift 构建云存储系统的安装、使用、管理过程。

本书编写过程中，王峰教授、赵少锋博士、史晓东博士和华中科技大学有关老师和同学给予了支持与帮助，经济管理出版社的高娅老师对本书的校订付出了大量心血，在此表示衷心的感谢。

此外，还要特别感谢经济管理出版社对本书出版的大力支持，感谢家人在我多年的项目工作中给予我最坚定的支持和无私奉献。由于笔者水平有限，书中难免有错误和不妥之处，敬请读者批评指正，共同进步。

刘　洋

2016 年 8 月 22 日

目 录 Contents

第一章　云存储概述

【本章导读】

随着人类社会进入大数据时代，新的业务环境和场景亟须建立高性价比的海量数据存储系统。云存储是一种以数据存储和管理为核心的云计算系统，具有易扩展、易管理、低成本、安全可靠、服务不中断等特点，是大数据时代数据存储的首要选择。本章首先介绍了云存储的概念和分类，从层次化的视角描述了云存储的系统结构。继而，对云存储的优势进行了梳理，讨论了云存储系统的主要设计思想。随后，重点介绍了存储网络行业协会（SNIA）和开放网格基金会（OGF）制定的云存储标准。最后，指出了云存储的技术基础，为后续章节的展开埋下伏笔。

第一节　引　言

当前，整个人类社会正在昼夜不息地创造着海量的数据。富媒体、数字通信、网络和无数其他需求，都需要不断地去采集数据。为了弄清楚在世界范围内到底存储了多少数据，存储巨头 EMC 做过一项名为"数字宇宙"（Digital University）的调查。EMC 通过资助一系列相关研究，该项目对过去十年中"数字宇宙的规模"进行了评估和报告。国际数据公司（International Data Corporation，IDC）的报告预测 2020 年世界范围内产生和复制的数据总量将达到惊人的 44000 艾字节（EB）或 44 泽字节（ZB），也就是 44 万亿 GB。数据总量非常惊人，更为惊人的是它的增长速度，即存储数据总量大约每两年就会翻一番。

IDC 数字宇宙报告指出，到 2020 年云存储系统中通过容器（Container）管理的存储对象，包括文件、数字图像、数据包、记录、信号等，大约会达到 25 兆（1 兆=10^{18}）。全部数据中，云计算平台将处理的数据超过 34%，在云存储系统中以集中托管方式管理的数据将超过 14%。这意味着，数字世界中的数据已经有很大比例存储在云中，或将要存储到云中，剩余的大部分数据也会在其使用过程中经由云存储系统。所以在未来的数年中，云存储市场将迎来稳定持续的增长。

对企事业单位来说，数据存储的需求如同黑洞一般无法填满，为了弥平数据生成速度和可用存储量之间越来越大的鸿沟，需要对数据的特征加以把握，通过优化云存储系统的设计来降低存储子系统的 TCO。通过观察可以发现一些有趣的现象题，例如，当一个用户向三个联系人发送一封带有 1GB 附件的电子邮件，难以置信的是最终会产生 50GB 的存储数据。经过统计，只有 25% 的存储数据是不重复的，反过来说就是 75% 的存储数据是重复的。同样令人惊讶的是，世界上 70% 的存储数据是由个人用户生成的，其余的内容才是由企业生成的。个人用户成为数据的主要创造者，他们贡献了海量的用户行为数据、关系数据、无线互联网中的地理位置数据、交易数据、用户创造内容等。但存储数据中很大部分不是由用户主动发布的，而是在用户活动中以被动方式收集的，IDC 称为"数字影子"（Digital Shadow）。数字影子包括被监控摄像机记录的视频和照片，金融交易事件日志、性能数据等。人类每天收集的数据中，超过 50% 是影子数据。需要注意的是，大量的影子数据被存储下来，却从未被任何人分析使用过。也就是说，大部分数据的生命周期非常短，短暂保存后，就被删除。根据这些特征，可以有针对性地优化存储策略，设计更经济的存储体系结构，以提高云存储系统的效率。

云存储系统是当今最成功的云计算应用之一。无论对个人还是企业，要保证数据拥有期望的生命周期，把数据存储在云中无疑是最经济可靠的选择。根据提供给用户的存储接口进行归类，云存储可以分为非可管理型或可管理型。非可管理型云存储呈现给用户的逻辑抽象是一个可以立即使用的磁盘驱动器。但对于磁盘驱动器以何种模式工作，用户并没有被赋予足够的控制权。大多数面向用户的云存储应用属于非可管理型，如文件备份、共享等云存储应用。非可管理型云存储应用程序提供软件即服务（SaaS）类型的 Web 服务。可管理型云存储需要用户对原生虚拟化磁盘进行配置，从而使其支持基于云存储的应用程序。可管理型云存储的接口支持格式化、分区、复制数据和其他配置选项。基于可管理型云存储的应用程序提供基础设施即服务（IaaS）类型的 Web 服务。

第二节　云存储概述

随着信息技术的高速发展和社会经济的发展进步，人们对计算能力的需求不断提高，数据的访问形式也发生了巨大的变化：从单个节点的独享访问，到集群、多机系统的共享访问；从数据的分散存储，到集中存放、统一管理；从单个数据存放节点，向数据中心发展，到建立跨城市、跨洲际的数据存储和备份体系。这些变化，对传统的存储系统的体系架构、管理模式提出了挑战。云存储是一个有效地解决这些挑战的途径，并且已成为信息存储领域的一个研究热点。

可以说，云存储是一种以数据存储和管理为核心，通过网络将由大量异构存储设备构成存储资源池，融合了分布式存储、多租户共享、数据安全、数据去重等多种云存储技术，通过统一的 Web 服务接口为授权用户提供灵活的、透明的、按需的存储资源分配的云系统。

云存储是在云计算基础上衍生、延伸和发展出来的。它遵循了云计算共享基础设施的服务理念，以传统的、大规模的、可扩展的海量数据存储技术为基础，集成存储、网络、虚拟化和文件系统等多种技术，以超大规模、高性能、高效率、低能耗、高度可扩展、可靠性、可定制、动态组合和面向规模庞大的群体服务为系统目标，为用户提供高效廉价、安全可靠、可扩展、可定制和按需使用的强大存储服务。

云存储以其独特的特点和优势，集成并突破多种传统存储技术，避免了用户进行昂贵的设备采购、高额的管理和维护费用，通过资源集中分配提高了资源利用率，屏蔽了海量异构的数据存储管理的复杂性，增强了存储系统的可扩展性、可伸缩性、可靠性和健壮性。

云存储的主要特征为网络访问、按需分配、用户控制和标准开放。可以说，云存储对存储服务提供了更高层次的抽象，实现了操作系统和文件系统的无关性。这些特性融合在一起，可以在整体上提供 IaaS 类型的基础设施服务。然而，大多数普通用户并不使用类似于 Amazon S3 的 IaaS 云存储系统。相反，大多数用户使用云存储对数据进行备份、同步、归档、分级、缓存，以及同一些其他类型的软件进行交互。云存储系统往往在一个云存储卷之上附加了应用软件服务，从而使大多数产品符合 SaaS 服务模型。

云存储设备可以是块存储设备、文件存储设备或对象存储设备中的任何一种。块存储设备对于客户端来说相当于原始存储，可以被分区以创建卷，由操作系统来创建和管理文件系统。从存储设备的角度来看，块存储设备数据的传输单位是块。另一种选择是文件服务器，通常采用网络附加存储（NAS）的形式，NAS 维护自己的文件系统，将存储以文件形式提供给客户。两者相比较的话，块存储设备能够提供更快的数据传输，但客户端需要有额外的开销，而面向文件的存储设备通常比较慢，但建立链接时客户端开销较小，对象存储同时兼具块存储高速访问及文件存储分布式共享的特点。对象存储系统由元数据服务器（Metadata Server，MDS）、存储节点（Object-based Storage Device，OSD）和客户端构成。元数据服务器负责管理文件的存储位置、状态等；存储节点负责文件数据的存储；客户端则负责对外接口访问。数据通路（数据读或写）和控制通路（元数据）分离，对象存储等于扁平架构分布式文件系统加上非 POSIX 访问方式，代表着存储领域未来的发展方向。

总之，作为一种新型服务化存储模式，云存储可广泛服务于经济建设、科学研究和国家安全等领域，具有重要而广阔的应用前景。

第三节 云存储的分类

云存储大致可以分为两大类：非可管理型云存储和可管理型云存储。在非可管理型云存储中，存储服务供应商为用户提供存储容量，但限定了储存量、使用方式和客户端应用程序。对于用户来说，管理这类存储的可选项是有限的。但从另一方面来说，非可管理型云存储具有可靠性高、使用成本低、操作简单等优点。大多数面向客户的云存储应用程序都属于非可管理型。

可管理型云存储的主要客户是开发人员，他们使用可管理型云存储为提供 Web 服务的应用程序存储数据。可管理型云存储将存储空间呈现为原生磁盘，并将其提供给用户进行配置和管理。它由用户来进行磁盘分区和格式化，连接或挂载磁盘。可管理型云存储的资源可以同时提供给应用程序和其他用户使用。

一、非可管理型云存储

20 世纪 90 年代，伴随着大容量磁盘的问世，出现了一批提供存储服务的企业，他们被称为存储服务供应商（Storage Service Provider，SSP）。在风险资本和互联网热潮的推动下，数十家公司在世界各地兴建了大量的数据中心以提供在线存储服务，这就像互联网服务提供商（ISP）提供接入服务一样。

投资浪潮的后果是带来了过剩的存储能力，一大批像 iDrive、FreeDrive、MyVirtualDrive、OmniDrive 和 XDrive 这样的公司为了利用过剩的存储能力，纷纷地推出产品提供在线文件托管服务，这就是非可管理型云存储服务的雏形。这批企业的特点是，存储是预先分配给用户的，用户不能自行格式化，也不可以安装用户自己的文件系统，或改变驱动器的压缩或加密方式。

通过文件托管服务，将存储以在线存储卷（Volume）的形式提供给用户。存储卷最初通过 FTP 提供服务，之后发展为通过工具程序、浏览器提供服务。通常，文件托管服务为客户提供了部分免费存储空间，如果需要更多的在线存储就需要付费购买。FreeDrive 就是一个典型的托管存储工具，它提供了自动备份的 Web 服务。

许多早期提供托管文件服务的 SSP 企业消亡了。这主要是由三个方面原因造成的：首先，2000 年左右互联网经济泡沫破裂。其次，文件托管公司的在线存储服务的盈利能力很弱。最后，大容量磁盘技术的不断发展，导致谷歌这样的大厂商推出免费在线存储。这些 SSP 公司的文件托管服务在它们所处的时代过于超前，但是在收购和并购后，这些服务得到了延续。

最简单的非可管理型云存储服务，相当于一个文件传输工具，它允许用户上传文件，然后在需要时从另外一个位置下载。其中，一些服务仅允许传输单个文件，一些服务允许批量传输并支持断点续传。部分厂商的文件传输服务支持经由用户授权的数据分享，也可以提供对上传的文件检索服务。例如，FreeDrive 服务允许脸谱网用户查看他人的存储内容，用户可以通过设置条件查询到符合要求的文件。

Dropbox 是一个文件传输工具的例子。用户在自己的系统上安装 Dropbox 工具软件，创建一个账户，就会得到一个 Dropbox 文件夹，Dropbox 会在 Windows 系统中为用户生成一个托盘图标，用户可以拖放文件和文件夹到自己的 Dropbox 中。当一个远程用户登录一个 Dropbox 账户，他可以在自己的系统中为该账户安装 Dropbox 文件夹，在实际中相当于通过 Web 创建了一个共享文件夹。

非可管理型云存储服务将磁盘空间作为一个特定容量的分区提供给用户。也就是说，远程存储作为一个映射的驱动器出现在文件夹中。文件托管服务允许用户读取和写入该驱动器，在某些情况下，用户可以和其他用户共享驱动器。随着非可管理型存储产品逐渐发展成熟，他们开始提供增值的软件服务，如文件夹同步和备份等。

国外的非可管理型存储的典型产品有 Dropbox、微软 Skydrive、Google Drive 等，国内的典型产品有百度云盘、360 云盘、新浪爱问资料共享、华为网盘、115 网盘、网易 163 网盘、盛大网盘等，还有在国内高校中清华大学设计了 Corsair 系统。

二、可管理型云存储

在线存储最基本的服务项目是根据用户需要提供所需的磁盘空间。在前文的例子中，可以看到在一些存储服务中，它们根据用户的需要提供和准备存储空间，同时提供客户端程序来帮助用户管理存储空间，并在客户端和分配的磁盘空间之间建立持久的连接。用户可以购买额外的空间，但往往要等到服务供应商批准后才能使用。这种类型的存储是非可管理型的云存储，用户不能主动管理自己的存储。

第二种云存储类型即可管理型云存储。亚马逊的简单存储系统（Simple Storage System，S3）就是可管理型云存储系统的一个实例。在一个可管理型云存储系统中，用户按需分配存储资源，并根据随需付费（pay-as-you-go）模型支付存储费用。呈现给用户的存储资源是一个原始磁盘，用户必须进行分区和格式。这种类型的系统设计目标是为虚拟云计算系统提供虚拟化存储组件。

国外很多 IT 巨头提供了可管理型云存储服务，例如，亚马逊提供了 S3 简单存储服务；微软公司提供了 Azure 云存储；EMC 公司提供了称为 Atmos 的在线公共云存储服务；谷歌存储开发商代号为"鸭嘴兽"，这项服务项目允许开发者将其数据存储在谷歌的云存储基础设施中。它将共享谷歌的认证和数据共享平台；IBM 公司推出了智能企业存储云，通过提供基础设施和软件帮助企业客户创建和管理自己的私有存储云。IBM 是云计算市场的重要参与者，特别是对于企业云计算市场。该公司提供了硬件平台 CloudBurst 及相关软件，如 IBM 智能分析云、IBM Information Archive、IBM LotusLive、LotusLive iNotes。

国内在可管理型云存储方面，呈现出后来居上的态势，无论是产业界还是高校，都在快速地发展。在产业界，出现了阿里云 OSS、百度 BCS、七牛云存储、大华云存储。在高校，解放军理工大学开发出了支持 POSIX 接口的 MassCloud。

第四节　云存储的系统架构

2009 年 4 月，全球网络存储工业协会（SNIA）主持组建了云存储技术工作组 TWG。该组织的主要任务是引领云存储的发展方向，制定相关的行业规范。目前该组织已发布了关于云存储规范的第一个版本云数据管理接口（CDMI），即在数据对象、容器、计算、计费、性能、队列、元数据七个方面提出了初步规范。与传统存储系统相比，云存储系统面向多种类型的网络在线存储服务，是一个由网络设备、存储设备、服务器、应用软件、公用访问接口、接入网和客户端程序等多个部分组成的复杂系统，对外提供安全、可靠、高效的数据存储和业务访问服务。云存储系统的体系结构可划分为四个层次，如图 1-1 所示。

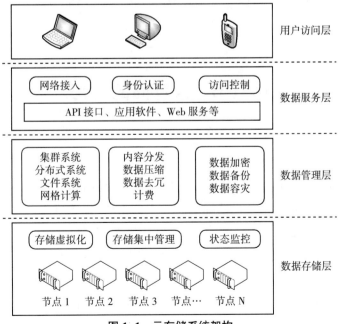

图 1-1　云存储系统架构

数据存储层是云存储最基础的部分，由不同类型的存储设备和网络设备组成。数据存储层实现海量数据的统一管理、存储设备管理、状态监控等。存储层位于云存储的最下层，它是云存储中最基础的部分。存储设备的选择多种多样，各种存储设备都可以用来构建这一层。云存储中的存储设备通常数量众多且分布在多个不同位置，彼此之间通过互联网或者光纤通道等把各种网络连接在一起。分布在存储设备之上的是一个统一的存储硬件设备管理系统，通过这一层可以实现存储设备的逻辑虚拟化管理、多链路冗余管理，以及硬件设备的状态监控和故障维护。

数据管理层是云存储最为核心的部分，也是最复杂的部分。数据管理层采用集群技术、分布式存储技术，实现多存储设备之间的协同工作，对外提供高可用性、可扩展性的服务，同时还负责数据加密、备份、容灾以及必要的计费等任务。

数据服务层是利用云存储资源进行应用开发的关键部分，云存储提供商通过数据服务层为用户提供统一的协议和编程接口，进行应用程序的开发。应用接口层是云存储最灵活多变的部分。不同的云存储运营单位可以根据实际业务类型，开发不同的应用服务接口，提供不同的应用服务。

用户访问层是基于云存储开发的应用程序的入口，授权用户可以通过标准的公共应用接口登录云存储系统，享受云存储服务。云存储运营服务商不同，云存储提供的访问类型和访问手段也不同。

第五节　云存储的优势

在大数据时代，数据增长很快。大数据的特点被归纳为四个"V"（Volume、Variety、Velocity、Value），即体量大、类型多、速度高和价值低。伴随着数据量的增长，数据的价值密度在持续降低。对于企业来说，显然不能允许 IT 预算随着数据量的增长而增长；相反，需要伴随着下降的数据价值密度来控制大数据的收集、存储、管理和分析成本。传统的存储技术在成本、可扩展性等方面都无法满足海量数据的快速增长需要。为此，很多企业选择了具有更低组建成本的云存储系统。可以说，云存储是传统存储技术在大数据时代自然演进的结果。相比传统存储，云存储具有如下优势：

一、硬件成本低

云存储系统由大量廉价的存储设备组成。云存储系统通过多副本技术得到了很强的容错能力，使企业可以使用低端硬件替代高端硬件，如采购入门级服务器来替代高性能服务器和高端存储设备。此外，云存储系统的硬件折旧成本也相对更低，这是因为云存储系统具有可扩展架构，一些原本面临淘汰的陈旧硬件也可以在云存储系统中继续使用。

二、管理成本低

云存储系统，通过虚拟化技术对资源进行池化管理，实现管理高度自动化，极少需要人工干预，大大降低了管理成本。根据相关数据统计，一个拥有 5 万个服务器的特大型数据中心与拥有 1000 个服务器的中型数据中心相比，特大型数据中心的网络和存储成本只相当于中型数据中心的 1/5 或者 1/7，而每个管理员能够管理的服务器数量则扩大到 7 倍。因而，对于规模达到几十万至上百万台计算机的云存储平台而言，其网络、存储和管理成本较之中型数据中心至少可以降低 5~7 倍。

三、能耗成本低

能源使用效率（Power Usage Effectiveness，PUE）是用来衡量数据中心的能源效率，等于数据中心所有设备能耗（包括 IT 电源、冷却等设备）除以 IT 设备能耗。PUE 是一个比率，基准是 2，越接近 1 表明能效水平越好。国内很多中型数据中心的 PUE 值大于 2，也就是说，一半以上的能源被白白浪费掉，而特大型数据中心，比如，Facebook 某太阳能供电数据中心的 PUE 值为 1.07，几乎没有额外的能源损耗。大型的云存储数据中心可以建设在水电站附近，通过协议电价有效节约能源开销。

四、资源利用率高

传统的存储系统资源利用率非常低，原因有两个方面：首先，系统按照峰值需求进行设计，这样在夜晚、非业务高峰时段，大量的计算、存储和带宽资源闲置。通过云存储系统，实现基于多租户多业务的弹性服务，按需提供和释放存储资源，降低各环节的冗余度，提高资源利用率。其次，传统的存储系统按照静态方式分配存储资源，有大量的预留空间被浪费掉。在云存储系统中，通过服务器整合和重复数据删除技术，可以大幅度减少不必要的存储开销，从而提高存储资源的利用率。

五、服务能力强

用户在使用云存储服务时，不必关心存储基础设施的实现细节，也不必关心底层的业务弹性和抗风险性，而是按照实际需求得到资源并付费，因而减少了不必要的精力浪费和成本开支。此外，云存储属于托管存储。云存储可以将数据传送到用户选择的任何媒介，用户可以通过这些媒介访问及管理数据。

第六节　云存储的主要思想

一、高冗余

保证数据在生命周期内的可靠性和可用性，是云存储系统的设计重点之一。回顾过去，为了保证互联网在遭受核打击后可以继续工作，设计者采用了高容错的设计。例如，端点之间的路径是冗余的，信息分组后通过不同的路径传输，丢失的数据包按照重传机制保证数据的完整性。这些高冗余的设计使互联网系统获得整体层面的高容错性。云存储系统的设计可以借鉴互联网的设计思路来提高可靠性。例如，在云存储系统中将数据的多个副本存储在位置不同的多个服务器上。这样，在部分服务器发生故障时，系统只需要简单地改变指向存储对象位置的指针即可。

亚马逊网络服务（Amazon Web Services，AWS）在其 IaaS 系统中就采用了高冗余设计，它允许 EC2 虚拟机实例和 S3 存储容器（Bucket）创建到四个数据中心的任何一个区域（Region）中。基于 AWS 的 S3 创建云存储时，用户就可以将数据合理地分布在亚马逊的系统中，通过高冗余设计保证系统的高可用性。

AWS 在 Region 内创建了"可用区"（Zone），它们是彼此之间相互隔离的一组系统。理论上讲，不同的可用区不会同时出现故障。考虑到在实际生产中整个 Region 可能同时发生故障，系统和存储的冗余设计需要建立在多区域（Region）

的基础上。AWS 可以在多个实例间执行负载均衡,还可以从一个地理位置到另一个执行故障后的实例转移,但这是一个额外的服务,需要用户付费购买。总之,在系统结构的上层实现冗余设计是非常重要的,也是非常有效的。

二、虚拟化聚合

通过虚拟化技术实现存储资源高效聚合,是云存储的一个重要思想。虚拟化的思想在于消除资源的差异性,通过一致性的抽象接口实现资源的同质化。通过存储虚拟化技术,可以实现硬件聚合、数据聚合,帮助企业削减运营成本,保护既有投资。例如,如果一个企业想把所有的存储资产聚合为一个云存储系统,可以尝试使用一些企业级软件产品,例如,存储虚拟化软件 StorageGRID。该软件由 NetApp 公司开发,它创建了一个虚拟化层把不同的存储设备通过管理系统聚合为单个存储池。通过它可以构建 PB 级别的存储池,能够兼容不同的存储设备、不同的传输协议和不同的地理位置。图 1-2 显示了如何使用 StorageGRID 存储到云存储中。StorageGRID 允许企业借助位于存储硬件和应用服务器之间的虚拟化层来创建一个具有容错能力的云存储系统。

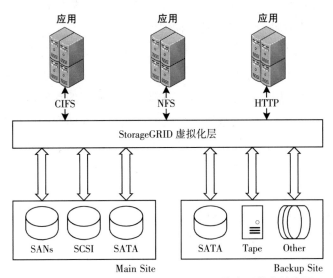

图 1-2 使用虚拟化软件 StorageGRID 聚合异构存储资源

第七节　虚拟存储容器

在部署传统的存储池时，存储分区可以被授予一个称为逻辑单元号（Logical Unit Number，LUN）的设备标签。一个 LUN 是一个可以接收存储操作的逻辑单元，如 SCSI 协议的 READ 和 WRITE（PUT 和 GET）操作。构建大型存储池的协议主要有两个，即光纤通道（Fibre Channel，FC）和 iSCSI，它们都可以构建存储区域网络（SAN），也都使用 LUN 来定义存储卷，使它们看起来如同连接到计算机的一个设备上。未使用的 LUN 相当于一个原始磁盘，通过它可以创建一个或多个卷。

通常，池化的在线存储被分配一个 LUN，然后使用称为 LUN 掩码的身份验证进程来限制那些已连接的主机只能访问已授权的 LUN。LUN 可以防止未授权的服务器访问磁盘，但 LUN 掩码的安全功能没有主机总线适配器（HBA）强大，因为和硬件地址相比 LUN 地址更容易受到欺骗。在大型存储系统中，通过 SAN zonging 也可以实现存储分区以及基于物理位置的分区。

在线存储和云存储在技术上差异较大，因为在线存储的分区不能在使用过程中根据需求动态调整存储分配方案，其磁盘空间也无法用于多租户存储系统。云存储解决方案需要使用虚拟存储容器，该容器接受租户的存储操作，并在保证一致性的前提下转发给底层存储系统。不同的存储厂商为他们的虚拟存储容器起了不同的名字，但他们全部都使用容器实体作为一个结构来创建高性能的云存储系统。LUN、文件和其他类型对象都创建在虚拟存储容器内部。图 1-3 显示了一个虚拟存储容器的模型，该模型定义了一个云存储域。该模型基于 SNIA 模型但进行了部分修改，包括了各种使用存储域所需的操作接口。

当被授予访问虚拟存储容器的权限，租户就能够执行标准的磁盘操作，比如分区、格式化、文件系统修改和所需的 CRUD（创建、读取、更新和删除）操作。虚拟存储容器可以有多种形式，比如，在 Amazon S3 中可以是块（Chunk）或桶（Bucket），也可以存储在层次文件系统的容器中。不管云存储的数据如何组织，数据和相关元数据必须是可发现的。例如，在 TCP/IP 网络中如要想使用 HTTP 或其他协议来访问云存储数据，需要为对象分配一个唯一的标识符，如统

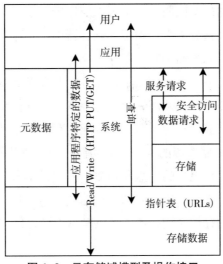

图 1-3 云存储域模型及操作接口

一资源标识符（URI），并要指定对象和元数据之间的关系。在"云存储的互操作性"一节，将描述能够发现和检索云对象的 OCCI 协议。

为了解决虚拟存储容器的安全风险问题，需要为容器设置一系列安全属性，防止窥探租户数据、拒绝服务攻击、欺骗、非法删除以及未经授权的数据发掘。一种保证租户虚拟存储容器安全的方法是为该虚拟存储容器分配一个 IP 地址，然后将容器绑定到连接租户主机到存储的 VLAN 中。一方面网络信息流在 VLAN 上是加密的，另一方面通过 VLAN 进行了租户身份验证。通常经过 VLAN 发送的数据是经过压缩的，这也以提高广域网上连接的数据吞吐量。

供应商在设计他们的云存储系统时，通常使用专用的管理接口和安全服务接口来连接分布式主机和租户，从而访问云中的存储资源。一个开放的接口标准是存储网络行业协会的云数据管理接口（CDMI）。

评估一套云存储解决方案时，需要重点考虑下列因素：①基于客户端的自助服务能力；②可管理性；③性能指标，例如吞吐量、系统响应时间等；④对 iSCSI、FCSAN 等块存储协议的支持，对 NFS 或 CIFS 等文件系统的存储协议支持；⑤无缝升级和维护。

云存储服务提供商需要制定并满足服务水平协议（Service Level Agreement，SLA）。SLA 会为虚拟存储容器制定特定的服务质量（QoS）指标，例如能够提供的 IOPS（每秒输入/输出数），以及服务的可靠性和可用性。QoS 级别可以应用于包含单个虚拟存储容器的不同服务，也可以应用于基于多个存储容器的单一客户服务。有时一个客户会被分配多个虚拟存储容器中，在这种情况下需要通过特定的机制在一个统一的控制界面中联合管理多个容器。

云存储解决方案的一个重要特点是确保性能和存储容量的可扩展性。为了实现可扩展性，虚拟存储容器必须能够很容易地从一个存储系统迁移到另外一个存储系统。此外，为了能够动态增加给租户分配的存储容量，必须提供存储容量的垂直扩展功能，或跨存储系统的水平扩展功能。为了提供存储容量的垂直扩展，服务必须允许为租户提供更多的磁盘和轴数。要提供水平扩展，服务必须令用户数据跨系统存储。支持水平横向扩展的云存储系统为客户提供的存储空间可能会跨越多个地理上分散的存储系统，还需提供跨越不同存储实例的负载均衡服务。

第八节　云存储的互操作性

互操作性是指数据可以从一个云转移到另一个云。若没有一个统一的标准，云存储供应商间的互操作很难实现。相似的问题还出现在基于传统文件系统中的应用迁移到云中的过程。理想的云存储系统必须提供一个抽象的、易用的、支持互操作的中间层，并能以最小的支撑和开发代价提供云存储服务。

一、云数据管理接口（CDMI）

网络存储工业协会（SNIA）推出了一种名为云数据管理接口（Cloud Data Management Interface，CDMI）的开放云存储管理标准。在图 1-4 中，CDMI 与存储域模型一起工作，它允许不同云计算系统之间的互操作，无论是公共云、私有云或混合云系统。CDMI 的命令允许应用程序访问云存储，以及创建、检索、更新和删除数据对象；提供了数据对象的发现功能；提供数据存储系统间通信功能；保证标准存储协议、监控、计费以及认证方法的安全性。CDMI 使用和网络文件系统（Network File System，NFS）相同的授权和认证机制。

在云数据管理接口（CDMI）中，存储空间被划分为更小的单位，称为容器。容器在其内部存储的一组数据，提供命名对象服务，并执行数据服务操作。CDMI 容器接收 CDMI 数据对象的管理，也可以通过其他支持的协议访问。

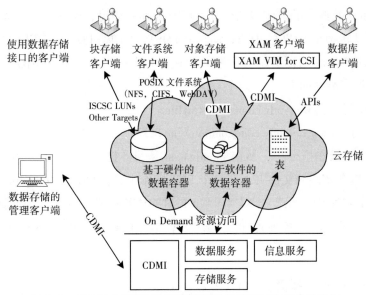

使用数据存储
接口的客户端

块存储
客户端

文件系统
客户端

对象存储
客户端

XAM 客户端

数据库
客户端

XAM VIM for CSI

POSIX 文件系统
(NFS, CIFS, WebDAV)

ISCSC LUNs
Other Targets

CDMI

CDMI

APIs

云存储

基于硬件的
数据容器

基于软件的
数据容器

表

数据存储的
管理客户端

CDMI

On Demand 资源访问

CDMI

数据服务

信息服务

存储服务

图 1-4　CDMI 允许通过多种客户端进行管理云存储内的数据

图 1-4 显示了 SNIA 云存储管理模型。在该图中，XAM 代表 eXtensible Access Method，SNIA 开发的访问存储设备上的内容的应用程序编程接口 (Application Programming Interface，API)。VIM 代表 Vendor Interface Modules，它是一个接口，将 XAM 请求转换为本地存储硬件操作系统支持的命令。

CDMI 使用标准 HTTP 命令和表述性状态转移 (REST) 协议来访问和操作这些云存储对象。CDMI 既可以发现对象，也可以通过容器输出和管理对象，从而对外提供存储空间。CDMI 提供的接口应用程序可以通过 Web 访问容器中的存储对象。CDMI 还有一些其他方面的功能，如访问控制、计费以及以卷（具有一定大小的 LUN）的形式将容器发布给应用程序。

CDMI 使用面向资源的架构 (ROA) 的标准接口提供对 HTTP、系统、用户、存储媒体属性访问的元数据服务。在这种架构中，每个资源是由一个标准的 URI（统一资源标识符）标识，可以翻译为文本 (HTTP) 或其他形式。CDMI 采用 SNIA 扩展访问方法 (XAM) 发现、访问每个数据对象的相关元数据。

不仅数据对象拥有元数据，数据容器也有元数据，所以当把一些数据存放到一个容器中，其元数据就和该容器发生联系。如果在不同层次（容器、对象等）上的元数据结构出现冲突，那么最细粒级层次对象的元数据属性优先。

在 CDMI 中，资源由名词进行标识，其属性以键值对形式表示，其动作行为由动词表示。其典型的动作包括标准 CRUD 操作：创建、检索、更新和删除。这些动作可以转换成标准的 HTTP 动词：POST、GET、PUT 和 DELETE。此外，HEAD 和 OPTIONS 动词提供对元数据的封装和操作指令。最典型的行为是 PUT 或 GET 操作，举例如下：

PUT http：//www.cloudy.com/store/<myfile>

GET http：//www.cloudy.com/compute/<myfile>

在上面的操作指令中，域名 cloudy.com 是服务提供者，myfile 为一个实例，compute 是包含文件的文件夹。在一个 PUT 操作中，如果它不存 myfile 容器则要创建它。在 PUT 中，元数据 KEY/VALUE 对 MIME 是必须的，其他元数据 KEY/VALUE 对是可选的。各种各样的 KEY/VALUE 对描述 CDMI 标准中对象的属性定义。

二、开放云计算接口（OCCI）

SNIA 和开放网格论坛（Open Grid Forum，OGF）合作成立了一个联合工作组，制定了开放云计算接口（Open Cloud Computing Interface，OCCI），它成为云计算基础设施系统的一个开放标准 API。OCCI 是跨越不同厂商的标准，支持系统间的互操作性。

OCCI 接口标准基于面向资源的架构（ROA），由于 OCCI 使用 SNIA 的云数据管理接口（CDMI）中定义的 URI，因此 OCCI 和 CDMI 可以实现互操作。资源之间的联系体现在 Atom Publishing Protocol（AtomPub or APP）的 HTTP 头部，传输 Atom Syndication Format 格式的 XML 用于 XML Web 新闻转发。OCCI 的 API 可以映射到其他格式，如 Atom/Pub、JSON 和纯文本。

OCCI 详细说明了什么是服务的生命周期。即在一个服务的生命周期中，客户端（服务请求者）可以实例化或调用一个新的应用程序，并通过 OCCI 命令预备存储资源，管理应用程序的使用、应用程序的解构以及云存储的释放。

云存储设备既可以是一个块存储设备，也可以是支持文件系统接口的存储设备，在这方面，它们和在线网络存储，甚至本地存储没有什么不同。云存储的独特之处在于，它能够根据需求提供存储和即用即付。按需从存储池分配资源被称为精简配置（Thin Provision），该术语也适用于基于虚拟机的计算资源分配。云存储的管理是通过带外（Out-of-band）管理系统，同样通过数据存储接口。带外指的是管理控制台不在存储网络内部的网关上，而通常基于一个以太网络的浏览器内。通过管理控制台，可以调用各种数据服务，如克隆、压缩、复制和快照等。

如前所述，CDMI 和 OCCI 是互操作的，CDMI 容器可以通过数据路径和其他协议访问。一个 CDMI 容器可以导出存储资源，然后作为云虚拟机的虚拟磁盘。云基础设施管理控制台可以将导出的 CDMI 容器连接到所需的虚拟机。CDMI 可以导出容器，所以从 OCCI 接口获得的信息是导出容器的一部分。OCCI 也可以创建能够与 CDMI 容器互操作的容器。既可以通过 OCCI 也可以通过 CDMI 接口进行导出操作，其结果相同。但是，如果使用的导出接口不同，在语法层面会有较大差异。在图 1–5 中，可以发现 CDMI 和 OCCI 的云资源互操作类型是不同的。

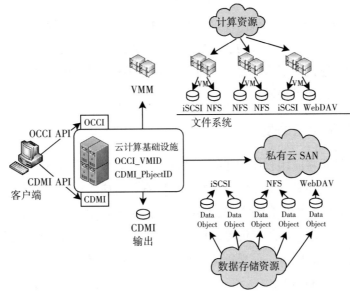

图 1–5　在一个云系统中集成可互操作的 CDMI 和 OCCI

第九节　云存储技术基础

云存储系统以高吞吐网络为依托，以分布式存储技术为核心，在高效整合网络中存储资源的基础上，为用户提供友好的接口来获取存储服务。云存储的技术基础包含以下几个方面：

一、宽带网络的发展

云存储系统最终会发展成为一个多区域分布的系统，使用者不需要通过 FC、SCSI 或以太网线缆直接连接一台独立的、私有的存储设备上，而是通过宽带和浏览器连接到云存储。只有网络的带宽得到充足发展，使用者才有可能获得足够大的网络带宽来进行数据传输，进而体验到方便的云存储服务。由于光纤入户和 4G 业务的不断发展，接入互联网变得越来越方便，云存储可以实现 Anyone、Anytime、Anywhere、Anyservice。

二、Web 技术

通过 Web 技术，使用者可以在 PC、手机、移动多媒体等多种终端设备上实现数据、文档、图片等内容的存储和共享。随着前端技术的不断发展，Web 不再仅仅是 GUI，还代表了跨平台虚拟机、API 库和虚拟桌面的功能，发展丰富了使用者的应用方式和可得服务。

三、应用存储的发展

应用存储是将应用软件功能的存储设备在存储设备中进行集成，它同时具有数据存储功能，还具有应用软件功能，可以看作是应用服务器和存储设备的集合体。从 Gmail 的 G 级空间到微软的 Skydrive、Dropbox 到国内的纳米盘、QQ 文件中转站、百度云盘、印象笔记等，都属于应用存储。应用存储的类型主要包括网络数据协作共享、网盘、远程备份和容灾、空间租赁服务等。

基于云存储构建应用存储，可以解决大规模非结构化数据的在线存储、查询、备份和归档等问题，能够通过标准协议利用互联网络将存储资源进行虚拟化管理和整合，同时结合数据管理的软硬件技术，为应用提供高效能、高可靠性的服务保证。

四、集群技术、网格技术和分布式文件系统

云存储系统是集多存储设备、多应用、多服务协同工作于一体，任何一个单点的存储系统都不能称作云存储。多个不同存储设备之间需要通过集群技术、分布式文件系统和网格计算等技术，实现设备之间的协同工作，使多个的存储设备可以统一对外提供同一种服务，并提供高品质的数据访问性能。如果没有这些技

术的存在，云存储就不可能真正实现，所谓云存储只能是一个一个的独立系统，不能形成云状结构。分布式存储系统必须具备下面几个特性：高性能、高可靠性、高可扩展性、透明性以及自治性。

（1）高性能：对于分布式系统中的每一个用户都要尽量减小网络的延迟和因网络拥塞、网络断开、节点退出等问题造成的影响。

（2）高可靠性：高可靠性是大多数系统设计时需重点考虑的问题。分布式环境通常都有高可靠性需求，用户将文件保存到分布式存储系统的基本要求是数据可靠。

（3）高可扩展性：分布式存储系统需要满足随着节点规模和数据规模的扩大而带来的需求。

（4）透明性：需要让用户在访问网络中其他节点中的数据时能感到像访问自己本机的数据一样。

（5）自治性：分布式存储系统需要拥有一定的自我维护和恢复功能。

五、存储虚拟化技术

存储虚拟化是构建异构分布式云存储的关键技术，它主要是用来将存储资源虚拟化成一个存储池，从而屏蔽存储实体间的异构特性和物理位置。这是因为云存储中的存储设备数量庞大，并且极有可能分布在多个不同地域中，各个存储设备的厂商、型号、使用的技术都有很大差别，如何实现这些多台不同厂商、不同型号、不同类型的存储设备之间的逻辑卷管理、存储虚拟化管理和多链路冗余管理将会是一个巨大的难题，只有很好地解决了这个问题，才能突破云存储的性能瓶颈，真正地将存储资源整合成一个统一的资源池，才会带来后期便利的容量和性能扩展等问题，才能使得存储接入更加简易和便利。

六、数据压缩、去重技术

目前数据压缩非常有效也是很常用的一个手段是去重（Deduplication），即识别数据中冗余的数据块，只存储一份，其余位置存储类似指针的数据结构。重复数据删除的重要特点就是通过互联网并不传输或存储多份相同数据，这样就有效减少对存储空间和网络带宽的占用，进而提高访问和检索效率。研究表明，基于数据分布的不同，有效地去重能够节省高达50%甚至90%的存储空间和带宽。去重已经被广泛用于很多商业化的系统如 Dropbox、EMC 系列产品等。许多 P2P

（Peer-to-Peer）系统也使用同样的技术来节省存储空间。

七、CDN 内容分发

内容分发网络（Content Delivery Network，CDN）将源站内容发布到最接近用户的边缘节点，使用户可就近取得所需内容，提高用户访问的响应速度和成功率。解决因分布、带宽、服务器能力带来的访问延迟高问题，提供一系列加速解决方案。

CDN 包含两部分内容。一部分是缓存（Cache），另一部分是分发（Delivery）。用户访问资源时是从就近的相同网络的缓存服务器上获取资源的，CDN 关注于把内容放在离用户近的地方，让用户访问得更快一点。同时，CDN 只是一层内容的缓存，不保证内容永远存在 CDN 的服务器上，有可能会被更热的内容替换出去，下次再有访问时，需要回源站取。

云存储是在线存储，关注于数据的安全性和可随时存取，它保证数据有多份 Copy，能让随时随地通过网络存取，因而云存储有一定的 CDN 特性，比如会将内容存于几个 IDC 中，但它做不到像 CDN 那样分布广泛。这两者可以互相结合，CDN 是云存储的延伸和有益补充。

CDN 系统架构要以小文件优化为主。云存储负责提供文件快速存储，并通过 CDN 系统快速分发至全国各地访问。云存储对于小文件访问无法取得很好的性能，尤其是面对海量访问的情况，访问压力呈几何级数增大，对此有必要在此基础上加入 CDN 服务，以降低海量访问对数据中心造成的压力。根据监控数据分析得到的结果，使用 CDN 服务可降低云存储系统 98%的压力。

CDN 系统将会包括：防盗链、流量统计、缓存调度和防攻击等多个业务功能。当未授权的用户账户访问云存储中存储的数据，可以通过 CDN 内容分发系统、数据加密技术保护这些数据避免被非法访问，从而保证数据的安全性。

第二章　存储技术基础

【本章导读】

　　存储技术的发展经历了传统的以磁盘磁带为基础的本地直连存储（DAS）、以扩展存储容量为目的的 JBOD（Just a Bunch of Disks）存储、以附网存储 NAS（Network Attached Storage）和存储区域网络 SAN（Storage Area Network）为基础的网络存储以及基于互联网的以提供存储服务为目的的云存储的发展过程。所谓温故而知新，在介绍云存储技术之前，必须要先行了解存储系统的技术基础和发展演变历程。本章首先介绍了当前主流的外存储设备，包括磁盘、固态盘、磁带、光盘和 PCM，并探讨其原理和特性。其次，介绍了传统的存储技术，包括 RAID、DAS、NAS 和 SAN。再次，讨论了存储领域的高级话题，包括分布式文件系统、镜像与快照、分级存储等。最后，梳理了存储系统的功能需求和评价标准。

第一节　外部存储设备

　　外部存储设备是信息存储系统的核心部件，是用来存放数据的实际物理载体，主要由磁性、光学或固态介质制成。不同的存储设备由于具有不同的物理存储机理，从而导致存取过程的差异。但作为存储设备，它们都包括控制器及接口逻辑，均采用了自同步技术、定位和校正技术以及相似的读写系统。本章首先介绍当前主流的存储设备：磁盘、固态盘、磁带和光盘，然后对几种新型存储设备的原理和特性进行介绍。

一、磁盘驱动器

磁盘驱动器是以磁盘为存储介质的存储设备。它是利用磁记录技术，在涂有磁记录介质的旋转圆盘上进行数据存储的外部存储设备，具有存储容量大、数据传输率高、数据可长期保存等特点，是计算机系统和存储系统的主要存储设备。

自 1956 年 IBM 推出首个具有商业用途的 IBM Model350 硬盘驱动器以来，尽管出现了许多存储新技术，但磁盘始终占据着非易失性存储器的主宰地位。原因有两个方面：第一，磁盘是存储层次中主存的下一级存储层次，是虚拟存储器技术的物质基础。执行程序时，磁盘用作主存的后备交换缓冲区。第二，关机时，磁盘是操作系统和所有应用程序的驻留介质。磁盘又包括软盘和硬盘两种，除非特别说明，本章中的磁盘特指硬盘。

（一）硬件构成

典型的磁盘驱动器包括盘片、主轴、读写磁头、传动臂和控制器等。

1. 盘片

磁盘驱动器内部包含一个或多个圆形的磁盘盘片，如图 2-1 所示。盘片是硬盘存储数据的载体，材料通常是金属或玻璃，在它的上下两面镀上磁性物理材料，数据以二进制码的形式记录在这些盘片上，并通过磁道和扇区来编码。盘片双面数据都可以通过上下两个磁头进行读写。盘片的个数以及每个盘片的存储容量决定了磁盘的总容量。当今存储系统中用的磁盘盘片直径是 2.5 英寸或 3.5 英寸，小直径的磁盘寻道速度更快、转速更高，但这是以降低持续读写速度和存储容量为代价的。

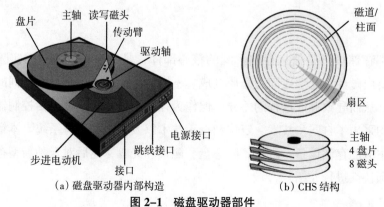

（a）磁盘驱动器内部构造　　　（b）CHS 结构

图 2-1　磁盘驱动器部件

2. 主轴

如图 2-1（b）所示，所有的盘片由一根主轴固定，并在马达的驱动下以恒定速率旋转。主轴的转速是决定磁盘内部数据传输率的决定因素之一，它的转速越快，磁盘寻找文件的速度也就越快，相对的磁盘传输速度也就得到了提高。主轴的转速单位为转每分（Revolution Per Second，RPM）。消费级硬盘的转速一般为5400RPM 或 7200RPM，企业级 SCSI 硬盘的主轴转速已经达到 10000RPM，甚至达 15000RPM。盘片的速度随着科技的进步仍然在提高，尽管提高的空间有限。

3. 读写磁头

如图 2-1（b）所示，磁头负责在盘片上读写数据。磁盘中每个盘片上都配备了两个读写磁头，上下两面各一个。当写数据的时候，磁头改变盘片表面的磁极；当读数据的时候，磁头会检查盘片表面的磁极。磁盘在工作时，磁头和高速旋转的盘片之间保持一个微小的间隙。磁盘不工作时，主轴停止旋转，磁头将停靠在着陆区。着陆区位于盘片上主轴附近的一个特定的区域。磁盘上的逻辑电路保证了磁头在接触盘面之前先移动到着陆区。如果传动器出现了故障，磁头意外地接触到了着陆区之外的盘片表面，就会划伤盘片表面的磁性物质，损坏磁头，导致数据的丢失。

4. 传动臂

如图 2-1（a）所示，磁头是安装在传动臂上的。传动臂负责将磁头移动到盘片上需要读写数据的位置。因为磁盘上所有盘片的磁头都连接到同一个传动臂装置上，所以磁头和盘片之间的相对位置是一致的。

5. 控制器

控制器（见图 2-2）是一块印制电路板，安装在磁盘的底部。它包含一个微处理器、内存、电路以及固件。固件控制着主轴马达的电源和马达的转速，还负责管理磁盘和主机之间的通信。此外，它还控制传动器移动传动臂，并切换不同磁头来控制读写操作，还能够对数据访问进行优化处理。

图 2-2 给出了现代磁盘驱动器 SOC 主控芯片的主要功能模块。其中读/写通道已经与 ARM9 内核、伺服控制器、内存控制器等一起集成到一个 SOC 芯片中了。

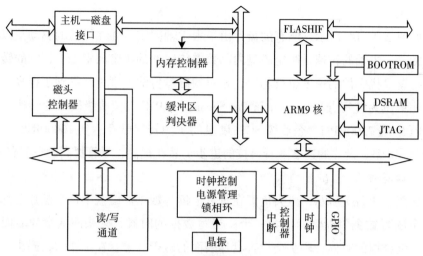

图 2-2　磁盘驱动器控制器的内部结构

（二）数据寻址

1. CHS 寻址

要从磁盘读取数据，必须知道数据块的地址。早期的磁盘采用 CHS 编号的物理地址对数据块进行寻址，C 代表柱面（Cylinder），H 代表磁头（Head），S 代表扇区（Sector）的编号。主机操作系统必须知道每个正在使用的磁盘的几何结构。

（1）磁道。磁盘上的数据是记录在磁道（Track）上的。磁道是盘面上以主轴为圆心的一组同心环，如图 2-1（b）所示。磁道从外向内依次被编号，最外面磁道的编号为 0。盘面上每英寸磁道数被称为道密度，是衡量一个盘面上划分磁道紧密程度的度量标准。

（2）柱面。所有盘面上相同半径位置处的磁道所组成的存储区域称为一个柱面（Cylinder）。磁头的位置是由柱面号来表示的，而不是磁道号来表示的。

（3）扇区。每个磁道都被划分为更小的单元，称作扇区。一个扇区的存储容量是 512 字节，它是存储系统中可单独被寻址的最小单位。磁道单位长度上记录的数据数被称为位密度，用位/毫米表示。位密度相对越大，磁道中包含的扇区就越多。

在早期的硬盘驱动器中，所有的磁道包含的扇区数目都是一样的。这样，在磁道边缘的扇区弧长就要大于内部的扇区弧长，其存储数据的密度也要比内部磁道的密度小。最终，导致外部磁道的空间浪费。ZBR 区位记录（Zoned-bit

Recording）是一种物理优化硬盘存储空间的方法，此方法通过将更多的扇区放到磁盘的外部磁道而获取更多存储空间。它根据磁道的半径来重新分配扇区数目。内部磁道的扇区数目较少，外部磁道的扇区数目较多。具有相同扇区数的磁道属于统一分组（这种磁道组称为 Zone）。这样，外部磁道和内部磁道的存储空间利用率都相等，充分利用了整个硬盘的空间。

　　每个扇区除了存储用户数据，还需要存储一些元数据（Metadata）信息，比如扇区号、磁头号或盘面号、磁道号等。这些信息能够帮助控制器在磁盘上定位数据，但是也耗费了磁盘空间。因此，未经格式化的磁盘和已被格式化的磁盘容量会存在一个差值。磁盘厂商标出的一般是未经格式化的磁盘容量，比如，一块标明 500GB 的磁盘只能存储 465.7GB 的用户数据，余下的 34.3GB 空间是用来存储上文所提到的元数据。

　　2. LBA 寻址

　　当前，磁盘采用逻辑块寻址（Logical Block Address，LBA），它是一种线性寻址方式，不需要让主机操作系统了解每个正在使用的磁盘的几何结构，大大简化了寻址过程。主机操作系统只需要知道磁盘有多少个物理块就行了，磁盘控制器会自动将 LBA 地址转换为 CHS 地址。逻辑块与物理块（扇区）之间的映射是一对一的。

　　（三）服务时间

　　磁盘服务时间是指磁盘完成一个输入/输出（I/O）请求所花费的时间。影响它的因素有两个，即定位时间和数据传输速率。

　　1. 定位时间

　　磁头的定位时间（Positioning Time）是指从发出读写命令后，磁头从某一起始位置移动至记录位置，到开始从盘片表面读出或写入信息所需要的时间。这段时间要执行两个基本动作：一个是将磁头定位至所要求的磁道上所需的时间，称为寻道时间（Seek Time）；另一个是寻道完成后至磁道上需要访问的扇区到达磁头下的时间，称为旋转延迟（Rotational Latency），这两个时间都是随机变化的，因此往往使用平均值来表示。平均定位时间等于平均寻道时间与平均旋转等待时间之和。对于平均寻道时间的计算一个简化的方法是最大寻道时间与最小寻道时间的平均值。平均寻道时间为 2~20 毫秒，平均旋转等待时间和磁盘转速有关，它用磁盘旋转一周所需时间的一半来表示，如果固定头盘转速为 5400RPM，故平均等待时间大约为 5 毫秒。因此，磁头的平均定位时间为 7~25 毫秒。事实上上述计算方法比较粗略，因此定位时间必须依赖于上一个任务完成时磁头的位置，如果两个请求所在的位置在同一个磁道上，则无须额外的寻道时间。

当前磁盘寻道的时间从高端服务器磁盘的 2 毫秒到微硬盘的 15 毫秒，通常的桌面磁盘为 8 毫秒。事实上寻道时间在这么多年来提高不大，其原因在于这种机械运动的性能很难得到改进，例如在微距离内的高度加减速对材料和电机将提出极大的挑战。

2. 数据传输速率

数据传输速率（Data Transfer Rate）也叫传输速率（Transfer Rate），指的是每个单位时间内磁盘能够传输到主机 HBA 的平均数据量。在读操作过程中，首先数据从盘面读取到磁头，再到磁盘内部的缓冲区，最后才通过接口传输到主机 HBA。对于写操作，数据通过磁盘接口从 HBA 传输到磁盘内部缓冲区，再到磁头，最终从磁头写入盘面上。数据传输率通常与块大小、旋转速度、磁道记录密度和磁盘的外部接口带宽有关。从主机接口逻辑考虑，应有足够快的传送速度向设备接收/发送信息。通常磁盘的数据传输速率是接口所宣称的速率，比如 ATA 的速率是 133MB/S。实际工作时的数据传输率一般要低于所宣称的接口速率。

3. 响应时间

磁盘对于单个请求的响应时间可以用下述公式计算：

$$T_{res} = T_{seek} + T_{rotation} + T_{transfer} = T_{seek} + 1/(2 \times RPM) + S_{data}/W_{transfer} \qquad (2-1)$$

其中，T_{seek} 为定位时间，$T_{rotation}$ 为旋转延迟时间，可以用每秒旋转速的倒数的一半计算，$T_{transfer}$ 为传输时间，用请求数据大小除以数据传输率。在上述公式中，可以看到仅仅第三项和请求大小有关，而前面两项和请求大小无关，因此对于大块数据传输，磁盘有较好的传输效率。

在本地磁盘控制器和内存之间，还包括主机控制器和数据通道两个物理层次，事实上在引入 DMA 机制后，主机内存和磁盘交换数据不再需要 CPU 的全程参与，大大提高了磁盘传输效率。

二、固态硬盘

随着固态盘（Solid-State Drive，SSD）的出现，其不同于机械磁盘的新特性为提升服务器存储系统性能带来了新的希望。具体而言，相对于机械磁盘，固态盘作为电子设备没有磁头的寻道和旋转定位时间，因此有更快的随机访问性能。而且，固态盘功耗低、体积小、重量轻并抗震，所以它被广泛地应用于移动计算设备并逐步成为掌上电脑的存储设备的新选择。随着价格的下降和可靠性的提高，固态盘被作为磁盘系统的高速缓存被应用于服务器存储系统中。它位于DRAM 和磁盘之间的中间层来缓存数据，作用在于弥补内存和外存之间日益增大的速度鸿沟。

（一）固态盘的基本架构

在硬件层面，SSD 与 HDD 最大的不同是它没有马达、盘片、磁头和磁臂这些 HDD 必需的机械部件，这是由两种硬盘不同的工作原理所决定的。SSD 相比HDD 来说节省了机械部件运动的时间，并且 SSD 所使用的主要存储元件 NAND闪存，它是一种电子元件，因此其数据传输速度要比 HDD 快得多。消费级 SSD通常采用和磁盘驱动器相同的接口，而企业级 SSD 的常见形式是一种采用 PCIe接口的主板插卡设备。如图 2-3 所示，SSD 的硬件构成包含了四个主要组成部分，即闪存介质、控制器、RAM 和 ROM。

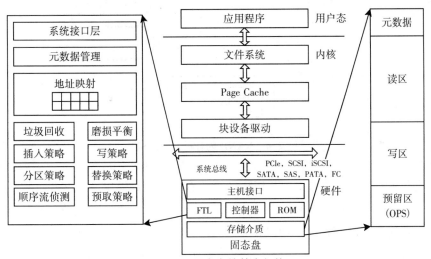

图 2-3　固态盘的基本架构

SSD 的软件层较为复杂。闪存的读写单位为页，而页的大小一般为 4KB 或8KB，但操作系统读写数据是按磁盘驱动器的扇区尺寸（512 字节）进行操作的，更麻烦的是闪存擦除以块作单位，而且未擦除就无法写入，这导致操作系统现在使用的文件系统根本无法管理 SSD，需要更换更先进、更复杂的文件系统去解决这一问题，但这样就会加重操作系统的负担。而为了不加重操作系统的负担，保证 SSD 对磁盘驱动器的兼容性，SSD 采用软件的方式把闪存的操作虚拟成磁盘的独立扇区操作，这就是FTL。因FTL存在于文件系统和物理介质（闪存）之间，操作系统只需跟原来一样操作LBA即可，而LBA到PBA的所有转换工作，就全交由FTL负责。FTL的设计相当复杂，由多个功能模块组成，包括系统接口层、顺序流侦测、元数据管理、地址映射、写入策略、垃圾回收、磨损平衡、分区策略、预取、替换算法、交叉读写和介质管理等。

（二）固态盘的硬件构成

1. NAND Flash

（1）存储单元（Cell）。闪存存储器是一个由大量存储器单元（Cell）组成的网格结构，每个存储单元是一个金属氧化层半导体场效晶体管（MOSFET），里面有一个浮置栅极（Floating Gate），它便是真正存储数据的单元，其结构如图2-4所示。

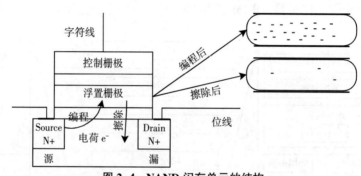

图2-4　NAND闪存单元的结构

数据在闪存的存储单元中是以电荷形式存储的。存储电荷的多少，取决于图中的控制栅极所被施加的电压，其控制了是向存储单元中冲入电荷还是使其释放电荷，而其数据以所存储的电荷的电压是否超过一个特定的阈值 V_{th} 来表示。对于NAND闪存的写入（Program，也称为编程），就是让控制栅极施加电压充电，使得浮置栅极存储的电荷够多，超过阈值 V_{th}，就表示0。对于NAND Flash的擦除（Erase），就是对浮置栅极放电，低于阈值 V_{th}，就表示1。

（2）SLC和MLC。根据存储单元的构造方式可以分为单级单元（SLC）闪存和多级单元（MLC）闪存。在闪存芯片中，每个存储单元中的电荷数量影响阈值电压，而阈值电压又决定了存储单元的状态。如图2-5所示，在SLC闪存芯片中，每个存储单元有两种状态，因而可以存储1位二进制信息。而在MLC闪存芯片中，每个存储单元有四种以上状态，因而可以存储两位或两位以上的二进制信息。

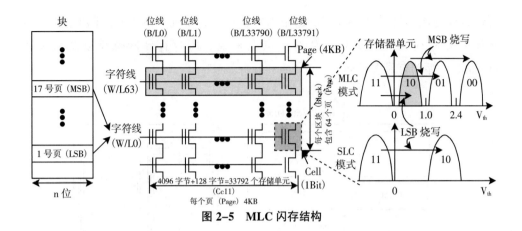

图 2-5　MLC 闪存结构

耗费同等规格的晶圆，MLC 可以提供比 SLC 更大的存储容量，所以 MLC 闪存较 SLC 闪存更便宜。因此，对于构建大规模的闪存存储器系统，如 SD 卡或固态硬盘（SSD），采用 MLC 闪存是一种极具竞争力的解决方案。然而，影响 MLC 闪存推广使用的关键障碍在于其糟糕的写性能和过短的使用寿命。由于在一个存储器单元中储存多位二进制信息，MLC 闪存需要为多个状态指定狭小的阈值电压范围。因此，MLC 需要更精确的充电和感应装置，这反过来又减少了 MLC 相对于 SLC 的性能和持久性。MLC 的写性能约为 SLC 的一半，而可用的烧写/擦除（Program/Erase）循环次数大约是 SLC 的 1/5。

2. 闪存介质

如图 2-6 所示，SSD 的闪存介质的组织结构包含五个层次，即封装（Package）、芯片（Die）、晶面（Plane）、块（Block）和页（Page）。单个 Flash 芯片的操作速度有限，因而高性能的固态盘通过将几十上百个芯片以多通道（Channel）、多路（Way）的方式进行矩阵式互联来提高并发性。这种层级系统结构有两点好处，首先可以方便扩展存储容量，其次可以通过内部的并行机制提高系统吞吐量。

需要注意的是，基于 NAND Flash 的闪存介质是一种本身具有许多独特性的存储器，例如读/写操作速度不对称、异位更新、垃圾回收和磨损平衡等。深刻理解闪存介质的这些特征是进一步讨论混合存储系统设计细节的基础。

（1）读/写操作速度不对称。闪存介质的读写速度从根本上来说是不对称的。擦除（Erase）操作在块级别工作，并比读写操作慢得多。读写操作工作在页级别，且两者访问延时是不对称的。如表 2-1 所示，擦除操作明显比读/写操作慢，写延时可能比读延时高 4~5 倍。这是因为，从闪存单元（Cell）中排出电荷的时间比感知电荷的时间更长。从这一点上来说，闪存存储同磁盘以及易失性（Volatile）存储有显著不同。

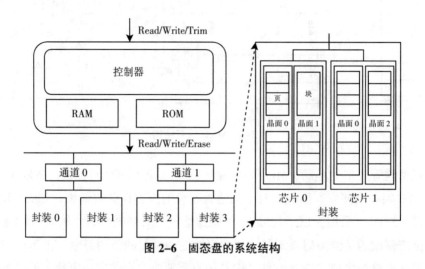

图 2-6　固态盘的系统结构

表 2-1　NAND 闪存的组织和访问时间比较

闪存类型	数据单元大小			访问时间		
	页（字节）		块（字节）	页读取（μS）	页写入（μS）	块擦除（mS）
	数据区域	OOB 区域				
小块	512	16	16K+512	41.75	226.75	2
大块	2048	64	128K+4K	130.9	405.9	2

（2）异位更新（Out-of-Place-Update）。在闪存介质中，一个页能够被写入数据的前提是包含该页的块是空闲块（Free Block），也就是说该块已经提前被擦除过，这被称为擦后写（Erase-Before-Write）。在闪存中，擦除操作所需时间比写操作高出一个数量级。为了分摊这种开销，闪存介质的擦除操作不是以页为单位的，而是以块为单位的。因此，页数据原地更新（In-Place-Update）的代价过于高昂，它必须包含以下操作：①将块的所有有效页读取到一个缓冲区中；②在缓冲区更新所需要的页；③擦除整个块；④将所有的有效页写入块中。相反，异位更新（Out-of-Place-Update）可以更快地完成该项工作，一个异位更新把正在更新页面的当前版本从有效（Valid）变为无效（Invalid），并将新版本数据写入一个空闲页面（Clean Page）中。异地更新操作是由闪存转换层（FTL）负责实现

的，因为其速度快的特点业已成为闪存中普遍采用的数据更新方法。然而，异位更新会产生很多散落在不同块中无效页，必须通过垃圾回收处理才能再次使用。

（3）垃圾回收（Garbage Collection，GC）。由于异位更新将会在闪存中产生无效页，FTL 中的垃圾回收模块负责回收无效的页，并创建新的擦除块。

（4）磨损平衡（Wear Leveling）。闪存介质的使用寿命是有限的，这和其内部存储单元所能承受的擦除次数有关。通常来说，单阶单元（Single Level Cell，SLC）在使用期内可以接受 100000 次擦除操作，而多阶单元（Multi Level Cell，MLC）仅可接受 10000 次擦除操作，这是因为每次写擦除都可能使存储单元的存储电荷发生变化。因此，磨损均衡技术被用来延缓闪存块的磨损，它在所有闪存块中均匀分布磨损从而延长闪存的整体使用寿命。

3. 控制器

控制器内有一个嵌入式处理器，执行固件级别的代码，所承担的功能非常丰富，对固态盘的性能影响很大。它向上负责和主机进行通信，向下负责管理闪存介质中的数据。首先，在出厂的初始设置时，控制器要维护坏块映射表，并为将来可能坏掉的单元提供分配备用的单元。控制器还需要预留一些单元来存储固件信息，并创建一个映射表结构以便进行逻辑地址和物理地址的转换，将逻辑扇区号（Logical Sector Number，LSN）转换为 NAND Flash 的物理页号（<package，die，plane，block，page>）。当系统需要读写闪存中的数据时，控制器和系统进行通信，并为 NAND 介质维护由读、写和擦除构成的请求排队。读操作有三种形式：元数据读取、数据读取、元数据和数据同时读取。写操作以原子操作方式写入数据和元数据。此外，控制器还要负责错误检查及纠正（ECC），以及前面讨论过的垃圾回收和磨损平衡等功能。在一些设计中，控制器还具有加密、压缩、重复数据删除等功能。

4. RAM

Flash Cache 内部通常使用一个小容量的 RAM 作为 Buffer Cache 来缓冲 I/O 数据并存储自身使用的数据结构，这点和硬盘驱动器中的 Cache 非常相似。在运行时刻，逻辑和物理地址映射表的一部分、日志块数据，以及磨损均衡相关的数据被保存在其中。它还经常被用作写缓存，以优化小写性能。

（三）SSD 的软件构成

1. 系统接口层

系统接口层实现了和操作系统相关的功能。以往，块设备接口只包含读/写

（Read/Write）操作。当前，操作系统对外存储的访问接口扩展为读/写/删（Read/Write/Trim），其中 Trim 命令是专门为了闪存存储而设计的。

Trim 是操作系统至今针对闪存驱动器优化而提出的唯一命令接口，旨在缓解固态盘中垃圾回收开销过高的问题。没有 Trim 命令接口的话，固态盘并不能感知文件系统的删除操作，而只知道写入和读取。当一个文件被操作系统删除掉，占用的闪存页被操作系统标记为已删除状态，但是并不会立刻被覆写。这意味着，该页对于闪存驱动器而言依然存储数据并保持可用状态。仅当操作系统决定对被删除文件数据所占用的 LBA 进行覆写，闪存驱动器才会把这些页标记为无效状态。一旦被标记为无效页，该页所属的块将会被垃圾回收模块视为候选擦除对象。如果使用 Trim 命令，当一个文件被删除时操作系统会发出 Trim 命令通知固态盘中某些页应标记为无效页，并触发固态盘内部的垃圾回收模块来评估该页所属的块是否适合被擦除回收。Trim 命令的本质在于增加无效页的数量，使垃圾回收模块减少块擦除过程中的有效页拷贝操作。Trim 命令并不会立刻去擦除无效页，具体的擦除操作会留给驱动器内部的垃圾回收算法来管理，将选择擦除操作的机动性留给了闪存内部的垃圾回收和磨损平衡算法。支持 Trim 命令的操作系统逐渐呈上升趋势，包括了 Window 7、Window 8、Windows Server 2008 R2、Linux 内核 2.6.33 等。

此外，系统接口层还需要为驱动中的其他模块提供一个与操作系统无关的接口，实现跨平台的移植过程，即实现了和具体操作系统相关的功能，如内存分配和同步原语等。

2. 元数据管理

SSD 的元数据管理极为重要。首先，SSD 必须保证读请求能够获取对应地址的最新数据版本。其次，在系统故障或掉电时需要保证数据一致性，以便服务器重启后 SSD 中缓存的原有数据仍然可以使用。最后，为了指导替换策略、垃圾回收策略和磨损均衡策略，元数据管理模块必须能够维护缓存中数据块的状态信息。

SSD 每一个块都绑定了一个关联的元数据结构，以便对被其状态进行追踪。对于一个缓存块，元数据属性中的一部分需要被持久存储，因而会和数据一道被写入闪存存储中。因而，当缓存块的数据被写入闪存时，其持久性元数据也需要一道被写入。有些设计中，元数据被写入闪存页的带外区域（Out-of-Band Area）。带外区域是闪存页中的一个较小的存储区域，大小在 64~224 字节，通常存储 ECC 校验和地址映射信息。而有些设计中，并没有将元数据存储在 OOB 区域中，而是在介质层设定了一个专用空间来存储元数据。

3. 地址映射

地址映射负责从块接口的逻辑块地址（Logical Block Address）转换到闪存存储器内部物理地址（Physical Block Address）。其中，固态盘内部物理地址包括：物理块号和块内页号。按照不同的转换粒度实现，基于块页表的地址映射具体可以分为三类，即页级地址映射、块级地址映射和混合型地址映射。

优化基于日志缓冲区的混合映射的相关研究有很多。然而，固态盘体系结构普遍采用的混合型地址映射存在一些问题。第一，固态盘的映射表大小受到了固态盘内部 RAM 大小和处理器主频的制约，这样就必须压缩映射表的空间占用，因而增大写入成本和垃圾回收成本。第二，固态盘具有自身的逻辑地址空间，作为缓存的话要维护双重地址映射，即从 LBN 到 LPN、再从 LPN 到 PPN 的两种映射。第三，混合型映射表的查询开销大，需要多次访问闪存存储读取映射表信息才能获取数据。

4. 垃圾回收

随着系统的运行，由于采用异位更新机制和数据替换策略，SSD 中的无效数据越来越多，空闲块越来越少，因而必须在空闲块耗尽之前提前擦除这些包含无效数据的块从而得到新的空闲块，这就是垃圾回收模块的功能。垃圾回收模块需要首先计算各个块中无效页的总数，然后根据贪心（Greedy）算法选择一个包含最多无效页的牺牲块（Victim）进行回收，将其中的有效页复制到空闲页中，然后更新元数据并将该块擦除，最后把它加入到空闲块列表中。通常情况下，牺牲块中既有有效页也有无效页，垃圾回收难免要涉及有效页拷贝操作，并且块擦除操作也相当耗时，还会减少闪存介质的寿命并损害可靠性，因此垃圾回收器的效率是影响 SSD 性能的主要因素之一。

5. 磨损平衡

磨损平衡模块负责记录各个块的磨损情况，从而合理写入数据，平衡各个块的擦除次数。磨损平衡模块的意义在于防止某些块由于过量写入被写穿。只有使所有块同步老化，才能增加 SSD 的整体寿命。

6. 插入策略

SSD 有可能作为主存 Cache 之下的第二层磁盘缓存，其数据访问具有特殊的局部性，有大量进入缓存的块根本未被再次访问。因而，应该识别并丢弃那些零重用块，避免让它们进入 Cache 造成缓存污染。对于 SSD Cache 来说，零重用块不但无端浪费 Cache 容量，降低命中次数，而且会白白浪费闪存的使用寿命，并在被淘汰后造成额外的垃圾回收开销，因而应该极力避免。

7. 替换算法

插入策略负责控制哪些数据块进入 SSD Cache，而替换算法负责控制哪些数据块应该被留在闪存 Cache 中。当前，常见的替换算法有先进先出（First In First Out，FIFO）、最近最久未使用（Least Recently Used，LRU）、时钟替换算法（CLOCK）、最少频度使用（Least Frequently Used，LFU）和双栈（Double LRU）等。甲骨文公司的 LTR（Long-Term-Random-Access）算法是一种适用于 SSD Cache 的一种替换算法，通过对 Cache 中所有块的长期随机访问频度进行统计，并替换频度最小的块，闪存 Cache 能够以更小的容量和带宽，减少更多的磁盘随机访问。

8. 写策略

SSD Cache 不但可以作为读缓存（Read Cache），也可以作为磁盘的写缓冲（Writc Buffer）来缩短响应时间，这是由于其非易失的特性非常适合作为预写日志（Write-ahead Log），当写请求将数据写入 SSD Cache 的日志区后，就可以立即得到相应的确认，而不必等到数据写入磁盘才得到该确认。暂存在日志区的数据，需要随后刷回（Flush）到后台磁盘，然后重新回收日志区的空间。写入数据的刷回操作有两种方式：写直达（Write-Through）和写回（Write-Back）。在写直达模式中，日志区的数据被尽快写入后台磁盘；而写回模式将执行覆写合并操作以减少后台磁盘的写 I/O 次数，并在合适时机以批处理方式将数据写入磁盘。

9. 顺序流侦测

一些研究发现顺序 I/O 访问的数据集短期内被再次访问的概率很小，如果让顺序数据进入缓存将替换出更有价值的数据，从而造成缓存污染（Pollution）。为了解决这个问题，SSD Cache 驱动中的顺序流侦测模块负责识别顺序 I/O 访问并区别对待。在具体实践中，顺序流侦测模块监控系统 I/O 并将大于阈值（128KB）的 I/O 请求绕过（Bypass）SSD Cache，直接发送给磁盘存储。而对于顺序度较高的顺序流，将触发预取操作，该操作通过对顺序流特征的提取对数据布局进行优化，从而减少 SSD Cache 内部的垃圾回收开销并提高 Cache 的命中率。其中的设计细节将在第三章和第五章中进行更为深入的讨论。

10. 重复数据删除

重复数据删除是一种无损的压缩技术，它从数据中删除掉重复数据来节省存储空间。重复数据删除由于其较高的计算和索引开销，容易成为性能瓶颈。而SSD 则受限于寿命和可靠性问题。研究人员发现这两种技术其实存在互补的可能性，SSD 具有重复数据删除需要的随机读写速度，而重复数据删除可以有效降低SSD 的 I/O 负载。在一些提供虚拟化服务的全 SSD 系统中，在线重复数据删除能够使存储容量为 N 的 SSD 提供相当于 5N 的存储空间。

11. 分区策略

SSD 的存储介质通常被分为四个部分：读区（Read Area）、写区（Write Area）、预留区（Over-Provision Space，OPS）和元数据区。

三、磁带

随着社会的发展，各领域的信息容量呈爆炸式增长，规模在 PB 以上的存储系统已经不断出现，如电信通话记录数据库，大型数字相册，地理、空间及环境数据库，视频音频归档数据库等。若完全依赖磁盘存储，则系统成本太高。与磁盘相比，磁带成本很低，最新资料显示，每 GB 仅需要 6 美分。人们开始考虑将磁带用于数据的随机存储，使磁带设备成为大型数据库系统存储结构中的底层存储层次。

（一）磁带存储器构成

磁带存储器的读写原理基本上与磁盘存储器相同，只是它的载磁体是种带状塑料，叫作磁带。写入时可通过磁头把信息代码记录在磁带上。当记录代码的磁带在磁头下移动时，就可在磁头线圈上感应出电动势，读出信息代码。磁带存储器由磁带机和磁带两部分组成，其结构如图 2-7 所示。

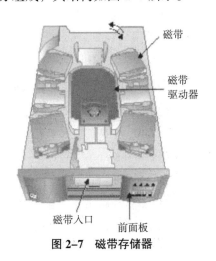

图 2-7 磁带存储器

（二）磁带系统和存储比较

磁盘和磁带性能价格比差异主要取决于它们的机械构成。磁盘盘片具有有限的存储面积，存储介质和磁头被封装在一起，提供毫秒级的随机访问时间。磁带绕在可转动轴上，读写部件可以使用多盘磁带（没有长度限制），但磁带需要顺序访问，每次访问都可能需要较长的反绕、退出和加载时间，可能需要数秒的等待时间。表2-2给出了磁带系统和磁盘系统的比较信息。

表2-2 磁带系统和磁盘系统比较

类别	磁带系统	硬盘系统
效能	循序传输速率尚可 随机存取效率略低 自动化磁带机构机械速度较慢	存取效率较高 （视磁盘组态而定）
单位容量成本	较低	较高
远程数据转移	简易、搬运磁带即可	需通过远程复制机制
存储介质使用期限	妥善保存可达10年以上	需每隔3~5年更新一次磁盘
耗能	耗电量极低 无须冷却系统	耗电量高 需要冷却系统

比较而言，磁带最大的优点是容量极大、技术成熟、单位价格低廉，最大的缺点是访问时间较长。这种性能差异恰好使得磁带成为磁盘的备份技术。

（三）磁带的分类

磁带有多种分类方式。按带宽分有1/4英寸和1/2英寸；按带长分有2400英尺、1200英尺和600英尺；按外形分有开盘式磁带和盒式磁带；按记录密度分有800位/英寸600位/英寸、6250位/英寸；按面并行记录的磁道数分有9道、16道等。计算机系统中多采用1/2英寸开盘磁带和1/4英寸盒式磁带，它们是标准磁带。

（四）磁带机的分类

按磁带机规模分，有标准半英1/2磁带机、盒式磁带机、海量宽磁带存储器；按磁带机走带速度分，有高速磁带机（4~5m/s）、中速磁带机（2~3m/s）、低速磁带机（2m/s以下）。磁带机的数据传输率为 $C = D \times v$，其中 D 为记录密度，v 为走带速度。带速快则传输率高。

（五）磁带机的结构

磁带机为了寻找记录区，必须驱动磁带正走或反走，读写完毕后又要使磁头停在两个记录区之间。因此，需要磁带机在结构和电路上采取相应措施，以保证磁带以一定的速度平稳的运动和快速启停。下面简要说明传统的开盘式启停磁带机和数据流磁带机的结构。

1. 开盘式启停磁带机

开盘式磁带指的是磁带缠绕在圆形带盘上，且磁带首端可以取出的磁带。磁盘上的信息是按数据块记录的，在数据块与数据块之间，磁带机需要启动和停止。因此，启停机构是这类磁带机的特点。

开盘式启停磁带机的结构比较复杂，主要由走带机构、磁带缓冲机构、带盘驱动机构、磁头等部分组成。走带机构的作用是带动磁带运动，以完成读写操作；缓冲机构的作用是减小磁带运动中的惯性，以便使磁带快速启停；带盘驱动机构的作用是由伺服电路控制带盘电机的方向和速度，以便使放带盘和收带盘都能正转或反转，且调节旋转速度；磁带机磁头的工作原理和磁盘存储器磁头的工作原理完全一样，但为了将各道数据同时写入或读出，将多个磁头组装在一起，构成组合磁头。读写过程与录音机相似，磁头不动，磁带从磁头下通过，完成读写操作。

2. 数据流磁带机

数据流磁带机是将数据连续地写在磁带上，每个数据块间插入记录间隙，使磁带机在数据块间不启停。它用电子控制代替机械控制从而简化了磁带机的结构，降低了成本，提高了可靠性。数据流磁带机有 1/2 英寸开盘式和 1/4 英寸盒式两种。盒式磁带的结构类似于录音带和录像带，盒带内部装有供带盘和收带盘，磁带的长度主要有 450 英尺、600 英尺两种。

（六）主要技术

目前，磁带驱动器的发展主要体现在以下几个方面：采用螺旋扫描技术，具有很高的性能价格比和可靠性；采用自动管理磁带的大容量磁带库；采用数据压缩技术，提高了数据的记录密度和数据传输率。

1. 螺旋扫描技术

磁带技术的应用主要受限于其线速度不定，磁带还可能出现抖动的现象。磁带的另外一个缺点是易磨损。螺旋扫描磁带（Helical Scan Tapes）技术的出现就是为了解决这些问题的。这种技术在 1963 年被索尼（SONY）公司首次使用在便携式录像机上。

在采用螺旋扫描技术的磁带机中，只有磁鼓是高速旋转的，其他部件（如磁带、伺服机构等）都是低速运转的。螺旋扫描系统控制磁带以一个较低的速度经过高速旋转的大尺寸磁鼓，磁鼓上的超金属（Hyper Metal）磁头在磁带上形成密度很高的记录轨道。磁鼓的高速旋转会在磁带与磁鼓之间产生十分细小、稳定的气流，保护磁带不受损伤。磁鼓相对于底座轻微的倾斜缩小了磁道间距，使高速数据传输和高密度的记录成为可能。

在相同材料下，较低的磁带走速减少了由于张力过大带来的磁带寿命的缩短，而且由于降低了磁带的走速和张力，可以以更高的密度在磁带上记录数据。采用螺旋扫描技术使写在磁带上的数据组成了整齐的螺旋式磁轨迹，运用绞盘相位伺服电机可以得到可靠的微米级磁带跟踪，通过跟踪螺旋磁轨迹可以从磁带上读出数据。虽然螺旋扫描磁带仍具有较长的反绕、退出和加载时间，但由于磁带作为备份存储器使用，人们通常只关心如何提高它的记录密度，而并不十分关心等待时间的改进。

2. 自动磁带库

虽然磁带机可以读写"无限长"的磁带，但需要手动更换磁带。为了减轻人的负担，同时了加快换带速度，便产生了自动磁带库。自动磁带库通过机械手自动地安装和更换磁带。这种自动化的磁带库可在无人工干预的情况下，在几十秒内访问几太字节的信息。例如，STC 的 PowderHorn 9310 可以处理 6000 个磁带，提供的总容量达 300TB。

自动磁带库的优点是自动换带、加载速度快、单位数据价格低，并且可以通过加大规模，以达到进一步降低成本的目的。而其缺点是带宽比较低，另外，其可靠性是整个计算机系统中最差的，通常，其数据失效率是其他存储设备的10 倍。

3. 压缩技术

LTO 联盟创造了一种高级数据压缩技术称为 LTO 数据压缩技术（LTO-DC）。尽管目前一个在优秀的数据压缩算法自适应无损数据压缩（ALDC）已经存在。但 ALDC 的功能对于不可压缩的数据不是最优化的算法。例如，加密的数据和之前已经做过压缩的数据。对于不可压缩数据，在通常情况下最好的处理方式是不采用数据压缩算法，使输入数据直接通过并输出，与经过压缩的数据流一起输出（Pass-thru）。磁带机将安排何时启用 ALDC 功能，何时使数据直接通过。例如，在使用基于 ALDC 压缩机制时，如果所有的不可压缩数据段记录时不使用 ALDC 功能而直接使用 Pass-thru 替代是最好的选择。图 2-8 是 LTO-DC 压缩技术对数据块处理方式的逻辑图，从这里可以看出 LTO-DC 压缩技术把数据块分为两个处理流程。

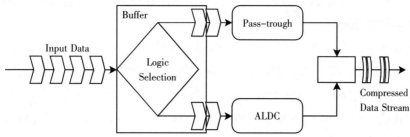

图 2-8　LTO-DC 压缩技术对数据块处理方式的逻辑

四、光盘

光盘是一种在存储设备市场极富竞争力的外部存储设备。无论使用磁记录介质还是使用光记录介质，只要使用激光作为读出数据手段的设备就是光盘存储器。光盘主要有只读光盘（如 CD ROM、DVD-ROM 等）和可写光盘（如 CD-Recordable、CD-R、MO 等）两类。可写类光盘又包括两类：一次性写光盘 CD-R（又称为 Write Once Read Many，WORM）和可多次写光盘 CD ReWritable（CD-RW，又称为 Write Many Read Many，WMRM）。

光盘类型不同，盘容量也不同，目前 CD 盘最大容量能达到 700M，DVD 盘单面容量能达到 4.7G。如果单张光盘是多面的，那么容量最高可达 17.7G，蓝光是新一代的光盘格式，它的容量比较大，单面单层可达 25G，单张光盘四层时容量可达 100G。当然光盘存储容量越大，对制作光盘的技术要求也就越高，价格也随之而增加。在选取光盘时，应根据应用领域不同综合选取类型，例如，DVDRAM 可擦写光盘容量大、价格低、速度快、兼容性高，适合作为用户存取数据，提供数据删除服务。

随着光盘技术和网络技术的发展，实现光盘数据的资源共享就越来越受到人们的关注。目前，光盘数据网络的优势与重要性已日益显现出来，它有效地实现了光盘数据资源在网络中共享，极大地提高了光盘的利用率。成组的光盘设备也可以构成高性能的阵列设备，将多台光盘机组合在一起有三种结构，分别是光盘塔（CD-ROM Tower）、光盘库（Jukebox）和光盘阵列（CD-ROM Array）。

（一）光盘塔

光盘塔由多个光盘机组成，光盘预先放置在驱动器中，加上相应的控制器和网络连接设备，光盘塔可作为网络存储设备使用。光盘机通常通过标准的 SCSI

接口连接起来，由于一根 SCSI 接口电缆可以连接七台光盘机，光盘塔中的驱动器数量一般是七的倍数。例如，惠普公司的 HPJ4152A 光盘塔包含七个 HP32 倍速 DVD-ROM 驱动器。

光盘塔通过软件来控制对某台驱动器的读写操作。用户访问光盘塔时，可以直接访问驱动器中的光盘，因此光盘塔的访问速度较快，通过网络可支持几十个到几百个用户的访问。光盘塔结构简单、造价低，但缺点是容量较小，原因是光盘机的数量受到 SCSI 设备地址数的限制。另外，光盘塔中驱动器磨损快，光盘的更换需要手工操作。

（二）光盘库

光盘库也叫自动换盘机，由光盘匣、光盘驱动器和高速机械手组成，是一种能自动将光盘从光盘匣中选出，并装入光盘驱动器进行读、写的设备。光盘库内安装有几个可换的光盘匣，每个光盘匣可存放几十张甚至上千张光盘。光盘驱动器用于光盘数据的读、写，一个光盘库可装多个光盘驱动器。高速机械手用于盘片的快速交换和选取。

1.光盘库的接口

光盘库提供了封装的函数接口。例如，德国 GRUNDIG 集团研制的 NETZONHMS 系列光盘库，型号为 HMS 2105，其实物如图 2-9 所示，若采用容量为 700MB 的 CD，光盘库存储容量可达 73.55GB，单层 DVD 存储容量可达 493.5GB，双层可达 892.5GB，蓝光可达 2.62TB，蓝光二代可达 5.25T。NETZON HMS 系列光盘库的优点是，有机械手无故障抓盘次数为 200 万次，实测达 600 万次；可直接插拔光盘匣，光盘装卸容易；光盘库中的光驱支持各种类型的光盘，甚至包括后继的蓝光光盘。服务器与光盘库是通过 SATA 接口连接，并且

图 2-9　HMS 2105 光盘库

NETZONHMS 系列光盘库提供了封装好的接口函数，通过这些函数可以实现对光盘库的控制。部分接口函数名称以及作用如表 2-3 所示。

表 2-3 光盘库接口函数

接口函数名称	接口函数作用
SCSI_Connect（void）	连接光盘库
SCSI_DisConnect（void）	断开与光盘库连接
SCSI_Inquiry（BYTE evpd, BYTE pagecode, UINT alllength）	获取光盘库信息
SCSI_GetSlot（BYTE lun, BYTE voltag, BYTE type, UINTstartaddr, UINT nums, BYTE cul_d, BYTE dvcid, UINTalllength）	获取光盘槽信息
SCSI_GetDrive（BYTE lun, BYTE voltag, BYTE type, UINTstartaddr, UINT nums, BYTE cul_d, BYTE dvcid, UINTalllength）	获取光盘库中光驱信息
SCSI_GetMagazine（BYTE lun, BYTE voltag, BYTE type, UINT startaddr, UINT nums, BYTE cul_d, BYTE dvcid, UINT alllength）	获取光盘匣信息
SCSI_GetMailSlot（BYTE lun, BYTE voltag, BYTE type, UINT startaddr, UINT nums, BYTE cul_d, BYTE dvcid, UINT alllength）	获取弹出屉信息
SCSI_MoveMedium（UINT transaddr, UINT sourceaddr, UINT destaddr, BYTE invert）	移动光盘
SCSI_MoveMedium（UINT transaddr, UINT sourceaddr, UINT destaddr, BYTE invert）	移动光盘
SCSI_PositionElement（BYTE lun, UINT transaddr, UINTdestaddr, BYTE invert）	移动机械手
SCSI_RequestSense（BYTE lun, BYTE desc, UINT alllength）	获取错误信息
ImportDisk（int targetSlotNr, int driverNr）	添加光盘
ExportDisk（int sourceSlotNr）	移除光盘
ScanDisk（int slotNr, int driverNr）	扫描光盘
FormatDisk（int slotNr, char×volName, int driverNr）	格式化光盘
AddBurnDisk（char×sourceFolderPath, char×targetFilePath, int slotNr, char×volName, int driverNr, BOOL isClose）	增量刻录光盘

通过这些接口函数，可以二次开发，让光盘库按照需求去实现相应的功能。

2. 光盘库的工作流程

光盘库是存储数据终端，在存储系统中工作流程如图 2-10 所示，它的工作状态有两种：初始化状态和接受命令状态。

在第一次使用或者重新启动光盘库时需要对其初始化。初始化有两个目的，一个是检查光盘库机械手臂、光驱等能否正常工作，如果不能正常工作会报错，维修人员对光盘库进行检修。另一个是检查光盘是否需要更新数据库。当光盘库中硬件设备都能正常工作时，接着就开始检查光盘库的片匣中一共放置了多少张光盘，并在读、取光盘时，将光盘的名称、光盘里的内容简介、光盘类型、光盘容量、已刻录容量、剩余容量放入数据库中，方便系统对数据存放位置的选择。

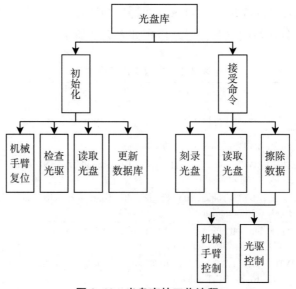

图 2-10　光盘库的工作流程

光盘库初始化完毕后就进入等待命令阶段。当接收到存储数据指令时，根据服务器的光盘信息数据库，按照顺序定位一张空白光盘或者未刻满的光盘，然后通过机械手臂抓取这张光盘并放入刻录机中，将数据刻录到光盘中，最后更新数据库，刻录完毕后弹出光盘，机械手臂就会将光盘放入片匣中。当接收到读取数据的命令时，使用同样的方法，通过客户端传给服务器的信息，对比数据库可以定位数据存放在哪几张光盘中，然后通过机械手臂抓取光盘，使用光驱读出数据并传给服务器，通过网络将数据传送给客户，最后将光盘放入原来的片匣中。当服务器接收到的是删除数据命令时，根据文件信息定位到对应的光盘，机械手臂将该光盘取出放入光驱中，然后擦除掉数据，并更新数据库。

与光盘塔相比，光盘库的存储量大。通过机械手，光盘库可以实现光盘的自动更换，驱动器的磨损较慢。但同时光盘库的机械结构比较复杂，装卸光盘可能需要较长时间。因此，光盘库的信息存取速度有时较慢，只能同时支持几张光盘的在线访问。

（三）光盘阵列

在盘阵列技术出现的初期，它采用的介质都是磁盘。随着应用领域的不断拓展，它所应用的介质也逐渐多样化。利用阵列技术，将数据分布到多个光盘机中，并对数据的冗余信息加以存储，就构成了光盘阵列。

光盘阵列因其每位价格比高、容量大、寿命长、抗污染能力强、盘片可更换等优点，在海量存储领域具有广泛用途，主要应用于视频点播、多媒体数据库等系统。

光盘阵列技术需要考虑一些特殊的问题。首先是光盘片可换的问题。一方面，光盘机及其所装的盘片可能存在对应关系，不能将光盘随便装入任一光盘驱动器；另一方面，在线工作盘片和离线备用盘片在内容上可能存在逻辑联系，这些光盘必须依次放入光盘驱动器。因此，在光盘阵列中必须考虑可换光盘的有序管理问题。如果采用自动换盘机构，则阵列管理软件需要对光盘库中的所有盘片进行编址，并能控制自动换盘机构按址换盘；如果采用人工换盘，则阵列管理软件必须能够标记和识别光盘片的序号，并能给出换盘顺序的提示。

由于光盘的读写机构只有一个读写头且数据访问时间较长，因此在大量数据连续读写时，每个数据的访问时间都可能较长。因此，在设计光盘阵列及阵列管理软件时，必须考虑尽量合理地分配数据存储位置，以减少不必要的读写头径向移动和等待数据旋转到读写头下方的时间。通过合理调度，尽量实现顺序操作，以降低径向移动及旋转等待。因此，较大的数据缓存和优化的调度策略是能否实现光盘阵列快速响应的关键技术。

图 2-11 是光盘阵列的数据传输模型。假定光盘阵列中共有 m 个光盘驱动器，读取数据时，各个光盘驱动器的光学头并行操作，从光盘上读取数据，并将其传输到各自的内部缓存当中，各个光驱内部缓存中的数据再经 SCSI 总线顺序传输到主机，在主机中进行数据合并。

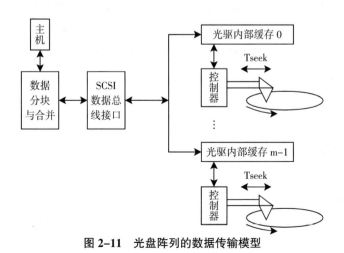

图 2-11 光盘阵列的数据传输模型

五、相变存储器

相变存储器（Phase Change Memory，PCM），是一种利用硫系化合物来存储数据的随机存储器，其以硫系化合物为存储介质，利用电能使材料在晶态和非晶态之间相互转变实现数据的写入与擦除。相变存储器具有非易失性、循环寿命长、元件尺寸小、功耗低、多级存储等特点，在数据读写速度、可擦写次数、读取方式、工作电压以及工艺兼容性等各项性能指标上有着独特的优势。基于其各方面优势，相变存储器被认为是下一代存储器的主流产品。

相变存储器是一种具有较长历史的新兴半导体存储技术，它的研究最早可以追溯到 20 世纪 60 年代末，当时 S.R.Ovshinsky 博士发表了一篇名为《无序结构中的可逆电开关现象》的文章。但由于当时加工技术的限制，相变存储单元的尺寸达不到纳米级，而恰好只有当相变存储单元尺寸达到纳米级时才能充分体现出其优越性，因此在 1970~1999 年近 30 年的时间内，相变存储器的研究进展得非常缓慢，该技术只被应用在可重复擦写的相变光盘中。直到 1999 年，随着半导体工业界的制备工艺和技术能达到深亚微米甚至是纳米尺寸，器件中相变材料的尺寸可以缩小到纳米级，材料发生相变所需的电压和功耗大大降低，其优势愈加明显。因此，十多年来，相变存储器的研究有了较快的发展。下面将从相变存储器材料、工作原理和存储单元特征参数等进行详细讲述。

（一）相变存储器材料

具有相变能力，即具有在晶态和非晶态之间相互转化能力的材料有很多，但并非所有的材料相变前后都有强烈的电阻反差，晶态电阻和非晶态电阻阻值的差别是相变材料能应用到存储器中的最主要因素。如表 2-4 所示，相变材料结晶特性和电学性能必须满足一定的要求，才能满足 PCRAM 的擦写能力、存储信息的稳定性、循环读取能力等方面的需要。理想的相变材料具有以下特征：在结晶特性方面，擦除过程中材料必须在很短的时间内完成结晶（<50 纳秒）；材料的结晶温度要高于 150℃，熔点在 600℃左右，熔点过低会导致擦写时可能出现误操作，过高熔点需要大的写入（Reset）电流，使得功耗增大；晶化激活能需大于 2 电子伏特；非晶态必须具有较好的热稳定性，在没有操作时的材料状态能长时间保持稳定，保证数据保存时间足够长，且材料发生相变前后的体积变化较小；在电学性能方面，材料在非晶态与晶态之间的电阻差异应足够大，使得"0"和"1"不会出现误读；结晶速度快，这直接关系到存储器的工作速度；抗疲劳性

好，至少能保证 108 次的有效相变次数。

表 2-4　PCRAM 器件性能与相变材料特性之间的关系

相变存储器器件性能	相变材料特性
低的 RESET 电流	较高的晶态电阻率，较低的熔点
较长的数据保存时间	非晶态热稳定性好
能在较高的温度下工作	结晶温度高
短的信息擦除时间	结晶速度快
循环寿命长	可循环次数较高
噪声容限大	非晶态电阻率/晶态电阻率大

目前硫系化合物 SbTe、GeTe 和 GeSbTe 等能够较好满足上述要求，包括 GeTe、Sb_2Te_3、$Ge_1Sb_4Te_7$、$Ge_1Sb_2Te_4$ 和 $Ge_2Sb_2Te_5$（GST），其中因为 $Ge_2Sb_2Te_5$（GST）具有较好的电学性能，在高温下其性能比较稳定，数据保持能力也较强，因此被广泛使用。表 2-5 列出了以上材料在结晶速度和结晶温度上的差异。

表 2-5　常见相变材料的晶化时间与温度

参数	GeTe	Sb_2Te_3	$Ge_1Sb_2Te_4$	$Ge_1Sb_4Te_7$	GST
晶化时间（ns）	NA	30	40	30	50
晶化温度（℃）	191	120	153	NA	174

以 $Ge_2Sb_2Te_5$（GST）为相变存储介质的器件取得了良好的性能，较 FlASH 和其他新型非易失性存储器，相变存储器初步体现了其优势，但是它仍然存在一些不足。为了优化材料的性能，研究人员对 GST 进行了一系列的掺杂，主要掺杂元素有 N、O、Sn、Bi、In 和 Ag 等，这些都有效地提高了结晶温度和数据保持能力，降低了 PCRAM 器件编程功耗，提升了循环次数和提高器件编程速度，继续提高了材料和器件的性能。

（二）相变存储器原理

相变存储器以硫系化合物（一般为 GST）为存储介质，利用电能使材料在晶态与非晶态之间相互转变实现数据的写入与擦除，由于晶态电阻低，非晶态电阻高，单元的高低阻态代表了存储的二进制数据，即数据读出靠测量电阻变化实现，所以它属于电阻式的非挥发性存储器。

如图 2-12 所示，擦、写操作（Set、Reset）可以这样进行，擦除（Set）过程：施加一个持续时间长且强度中等的电压脉冲，相变材料的温度升高到结晶温度以上、溶化温度以下，并保持一定的时间，使相变材料由非晶转化为多晶；写入（Reset）过程：施加一个短而强的电压脉冲，电能转变成热能，使相变材料的温度升高到溶化温度以上，经快速冷却，可以使多晶的长程有序遭到破坏，从而实现由多晶向非晶的转化。读取（Read）过程：通过测量相变材料的电阻来实现，此时，所加脉冲电压的强度很弱，产生的热能只能使相变材料的温度升高到结晶温度以下，并不会引起材料发生相变。

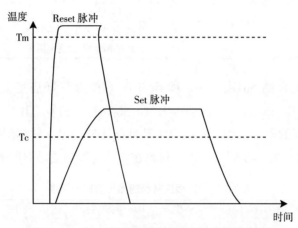

图 2-12　相变存储器单元擦写脉冲参数示意图

衡量相变存储器单元性能的特征参数有直流扫描特性、工作速度、功耗、可靠性等几类。如表 2-6 所示。

表 2-6　相变存储器单元电特性参数

类别	名称	符号	单位	说明
直流特性	开启电压	V_{th}	V	单元从高阻态到有明显导通现象的直流电压
工作速度	RESET 时间	t_{reset}	ns	使单元从多晶态转变为非晶态的 Reset 脉冲宽度
	SET 时间	t_{set}	ns	使单元从非晶态转变为多晶态的 Set 脉冲宽度
功耗	RESET 电流脉冲幅度	I_{reset}	mA	使单元从多晶态转变为非晶态的 Reset 脉冲电流幅度
	SET 电流脉冲幅度	I_{set}	mA	使单元从非晶态转变为多晶态的 Set 脉冲电流幅度
可靠性	数据动态范围	R_r/R_s	无	单元非晶态电阻值和多晶态电阻值的比
	擦写循环次数	Cycling Endurance	count	单元能在高阻态和低阻态之间循环转换的次数
	数据保持力	Data Retention	year	单元能可靠保存数据的时长
	读出扰动	Read Disturb	无	读操作对单元存储状态的影响

（三）相变存储器的应用

相变存储器具有非易失性、循环寿命长、元件尺寸小、功耗低、多级存储等特点，在数据读写速度、可擦写次数、读取方式、工作电压以及工艺兼容性等各项性能指标上有着独特的优势，使得它在高性能移动设备和嵌入式领域有很广阔的应用前景，如在计算机、网络通信和相关终端设备的应用。自 2001 年之后，Intel、IBM、三星和美光等各大半导体巨头公司及国内外很多高校和研究所都投入大量资源参与相变储器的研发，有力地促进了相变存储器的发展。三星公司 2009 年 9 月宣布采用 60nm 工艺生产 512Mb 的 PCRAM 芯片，Numonyx 公司在 2010 年 4 月推出了容量为 128Mb 名为 Omneo 系列的 PCRAM 芯片。目前，关于相变存储器研究的主要困难在于可靠性的提高、功耗的减小和缩减成本上，相信未来几年内相变存储器技术必将逐渐出现在现有设备上。

（四）相变存储器测试方法

相变存储器的电学性能主要包括：直流 I–V 特性、擦写速度、功耗和寿命等，其具体表征指标有非晶态电阻与晶态电阻比、写擦脉冲电流或电压的幅度、写擦脉冲宽度、阈值电压/电流、数据保持时间以及擦写次数等，这需要有源测量单元（SMU）、脉冲发生器、示波器和探针台等仪器进行测试工作。典型测试电路如图 2–12 所示。

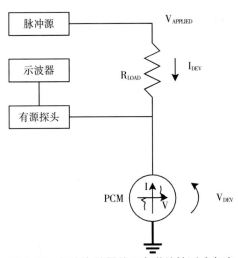

图 2–13　相变存储器单元电学特性测试电路

第二节 磁盘阵列

随着社会经济的不断发展以及相关信息、数据的快速增加，人们对于存储容量以及存储速度的需求愈加迫切。为此，独立磁盘冗余阵列（Redundant Arrays of Independent Disks，RAID）应运而生，通过多个磁盘的组合增加存储的容量，通过磁盘间的并行提高存储的速度。本章从磁盘阵列的原理、特征、架构及其关键技术等角度出发对磁盘阵列进行了详细的讲述。

一、磁盘阵列的组成

（一）磁盘阵列的组成概述

RAID 阵列（RAID Array）指的是一个由许多硬盘以及支撑 RAID 功能的相关软硬件所组成的封闭模块。RAID 阵列中的所有硬盘通常被划分为一个个独立的子模块，我们称为物理阵列（Physical Array）。每个物理阵列都包括固定数目的硬盘，以及电源等其他支持硬件。RAID 阵列中若干个硬盘所组成的子集可以构成逻辑上的联合，称为逻辑阵列（Logical Array），又称 RAID 集（RAID Set）或 RAID 组（RAID Group），如图 2-14 所示。

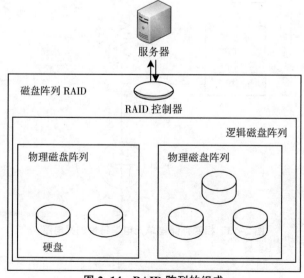

图 2-14 RAID 阵列的组成

逻辑阵列由逻辑卷（Logical Volume，LV）组成，操作系统可以像 RAID 控制器管理物理硬盘那样识别逻辑卷。逻辑阵列中的硬盘数目是由所使用的 RAID 级别来决定的。通过配置，可以让多个物理阵列组成一个逻辑阵列，也可以让一个物理阵列划分为多个逻辑阵列。

（二）磁盘阵列组成硬件

磁盘阵列系统包括机箱、核心控制器、背板、硬盘、冗余电源、冗余风扇等部件，其中磁盘阵列控制器采用无接线方式通过 Compact PCI 接口与背板连接。背板是日前磁盘阵列系统连接硬盘的流行方式，在背板上可实现 SAF-TE（SCSI Accessed Fault-Tolerant Enclosure）以及 SES（SCSI Enclosure Service）协议，以便对磁盘阵列机箱内温度、风扇转速、电压等状态进行实时监控，为用户提供磁盘阵列的环境状态信息，另外背板还可实时监控磁盘状态信息，尤其是当磁盘发生故障或者热插拔时背板以中断的方式告知磁盘阵列控制器，以便磁盘阵列自动进入降级或者重构的处理。阵列机箱内安装有冗余电源、冗余风扇，前置液晶面板，用于显示磁盘阵列状态信息并提供配置用按键等部件。磁盘阵列机箱箱体内部结构如图 2-15 所示。

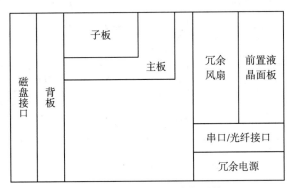

图 2-15　RAID 箱体内部结构

RAID 控制器是 RAID 核心控制软件运行的硬件平台，其本身就是一个完整的嵌入式计算机系统。RAID 控制器有主板、子板。主板是 RAID 系统的核心硬件，包括 I/O 处理器、内存、Flash、PCI 桥、SATA 控制器以及千兆以太网控制器，其实质就是一块 PCI 主机通道适配卡，是 RAID 控制器的目标器模块。它提供主机通道与主机相连，通过 PMC 插座连接到主板上。采用不同的芯片可以实现不同的主机通道，如 SCSI 芯片可提供 SCSI 主机通道，光纤模块可提供光纤主机通道，如果采用网络模块可提供 NAS 或 iSCSI 服务。最终设计实现的 RAID 控制器的实体如图 2-16 所示。

基于 Intel IOP321
双通道 2Gb FC
1 个 Gigabit Ethernet
16 个 SATA 磁盘通道
嵌入式 Linux

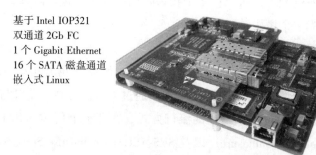

图 2-16　基于 INTEL IOP80321 的 FC-SATA 磁盘阵列控制器

由于采用主板加子板的控制器架构，不同类型的主板与子板进行搭配可以灵活构成不同协议的磁盘阵列控制器，方便对控制器的配置进行灵活更改，以便构成全系列的磁盘阵列控制器，从而避免重复的硬件设计。系统框架如图 2-17 所示。

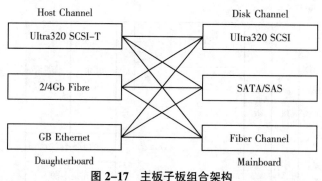

图 2-17　主板子板组合架构

主板根据硬盘接口类型分为不同型号，如 Ultra320SCSI 与 SerialATA/SAS 或者与 Fiber Channel，可方便连接不同协议的硬盘；而子板根据主机通道类型分为不同型号，分别支持 Ultra 320 SCSI 与 2/4Gb Fibre Channel、GB Ethernet；主板与子板的不同组合产生多种控制器配置，分别是 SCSI-to-SCSI、SCSI-to-SATA/SAS、FC-to-SCSI、FC-to-FC、FC-to-SATA/SAS、iSCSI-to-SATA/SAS、iSCSI-to-SCSI 等。

二、硬件 RAID 与软件 RAID

目前，RAID 技术的实现方式大致分为两种：基于硬件的 RAID 技术和基于软件的 RAID 技术。两者在性能方面有较大区别。

（一）硬件 RAID

基于硬件的 RAID 是利用硬件 RAID 适配卡（以下简称 RAID 卡）来实现的。RAID 卡上集成了处理器，能够独立于主机对存储子系统进行控制。因为拥有自己独立的处理器和存储器，RAID 卡可以自己计算奇偶校验信息并完成文件定位，减少对主机 CPU 运算时间的占用，提高数据并行传输速度。硬件 RAID 又可分为内置插卡式和外置独立式磁盘阵列（见图 2-18）。

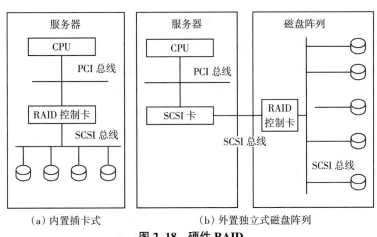

（a）内置插卡式　　　　　　（b）外置独立式磁盘阵列

图 2-18　硬件 RAID

内置插卡式 RAID 使用插在 PCI 插槽上的 RAID 卡（或集成在主板上），通过卡上的 SCSI 通道与硬盘相连接（零通道 RAID 卡通过主板集成的 SCSI 通道）。内置插卡式 RAID 依赖主机的操作系统，其驱动程序与主机、主机所用的操作系统都有关系，搭配不当容易出现软硬件兼容性问题并潜在地增加了系统的不稳定因素。内置式 RAID 系统同时只能与一台主机相联，难以进行双机容错备份。内置式 RAID 系统主要应用于 PC 服务器或作为其选配件。

在外置独立式磁盘阵列中，操作系统把整个 RAID 阵列视作一个单独的 SCSI 磁盘。外置阵列可以灵活地增加驱动器，提高 RAID 存储备份容量，还能简单地实现双机容错热备份，因此外置式 RAID 系统主要用于双机容错的大容量高可靠系统中。外置独立式磁盘阵列又可分为两种：单通道磁盘阵列和多通道磁盘阵列。单通道磁盘阵列只能接一台主机，扩充限制较多。多通道磁盘阵列可接多个系统同时使用，以集群（Cluster）的方式共用磁盘阵列。

（二）软件 RAID

软件 RAID 指包含在操作系统中，RAID 功能完全用软件方式由系统的核心磁盘代码来实现。Windows NT、NetWare、Free BSD，还有 Linux 都提供了这种功能。这种方式提供了最廉价的可行方案：不需要昂贵的 RAID 控制卡和热插拔机架。软件 RAID 要求主机系统提供 CPU 的处理周期，也占用系统内存带宽和主机 I/O 总线。由于 RAID 功能完全依靠 CPU 执行，主机的 CPU 占用相当严重，简单的分段（RAID0）和镜像（RAID1）对系统性能影响还不算很大，但 RAID5 的大量异或（XOR）操作就非常耗费 CPU 周期。

软件 RAID 实现的存储备份级别较低，如 Windows NT4.0 中提供的软件 RAID 功能仅有 RAID0 和 RAID1，Windows 2000 添加了 RAID5 的支持。软件 RAID 依赖于操作系统，因为它必须在操作系统加载之后才能启动。

由于软件 RAID 完全由系统的核心磁盘代码来实现，而且依赖于操作系统，在软件 RAID 中不能提供如下功能：①硬盘热插拔；②硬盘热备份；③远程阵列管理；④可引导阵列支持；⑤在硬盘上实现阵列配置；⑥SMART 硬盘支持。

三、磁盘阵列分级

（一）RAID0

RAID0 是最早出现的 RAID 模式，即 Data Stripping 数据分条技术。RAID0 是组建磁盘阵列中最简单的一种形式，只需要两块以上的硬盘即可，成本低，可以提高整个磁盘的性能和吞吐量。RAID0 没有提供冗余或错误修复能力，但实现成本却是最低的。

RAID0 最简单的实现方式就是把 N 块同样的硬盘用硬件的形式，通过智能磁盘控制器或用操作系统中的磁盘驱动程序，以软件的方式串联在一起创建一个大的卷集。在使用中电脑数据依次写入各块硬盘中，它的最大优点就是可以整倍地提高硬盘的容量，如使用了三块 80GB 的硬盘组建成 RAID0 模式，那么磁盘容量就是 240GB。其速度方面，各单独一块硬盘的速度完全相同。最大的缺点在于任何一块硬盘出现故障，整个系统将会受到破坏，可靠性仅为单独一块硬盘的 1/N。

为了解决这一问题，便出现了 RAID0 的另一种模式，即在 N 块硬盘上选择合理的带区来创建带区集。其原理就是将原先顺序写入的数据被分散到所有的四块硬盘中同时进行读写。四块硬盘的并行操作使同一时间内磁盘读写的速度提升了四倍。

在创建带区集时，合理的带区大小非常重要。如果带区过大，可能一块磁盘上的带区空间就可以满足大部分的 I/O 操作，使数据的读写仍然只局限在少数的一两块硬盘上，不能充分地发挥出并行操作的优势。另外，如果带区过小，任何 I/O 指令都可能引发大量的读写操作，占用过多的控制器总线带宽。因此，在创建带区集时，我们应当根据实际应用的需要，慎重地选择带区的大小。

带区集虽然可以把数据均匀地分配到所有的磁盘上进行读写。但如果我们把所有的硬盘都连接到一个控制器上的话，可能会带来潜在的危害。这是因为当我们频繁地进行读写操作时，很容易使控制器或总线的负荷超载。为了避免出现上述问题，建议用户可以使用多个磁盘控制器。最好的解决方法还是为每一块硬盘都配备一个专门的磁盘控制器。

虽然 RAID0 可以提供更多的空间和更好的性能，但整个系统是非常不可靠的，如果出现故障，无法补救。所以，RAID0 一般只是在那些对数据安全性要求不高的情况下才被人们使用。

（二）RAID1

RAID1 被称为磁盘镜像，原理是把一个磁盘的数据镜像到另一个磁盘上，也就是说数据在写入一块磁盘的同时，会在另一块闲置的磁盘上生成镜像文件，在不影响性能的情况下最大限度地保证系统的可靠性和可修复性，当一块硬盘失效时，甚至一半数理的硬盘出现问题时，只要系统中任何一对镜像盘中至少有一块磁盘可以使用，系统会自动忽略该硬盘，正常运行而使用剩余的镜像盘读写数据，具备很好的磁盘冗余能力。虽然这样对数据来讲绝对安全，但是成本也会明显增加，磁盘利用率为 50%，以四块 80GB 容量的硬盘来讲，可利用的磁盘空间仅为 160GB。另外，出现硬盘故障的 RAID 系统不再可靠，应当及时地更换损坏的硬盘，否则当剩余的镜像盘出现问题时，整个系统就会崩溃。更换新盘后原有数据会需要很长时间同步镜像，外界对数据的访问不会受到影响，只是这时整个系统的性能有所下降。因此，RAID1 多用在保存关键性的重要数据的场合。

RAID1 主要是通过二次读写实现磁盘镜像，所以磁盘控制器的负载也相当大，尤其是在需要频繁写入数据的环境中。为了避免出现性能瓶颈，使用多个磁盘控制器就显得很有必要。

（三）RAID0+1

RAID0+1 从名称上我们便可以看出是 RAID0 与 RAID1 的结合体。在我们单独使用 RAID1 时也会出现类似单独使用 RAID0 那样的问题，即在同一时间内只能向一块磁盘写入数据，不能充分利用所有的资源。为了解决这一问题，我们可以在磁盘镜像中建立带区集。因为这种配置方式综合了带区集和镜像的优势，被称为 RAID 0+1。把 RAID0 和 RAID1 技术结合起来，数据除分布在多个盘上外，每个盘都有其物理镜像盘，提供全冗余能力，允许一个以下磁盘故障，而不影响数据可用性，并具有快速读、写能力。RAID0+1 要在磁盘镜像中建立带区集至少四个硬盘。

（四）RAID2

RAID2 采用内存系统中常用的纠错码——海明码（Hamming Error Correcting Code）进行数据保护。用户数据以位或字节为单位进行条纹化，用户数据划分为若干相互重叠的子集（一个数据属于多个子集），每个子集的用户数据计算校验数据存放在一个校验磁盘上。由于校验磁盘的数目同磁盘总数的对数成正比，因此 RAID2 的磁盘冗余度要小于 RAID1，阵列规模越大这种优势越明显。当一个磁盘发生故障时，几个校验组的数据会不一致，而丢失数据即为这几个校验组共同包含的数据，用其中一个校验组的剩余数据即可恢复丢失数据。如果对可靠性要求很高，RAID2 还可通过使用多故障纠错海明码扩展为可容许多磁盘故障的 RAID 结构。Thinking Machines 公司的 Data Uault 存储子系统就采用了 RAID2 结构。

（五）RAID3

这种校验码与 RAID2 不同，只能查错不能纠错。它访问数据时一次处理一个带区，这样可以提高读取和写入速度。校验码在写入数据时产生并保存在另一个磁盘上，需要实现时用户必须要有三个以上的驱动器，写入速率与读出速率都很高，因为校验位比较少，因此计算时间相对而言比较少。用软件实现 RAID 控制将是十分困难的，控制器的实现也不是很容易。它主要用于图形（包括动画）等要求吞吐率比较高的场合。不同于 RAID2，RAID3 使用单块磁盘存放奇偶校验信息。如果一块磁盘失效，奇偶盘及其他数据盘可以重新产生数据。如果奇偶盘失效，则不影响数据使用。RAID3 对于大量的连续数据可提供很好的传输率，但对于随机数据，奇偶盘会成为写操作的瓶颈。

RAID2 没有考虑磁盘故障模型，因为磁盘有故障检测和修正机制，而且磁盘与控制器之间用相当复杂完善的协议进行通信，因此磁盘故障可以很容易地通过其内部状态信息或控制器和它之间的通信检测出来。通常把这种故障部件可以自识别的系统称为"擦除通道"（Erasure Channel），而把不能自己定位故障的系统称为"差错通道"（Error Channel）。用于差错通道系统的"n–故障检测编码"（n–Failure Detecting Code），如果用在擦除通道系统中，其纠错能力就相当于"n–故障纠正编码"（n–Failure Correcting Code）。这种编码也常被形象地称为"擦除纠正编码"（Erasure–Correcting Code），即磁盘故障好像一列数据被擦除一样，编码用来进行数据恢复。相对应的是"差错纠正编码"（Error–Correcting Code），故障定位和恢复都由编码来进行。因此，对于磁盘阵列这种"差错通道"系统，只需使用奇偶校验编码方法即可，而无须使用更复杂、冗余度更高的海明码。

RAID3 就是采用奇偶校验编码，按位/字节进行数据交错的 RAID 结构。RAID3 只需一个校验磁盘，存放用户数据通过异或运算（XOR）得出的校验数据：$c = d_1 \oplus d_2 \oplus \cdots \oplus d_{n-1} \oplus d_n$。当一个磁盘发生故障时，利用异或运算的逆运算仍为自身这一特点，条纹中剩余数据仍通过异或运算即可恢复丢失数据。例如，数据 d_2 丢失，则：$d_2 = c \oplus d_3 \oplus \cdots \oplus d_{n-1} \oplus dn$。由于条纹单元大小为位或字节，一个 I/O 请求需要由所有磁盘共同处理，因此所有磁盘的磁头移动是一致的，磁头定位的磁道也总是一样的。这就保证了处理一个请求时，所有磁盘的寻道时间都是一样的，从而避免了一些磁盘处于空闲状态，等待其他磁盘的情况。为了保证所有磁盘的旋转延迟也是一致的，RAID3 的系统通常使用特殊电路同步磁盘主轴的旋转。RAID3 可以达到非常高的数据传输率，因此适合于单进程进行顺序大数据访问的应用，如科学计算环境。

（六）RAID4

RAID4 同样也将数据条块化并分布于不同的磁盘上，但条块单位为块或记录。RAID4 使用一块磁盘作为奇偶校验盘，每次写操作都需要访问奇偶盘，这时奇偶校验盘会成为写操作的瓶颈，因此 RAID4 在商业环境中也很少使用。

RAID4 与 RAID3 基本相同，不同之处在于 RAID4 采用粗粒度条纹化，条纹单元较大（32KB 或更大）。由于条纹单元较大，多数较小请求只涉及一个磁盘，磁盘阵列可并行处理多个请求。因此 RAID4 更适合于并发度高，而请求相对较小的应用，如在线事务处理系统（On–Line Transaction Processing，OLTP）。但对于相对较大的请求，RAID4 也可提供较高的数据传输率。因此，对那种大多数请求较小，而包含少量较大请求的应用，RAID4 的效率也是较高的。

（七）RAID5

RAID4 的数据布局方式存在着严重的校验磁盘瓶颈问题。因为使用专用校验磁盘，对于每个小的写请求，在更新数据单元的同时也要更新相应的校验单元，这样校验磁盘的负载就是数据磁盘的 n-1 倍，校验磁盘成为磁盘阵列系统的瓶颈。而 RAID3 却不存在这个问题，这是因为 RAID3 采用细粒度条纹化，每个请求都由所有磁盘共同完成，每个请求相对校验单元大小而言都是"大请求"，因此校验磁盘的负载与数据磁盘是一样的。通过将校验数据分布到所有磁盘，RAID5 解决了 RAID4 的这一缺点。由于校验更新负载均匀分布，因此消除了系统瓶颈。RAID5 另一个不易察觉的好处是，用户数据也分布到所有磁盘，所有磁盘在读操作中均可利用，因此 RAID5 的读性能也优于 RAID4。RAID5 有多种不同的数据和校验布局方式。左对称布局可以看作以 RAID0 布局为基础，将校验单元插入对角线，校验单元之后的数据单元依次后移的结果。因此左对称布局保持了 RAID0 用户数据条纹化连续性的特点，对于连续数据请求，其负载总是均匀分布到所有磁盘。也就是说，当顺序读取数据时，总是会依次访问所有磁盘，而不会出现有的磁盘没有访问，而有的磁盘却已读取多个单元的情况。因此在多种不同的 RAID5 布局方式中，左对称布局的性能是最优的。我们注意到，RAID1 和 RAID3 可以分别看作条纹长度为二和条纹单元大小为一个位或字节的 RAID5 特例。

（八）RAID6

奇偶校验编码只能恢复单一自识别故障。但有很多因素，如阵列规模越来越大、重构过程中遇到不可恢复位故障等，要求磁盘阵列系统使用容错能力更强的编码。RAID 级别 6，即 P+Q 冗余就是一种可容许双故障的 RAID 结构。RAID6 采用 Reed-Solomon 编码。Reed-Solomon 编码使用范德蒙行列式作为系数矩阵进行校验数据的计算和维护，在解码过程中使用高斯消去法解方程组来恢复丢失数据，Reed-Solomon 编码的所有计算都是有限域上的运算。校验数据的计算如下所示：

$$\begin{bmatrix} 1 & 1 & \cdots & 1 \\ 1 & 2 & \cdots & n \\ \vdots & \vdots & & \vdots \\ 1 & 2^{m-1} & \cdots & n^{m-1} \end{bmatrix} \begin{bmatrix} d_1 \\ d_2 \\ \vdots \\ d_n \end{bmatrix} = \begin{bmatrix} c_1 \\ c_2 \\ \vdots \\ c_m \end{bmatrix} \qquad (2-2)$$

RAID6 使用的是 m＝2 的 Reed-Solomon 编码，如果要求更高的可靠性，使用 m＝k 的 Reed-Solomon 编码，即可使阵列具有容许 k 个故障的能力。RAID6 除了校验方法不同外，其他各方面与 RAID5 均很相似，图 2-19 给出了类似左对称的 RAID6 布局方式。RAID6 的优点是磁盘冗余度低，只比 RAID5 增加了一个磁盘就提供了双故障容错能力。但 Reed-Solomon 编码设计较为复杂，一般需要特殊硬件辅助才能获得较好性能，不适于用软件实现。

	磁盘 0	磁盘 1	磁盘 2	磁盘 3	磁盘 4	磁盘 5
分条 0	D0	D1	D2	D3	P0-3	Q0-3
分条 1	D6	D7	P4-7	Q4-7	D4	D5
分条 2	P8-11	Q8-11	D8	D9	D10	D11
分条 3	D12	D13	D14	D15	P12-15	Q12-15
分条 4	D18	D19	P16-19	Q16-19	D16	D17

图 2-19　RAID6 数据布局方式

作为较新型的 RAID 级别，RAID 受到科研、企业界的广泛关注，尤其是性能和可靠性等基本指标，这里针对 RAID6 给出更详细的论述。为了提高校验磁盘阵列 RAIDS/6 的小写性能，各种优化策略应运而生。针对在线事务处理 OLTP 的特点并综合不同磁盘阵列级别的优点，HP 公司提出一种高性能、高可靠的磁盘阵列结构 AutoRAID 由单个阵列控制器集中控制，实现两级存储，采用 RAID1 方式保存活跃数据，提供镜像容错功能和最佳的读写性能，采用 RAID5 方式保存非活跃数据，虽然损失了一定的性能却降低了设备成本。AutoRAID 将所有的磁盘空间看作一个虚拟存储池，用户可以透明地使用磁盘空间，支持数据的动态迁移。为了保证数据的可靠性，磁盘阵列往往要损失一定的性能开销，比如说校验磁盘阵列 RAIDS/6 的小写问题，一次小写需要四到六次磁盘 I/O 操作。HP 公司提出的 AFRAID 实时更新数据，但将更新校验的操作延迟到下一个空闲时间，因此所保存的数据只是经常性地拥有冗余信息，而不再像传统的 MDS 那样始终保存着冗余信息。通过调节校验更新策略，AFRAID 在性能和可用性之间做平衡，读写性能接近 RAID0，数据可靠性又和传统的 RAID5 相当。当前数据库系统的性能通常受到 I/O 设备的速度限制，相比于单个大容量、昂贵磁盘，磁盘阵列虽然提高了性能、可靠性、能效和扩展性，其写性能仍然很难提高。动态多校验磁盘阵列（DMP）在一个条带中放置 R 个校验块，每次校验更新过程可以选择其中任意一个进行更新，因此可以同时修改一个条带中的 R 个数据块，适用于串行事务处理数据库系统。通过结合多个校验磁盘，DMP 能够显著地提高 I/O 吞吐量；另外，在单个磁盘出现故障时，DMP 固有的分布式校验特性使其能够向用户提供正常的服务。为了减少磁盘的旋转等待时间，浮动奇偶校验方法（Roating Parity）通过灵活地改变同一柱面的数据位置，减少小写请求的旋转延迟，将更新校验信息的读/写三个磁盘访问缩短为平均略多于一个磁盘访问。但是该方法需要一个庞大的映射表管理逻辑校验块和它们的实际物理位置，增加了空间开销。

奇偶校验日志（Parity Logging）将新数据和旧数据的异或结果作为日志，然后用这些日志批量地更新校验信息，从而延迟读旧检验和写新检验的操作，减少磁盘阵列的小写开销。它需要的开销是用于临时保存校验更新映像的 NVRAM、用于保存校验更新映像日志的磁盘空间以及将校验更新异或旧校验时的额外内存。奇偶校验日志方法的缺点是：磁盘阵列中数据热点区域的出现容易导致内存溢出，这时需要激活一个相当长的日志清理操作，所有的数据更新操作都将被挂起，这时性能受到了非常大的影响。

数据日志（Data Logging）方法不再记录校验信息的改变，而是直接记录旧数据块和新数据块，这种适度处理日志溢出的方法使得数据日志的性能明显优于校验日志。其缺点有两点：①需要附加的磁盘提供额外空间保存日志，增加了磁盘失效的概率，也增加了数据恢复时间；②访问冲突，更新时只有日志磁盘都可用才能实现同时更新，而且能同步进行小写的个数也限制为 $(n+1)/2$ 个（n 是组成磁盘阵列的磁盘个数）。

由此可以看到，大部分解决校验磁盘阵列小写性能问题的方法通过改变磁盘阵列的数据布局或校验更新方法，甚至以牺牲一定程度的可靠性作为代价，这对于许多可靠性要求高的应用来说是不允许的。

另一种提高校验磁盘阵列小写性能的方法是缓存技术，尤其是存储控制器中采用快速非易失性存储器的写缓存能够很好地隐藏写延迟。随着存储系统规模的不断增长，加上写缓存的容量远小于读缓存，两者间的比例一般是 1∶16。因此，如何充分利用这些有限的写缓存资源变得越来越重要。

在存储控制器中，如何合理调度写缓存的数据腾空（Destage）操作（刷新写缓存中的数据到磁盘）对于提高存储系统的性能至关重要。现有的缓存调度算法，如最小代价调度（Least-Cost Scheduling）和高/低标志（High/Low Mark），能够使腾空操作对服务主机读请求和磁盘利用率来说都是透明的，并且能够在不引起写缓存溢出的前提下容忍爆发负载。线性闭值调度策略根据写缓存的瞬时占有量，自适应地改变缓存数据的腾空速率，能够提供相当不错的读性能，同时维持较高的爆发容忍性，但是该策略没有充分考虑负载的特性。优化腾空操作可以通过减少数据的腾空次数和/或降低腾空操作的开销。首先，通过充分地利用时间局部性使写缓存中的数据在被腾空后的较短时间内不会被重写，尽可能地减少腾空次数，这可以采用最近最少写（Least Recently Written，LRW）算法实现；其次，通过充分利用空间局部性将腾空操作的平均开销减到最小，这可以由写缓存的磁盘调度算法来实现，例如，CSCAN 算法按照逻辑地址的升序顺序腾空写数据。然而，研究发现 LRW 和 CSCAN 算法要么利用时间局部性，要么利用空间局部性，并没有同时兼顾两个方面。WOW 算法是一个结合近似 LRU 的 CLOCK 算法和 CSCAN 算法构建的写缓存管理算法，WOW 有效地结合并平衡时间和空间局部性以决定腾空哪些写缓存中的数据，从而同时减少腾空次数和减轻腾空操作开销。作为 WOW 的扩展，STOW 算法不仅利用了时间和空间局部性特点管理写缓存的腾空顺序，还能够有效地控制腾空速率。另外，STC 还将写缓存划分成顺序队列和随机队列，动态、随机地调整它们的相对大小并分别处理，提供更优的腾空速率控制策略，大大地减少了请求响应时间，提高了存储系统的吞吐量。

除了以上介绍的几种级别的 RAID，还有一些比较常用的非标准 RAID，如 RAID53，它们的结构也是通过在传输速度、冗余、I/O 并行三个方面进行的相关优化和平衡而得来的。下面是一些不常用的 RAID：RAID 1.5、RAID 50、RAID 5E、RAID 5EE、RAID 7、RAID-DP、RAID S or parity RAID、Matrix RAID、RAID-K、RAID-Z、RAIDn、JBOD、Linux MD RAID 10、IBM Serve RAID 1E、unRAID、Drobo Beyond RAID，有兴趣的读者可以查阅相关的资料了解它们的原理，在此就不做详细介绍了。

第三节　直连存储

一、直连存储基础

直连存储的全称是 Direct Attached Storage，简称 DAS，是一种将存储设备（JBOD 或 RAID）直接通过总线适配器和电缆（SCSI 或 FC）直接连到服务器的架构，如图 2-20 所示。应用程序发送块级别 I/O 请求直接从 DAS 访问数据。DAS 依赖于服务器，本身不带有任何存储操作系统。采用 DAS 存储方案的服务器结构如同 PC 架构，外部数据存储设备采用 SCSI 或者 FC 直接挂接在服务器内部总线上。因而数据存储是整个服务器结构的一部分，在这种情况下数据和操作系统并未分离。

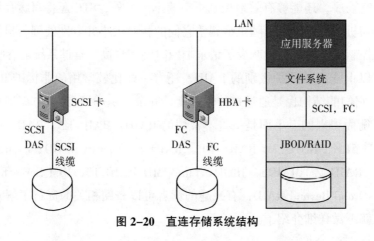

图 2-20　直连存储系统结构

由于 DAS 只能被一台计算机连接，因此被称为"信息的孤岛"。而且，DAS 无法实现共享，更让 NAS 和 SAN 成为存储系统的主流。当然，DAS 在大部分的单人或小型企业环境还是有其优势的。对于服务器不是很多，要求数据集中管理，需要最大程度降低管理成本的小企业、部门和工作室，DAS 是适合的解决方案。中型的公司使用 DAS 文件服务器和邮件服务器。大型的企业则使用 DAS 作为 SAN 和 NAS 的辅助。主机的内部磁盘或直接连接的外部磁盘组，都是一些

DAS 实例。

二、DAS 连接

主机和外存储之间进行通信，必须有专用的设备辅助，并通过缆线连接。图 2-21 描述了常见的 DAS 连接方式。

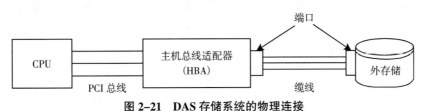

图 2-21 DAS 存储系统的物理连接

（一）主机总线适配器

主机总线适配器（Host Bus Adapter，HBA）是一个在服务器和存储装置间提供输入/输出（I/O）处理和物理连接的电路板和/或集成电路适配器。HBA 卡主要用于连接主机内部总线和存储网络的设备。HBA 是服务器内部的 I/O 通道与存储系统的 I/O 通道之间的物理连接。HBA 卡的作用就是实现内部通道协议 PCI 和外部通道协议（ATA、SCSI、FC）之间的转换。一个 HBA 和与之相连的磁盘子系统有时一起被称作一个磁盘通道，一台主机可以有多个 HBA，因为 HBA 承载了主机和外存储之间的接口处理功能，减轻了处理器的 I/O 处理负担，因而能够提高服务器的性能。

（二）PCI 总线

总线（Bus）是计算机各种功能部件之间传送信息的公共通信干线，它是由导线组成的传输线束，可以传输数据、地址和控制信息。PCI 是一种总线标准，它是外设部件互联标准（Peripheral Component Interconnect）的缩写，规定 PCI 扩展卡如何与 CPU 交换信息。PCI 是目前主机中使用最为广泛的接口，几乎所有的主板产品上都带有这种插槽。PCI 插槽也是主板带有最多数量的插槽类型，在目前流行的台式机主板上，ATX 结构的主板一般带有 5~6 个 PCI 插槽，而小一点的 MATX 主板也都带有 2~3 个 PCI 插槽，可见其应用的广泛性。PCI 总线支持 10 台外设，并能在高时钟频率下保持高性能。

（三）端口

端口（Port）即缆线插口，它连接主机和外设，使之能够通信。

（四）缆线

主机和外设之间传输信号的介质，可以由铜或光纤制成。

三、磁盘驱动器接口

磁盘驱动器接口是磁盘与主机系统间的连接部件，作用是在磁盘缓存和主机内存之间传输数据。不同的磁盘接口决定着磁盘与控制器之间的连接速度，在整个系统中，磁盘接口的性能高低对磁盘阵列整体性能有直接的影响，因此一款磁盘阵列的磁盘接口往往是衡量这款产品的关键指标之一。存储系统中目前普遍应用的磁盘接口主要包括 SATA、SCSI、SAS 和 FC 等，此外 ATA 磁盘在 SATA 磁盘出现前也在一些低端存储系统里被广泛使用。当前，存储设备目前大致可分为三类，即高端、中端和近线（Near-Line）。目前，高端存储产品主要应用的是 FC 光纤通道磁盘，应用于关键数据的大容量实时存储。中端存储设备则主要采用 SCSI、SAS，应用于商业级的关键数据的大容量存储。近线是近年来新出现的存储领域，一般采用 SATA 磁盘存储，应用于非关键数据的大容量存储，其目的是替代以前使用磁带的数据备份。

（一）ATA

总线接口协议（Advanced Technology Attachment，ATA）是集成设备电路（Integrated Drive Electronics，IDE）磁盘的特定接口标准。自问世以来，一直以其价廉、稳定性好、标准化程度高等特点，深受广大中低端用户的青睐，甚至在某些高端应用领域，如服务器应用中也有一定的市场。ATA 规格包括了 ATA、ATA/ATAPI、EIDE、ATA-2、Fast ATA、ATA-3、Ultra ATA 以及 Ultra DMA 等，其中 Ultra DMA/133 是 ATA 的最新版本，支持 133MB/s 的吞吐率，并兼容以前的 ATA 版本。一个 ATA 接口最多支持连接两个存储设备，以主从关系进行配置。常见的 IDE 接口有两种，分别是 40 针（pin）和 34 针。在 40 针的连接器中使用标准的 16 位并行数据总线和 16 个控制信号，主要连接 ATA 磁盘，而 34 针的连接器用于连接软盘驱动器到主板。

最早的接口协议都是并行 ATA（Paralle ATA，PATA）接口协议。PATA 接口一般使用 16-bit 数据总线，每次总线处理时传送两个字节。PATA 接口一般是 100Mbytes/sec 带宽，数据总线必须锁定在 50MHz，为了减小滤波设计的复杂性，PATA 使用 Ultra 总线，通过"双倍数据比率"或者两个边缘（上升沿和下降沿）时钟机制用来进行 DMA 传输。这样在数据滤波的上升沿和下降沿都采集数据，就降低一半所需要的滤波频率。

在过去的 30 年中，PATA 成为 ATA 磁盘接口的主流技术。但随着 CPU 时钟频率和内存带宽的不断提升，PATA 逐渐显现出不足来。一方面，磁盘制造技术的成熟使 ATA 磁盘的单位价格逐渐降低；另一方面，由于采用并行总线接口，传输数据和信号的总线是复用的，因此传输速率会受到一定的限制。如果要提高传输的速率，那么传输的数据和信号往往会产生干扰，从而导致错误。

PATA 的技术潜力似乎已经走到尽头，在当今的许多大型企业中，PATA 现有的传输速率已经逐渐不能满足用户的需求。人们迫切期待一种更可靠、更高效的接口协议来替代 PATA，在这种需求的驱使下，串行（Serial）ATA 总线接口技术应运而生，直接导致了传统 PATA 技术的没落。

（二）SATA

PATA 曾经在低端的存储应用中有过广泛使用，但由于自身的技术局限性，逐步被串行总线接口协议（Serial ATA，SATA）所替代。SATA 以其串行的数据发送方式而得名。在数据传输的过程中，数据线和信号线独立使用，并且传输的时钟频率保持独立，因此同以往的 PATA 相比，SATA 的传输速率可以达到并行的 30 倍。可以说，SATA 技术并不是简单意义上的 PATA 技术的改进，而是一种全新的总线架构。

从总线结构上，SATA 使用单个路径来传输数据序列或者按照位来传输，第二条路径返回响应。控制信息用预先定义的位来传输，并且分散在数据中间，以打包的格式用开/关信号脉冲发送，这样就不需要另外的传输线。SATA 带宽为16bit。并行 Ultra ATA 总线每个时钟频率传输 16bit，而 SATA 仅传输 1bit，但是 SATA 可以更高传输速度来弥补串行传输的损失。SATA 采用 1500MB/s 带宽或者 1.5GB/s 带宽。由于数据用 8 位/10 位编码，有效的最大传输峰值是 150M 字节/秒。

目前能够见到的有 SATA-1 和 SATA-2 两种标准，对应的传输速度分别是 150MB/s 和 300MB/s。从速度这一点上看，SATA 已经远远把 PATA 磁盘甩到了后面。其次，从数据传输角度上看，SATA 比 PATA 抗干扰能力更强。此外，串口的数据线由于只采用了四针结构，因此相比并口安装起来更加便捷，更有利于缩减机箱内的线缆，有利于散热。

虽然厂商普遍宣称 SATA 支持热插拔，但实际上，SATA 在磁盘损坏的时候，不能像 SCSI/SAS 和 FC 磁盘一样，显示具体损坏的磁盘，这样热插拔功能实际上形同虚设。同时，尽管 SATA 在诸多性能上远远优越于 PATA，甚至在某些单线程任务的测试中，表现出了不输于 SCSI 的性能，然而它的机械底盘仍然为低端应用设计，在面对大数据吞吐量或者多线程的传输任务时，相比 SCSI 磁盘，显得力不从心。除了速度之外，在多线程数据读取时，磁盘磁头频繁地来回摆动，使磁盘过热是 SATA 需要克服的缺陷。正是因为这些技术上致命的缺陷，导致到目前为止，SATA 还只能在低端的存储应用中徘徊。

（三）SCSI

小型计算机系统接口（Small Computer System Interface, SCSI）是一种专门为小型计算机系统设计的存储单元接口模式，通常用于服务器承担关键业务的较大的存储负载，价格也较贵。SCSI 计算机可以发送命令到一个 SCSI 设备，磁盘可以移动驱动臂定位磁头，在磁盘介质和缓存中传递数据，整个过程在后台执行。这样可以同时发送多个命令同时操作，适合大负载的 I/O 应用。在磁盘阵列上的整体性能也大大高于基于 ATA 磁盘的阵列。

SCSI 规范发展到今天，已经是第六代技术了，从刚创建时候的 SCSI（8bit）到今天的 Ultra 320 SCSI，速度从 1.2MB/s 到现在的 320MB/s 有了质的飞跃。目前的主流 SCSI 磁盘都采用了 Ultra 320 SCSI 接口，能提供 320MB/s 的接口传输速度。SCSI 磁盘也有专门支持热插拔技术的 SCA2 接口（80pin），与 SCSI 背板配合使用，可以轻松实现磁盘的热插拔。目前在工作组和部门级服务器中，热插拔功能几乎是必备的。

首先，SCSI 相对于 ATA 磁盘的接口支持数量更多。一般而言，ATA 磁盘采用 IDE 插槽与系统连接，而每 IDE 插槽即占用一个中断号（IRQ），而每两个 IDE 设备就要占用一个 IDE 通道，虽然附加 IDE 控制卡等方式可以增加所支持的 IDE 设备数量，但总共可连接的 IDE 设备数最多不能超过 15 个。而 SCSI 的所有设备只占用一个中断号，因此它支持的磁盘扩容量要比 ATA 更为巨大。这个优点对于普通用户而言并不具备太大的吸引力，但对于企业存储应用则显得意义非凡，如某些企业需要近乎无节制地扩充磁盘系统容量，以满足网络存储用户的需求。

其次，SCSI 的带宽很宽，Ultra320 SCSI 能支持的最大总线速度为 320MB/s，虽然这只是理论值而已，但在实际数据传输率方面，最快 ATA/SATA 的磁盘相比 SCSI 磁盘无论在稳定性和传输速率上，都有一定的差距。不过如果单纯从速度的角度来看，用户未必需要选择 SCSI 磁盘，RAID 技术可以更加有效地提高磁盘的传输速度。

最后，SCSI 磁盘 CPU 占用率低，并行处理能力强。在 ATA 和 SATA 磁盘虽然也能实现多用户同时存取，但当并行处理人数超过一定数量后，ATA/SATA 磁盘就会暴露出很大的 I/O 缺陷，传输速率大幅下降。同时，磁盘磁头的来回摆动，也易造成磁盘发热、不稳定的现象。

对于 SCSI 而言，它有独立的芯片负责数据处理，当 CPU 将指令传输给 SCSI 后，随即去处理后续指令，其他的相关工作就交给 SCSI 控制芯片来处理；当 SCSI "处理器" 处理完毕后，再次发送控制信息给 CPU，CPU 再接着进行后续工作，因此不难想象 SCSI 系统对 CPU 的占用率很低，而且 SCSI 磁盘允许一个用户对其进行数据传输的同时，另一位用户同时对其进行数据查找，这就是 SCSI 磁盘并行处理能力的体现。

SCSI 磁盘较贵，但是品质和性能更高，其独特的技术优势保障 SCSI 一直在中端存储市场占据中流砥柱的地位。普通的 ATA 磁盘转速是 5400 RPM 或者 7200 RPM；SCSI 磁盘是 10000 RPM 或者 15000 RPM，SCSI 磁盘的质保期可以达到 5 年，平均无故障时间达到 1200000 小时。然而对于企业来说，尽管 SCSI 在传输速率和容错性上有极好的表现，但是它昂贵的价格使得用户望而却步。而下一代 SCSI 技术 SAS 的诞生，则更好地兼容了性能和价格双重优势。

（四）SAS

SAS 是 Serial Attached SCSI 的缩写，即串行连接 SCSI。和现在流行的 Serial ATA（SATA）磁盘相同，都是采用串行技术以获得更高的传输速度，并通过缩短连接线改善内部空间等。

SAS 是新一代的 SCSI 技术，同 SATA 之于 PATA 的意义一样，SAS 也是对 SCSI 技术的一项变革性发展。它既利用了已经在实践中验证的 SCSI 功能与特性，又以此为基础引入了 SAS 扩展器。SAS 可以连接更多的设备，同时由于它的连接器较小，SAS 可以在 3.5 英寸或更小的 2.5 英寸磁盘驱动器上实现全双端口，这种功能以前只在较大的 3.5 英寸光纤通道磁盘驱动器上才能够实现。这项功能对于高密度服务器如刀片服务器等需要冗余驱动器的应用非常重要。

为保护用户投资，SAS 的接口技术可以向下兼容 SATA。SAS 系统的背板（Backplane）既可以连接具有双端口、高性能的 SAS 驱动器，也可以连接高容量、低成本的 SATA 驱动器。过去由于 SCSI、ATA 分别占领不同的市场段，且设备间共享带宽，在接口、驱动、线缆等方面都互不兼容，造成用户资源的分散和孤立，增加了总体拥有成本。而现在，用户即使使用不同类型的磁盘，也不需要再重新投资，对于企业用户投资保护来说，实在意义非常。但需要注意的是，SATA 系统并不兼容 SAS，所以 SAS 驱动器不能连接到 SATA 背板上。

SAS 使用的扩展器可以让一个或多个 SAS 主控制器连接较多的驱动器。每个扩展器可以最多连接 128 个物理连接，其中包括其他主控连接，其他 SAS 扩展器或磁盘驱动器。这种高度可扩展的连接机制实现了企业级的海量存储空间需求，同时可以方便地支持多点集群，用于自动故障恢复功能或负载平衡。目前，SAS 接口速率为 3Gbps，其 SAS 扩展器多为 12 端口。不久，将会有 6Gbps 甚至 12Gbps 的高速接口出现，并且会有 28 端口或 36 端口的 SAS 扩展器出现以适应不同的应用需求。其实际使用性能足与光纤媲美。

SAS 虽然脱胎于 SCSI，但由于其突出的适于高端应用的性能优势，更普遍把 SAS 与光纤技术进行比较。由于 SAS 由 SCSI 发展而来，在主机端会有众多的厂商兼容。SAS 采用了点到点的连接方式，每个 SAS 端口提供 3Gb 带宽，传输能力与 4Gb 光纤相差无几，这种传输方式不仅提高了高可靠性和容错能力，同时也增加了系统的整体性能。在磁盘端，SAS 协议的交换域能够提供 16384 个节点，而光纤环路最多能提供 126 个节点。而兼容 SATA 磁盘所体现的扩展性是 SAS 的另一个显著优点，针对不同的业务应用范围，在磁盘端用户可灵活选择不同的存储介质，按需降低了用户成本。

在 SAS 接口享有种种得天独厚优势的同时，SAS 产品的成本从芯片级开始，都远远低于 FC，而正是因为 SAS 突出的性价比优势，使 SAS 在磁盘接口领域，给光纤存储带来极大的威胁。目前已经有众多的厂商推出支持 SAS 磁盘接口协议的产品，虽然目前尚未在用户层面普及，但 SAS 产品部落已经初具规模。SAS 成为下一代存储的主流接口标准，成就磁盘接口协议的明日辉煌已经可以预见。

（五）FC

光纤通道（Fibre Channel，FC）是一种高速网络互联技术，它包含了一组标准，定义通过串行通信从而将网络上各节点相连接所采用的机制。尽管被称为光纤通道，但其信号也能在光纤之外的双绞线、同轴电缆上运行。通常的运行速率有 2Gbps、4Gbps、8Gbps 和 16Gbps。光纤通道由信息技术标准国际委员会（INCITS）的 T11 技术委员会标准化。INCITS 受美国国家标准学会（ANSI）官方认可。

最初，光纤通道专门为网络设计，随着数据存储在带宽上的需求提高，才逐渐应用到存储系统上。过去，光纤通道大多用于超级计算机，但它也成为企业级存储 SAN 中的一种常见连接类型，为服务器与存储设备之间提供高速连接。光纤通道是一种跟 SCSI 或 IDE 有很大不同的接口，它很像以太网的转换头。

光纤通道是为服务器这样的多硬盘系统环境而设计的。光纤通道配置存在于底板上。底板是一个承载物，承载有印刷电路板（PCB）、多硬盘插座和光纤通道主机总线适配器（HBA）。底板可直接连接至硬盘（不用电缆），并且为硬盘提供电源和控制系统内部所有硬盘上数据的输入和输出。

光纤通道可以采用双绞线、同轴电缆和光纤作为连接设备，但大多采用光纤媒介，而传统的同轴电缆如双绞线等则可以用于小规模的网络连接部署。但采用同轴电缆的光纤通道受铜介质特性的影响，传输距离短（30 米，取决于具体的线缆）并易受电磁干扰。虽然铜介质也适用于某些环境，但是对于利用光纤通道部署的较大规模存储网络来说，光纤是最佳的选择。光纤现在能提供 100MBps 的实际带宽，而它的理论极限值为 1.06Gbps。不过为了能得到更高的数据传输率，市面的光纤产品有时是使用多光纤通道来达到更高的带宽。

光纤通道有许多显著的优点。首先，光纤通道连接设备多，最多可连接 126 个节点。其次，它的 CPU 占用率低，支持热插拔，在主机系统运行时就可安装或拆除光纤通道硬盘。它可以使用光纤、同轴电缆或双绞线实现连接，具有高带宽，在适宜的环境下，光纤通道是现有产品中速度最快的。光纤通道连接距离大，连接距离远远超出其他同类产品。但它也有一些缺点，比如产品价格昂贵，组建复杂等。

四、SCSI 协议

SCSI（Small Computer System Interface）是由美国 Shugart Associates 公司（希捷公司前身）的小型硬磁盘驱动器和软磁盘驱动器的接口协议施加特联合系统接口（Shugart Associates System Interface，SASI）过渡而来的。从 SASI 开始，发展至今，已形成 SCSI-1、SCSI-2、SCSI-3 系列协议。

（一）SCSI-1

它是最早的 SCSI 接口，在 1979 年由 Shugart 制定的，在 1986 年获得美国标准协议承认的 SASI。它的特点是支持同步和异步 SCSI 外围设备，支持 7 台 8 位的外围设备，最大数据传输率为 5MB/s，支持 Worm 外围设备。

（二）SCSI-2

它是 SCSI-1 的后续接口，是 1992 年提出的，也称为 Fast SCSI。如果采用原来的 8 位并行数据传输则称为 "Fast SCSI"，它的数据传输率为 10MB/s，最大支持连接设备数为 7 台。后来出现了采用 16 位的并行数据传输模式即 "Fast Wide SCSI"，它的数据传输率提高到了 20MB/s，最大支持连接设备数为 15 台。

（三）SCSI-3

它是在 SCSI-2 之后推出的 "Ultra SCSI" 控制器类型，Ultra320 SCSI 单通道的数据传输速率最大可达 320M/s，如果采用双通道 SCSI 控制器可以达到 640M/s。

第四节　附网存储

一、附网存储概述

附网存储的全称是 Network-Attached Storage，简称 NAS，是一种以数据为中心的数据存储模式。在 NAS 存储结构中，存储系统不再通过 I/O 总线附属于某个特定的服务器或客户机，它完全独立于网络中的主服务器，可以看作是一个专用的文件服务器。也就是说，客户机与存储设备之间的数据访问已不再需要文件服务器的干预，允许客户机与存储设备之间进行直接的数据访问。在 LAN 环境下，NAS 已经完全可以实现异构平台之间的数据级共享，比如 NT、UNIX 等平台之间的共享。

按照存储网络工业协会（Storage Network Industry Association，SNIA）的定义：NAS 是可以直接连到网络上向用户提供文件级服务的存储设备。NAS 基于 LAN 按照 TCP/IP 协议进行通信，以文件的方式进行数据传输。NAS 是从传统的文件服务器发展起来的一种专有系统，它和其他节点一样直接连接到互联网上，可以像网络打印机一样被其他节点共享。NAS 技术直接把存储连接到网络上，而不再挂载在服务器后面，给服务器造成负担。

一个 NAS 包括处理器、文件服务管理模块和多个的硬盘驱动器用于数据的存储。NAS 可以应用在任何的网络环境当中。主服务器和客户端可以非常方便地在 NAS 上存取任意格式的文件，包括 SMB 格式、NFS 格式和 CIFS 格式等。NAS 系统可以根据服务器或者客户端计算机发出的指令完成对内在文件的管理。

此外，与传统的将 RAID 硬盘阵列安装到通用服务器上的方法相比，NAS 系统还具有以下优点：

首先，NAS 系统简化了通用服务器不适用的计算功能，仅仅为数据存储而设计，降低了成本。并且，NAS 系统中还专门优化了系统硬软件体系结构，其多线程、多任务的网络操作内核特别适合于处理来自网络的 I/O 请求，不仅响应速度快，而且数据传输速率也更高。

其次，由于是专用的硬件软件构造的专用服务器，不会占用网络主服务器的系统资源，不需要在服务器上安装任何软件，不用关闭网络上的主服务器，就可以为网络增加存储设备。安装、使用更为方便。并且，NAS 系统可以直接通过 Hub 或交换机连到网络上，是一种即插即用的网络设备。

再次，由于独立于主服务器之外，因此对主服务器没有任何需求。如此可以大大地降低主服务器的投资成本。

最后，NAS 具有更好的扩展性、灵活性，存储设备不会受无地理位置的拘束，在不同地点都可以通过物理连接和网络连接连起来。

二、附网存储的硬件结构

NAS 硬件部分由核心控制部分和存储子系统构成，如图 2-22 所示。

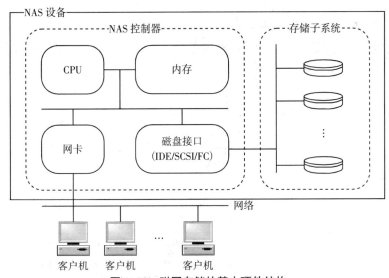

图 2-22 附网存储的基本硬件结构

核心控制部分主要包括处理器内存、网络适配器和磁盘接口。整个核心控制部分通常采用已广泛应用的 Intelx86 服务器体系结构，这样兼具高性能和低成本的优点。

磁盘接口一般选用集成电子驱动器（Integrated Drive Electronics，IDE）、小型计算机系统接口（Small Computer System Interface，SCSI）或光纤通道。这三种接口当前主流的数传率分别为 100Mb/s、160Mb/s、200Mb/s，均能较好地满足存储数传率的要求。

为了优化数据传输，避免网络接口成为传输路径上的瓶颈，多数 NAS 设备采用千兆以太网卡接口、多个网卡链路聚集（Trunking）乃至多台 NAS 设备集群等技术，从而能充分利用计算能力和系统总线带宽，获得极高的数据吞吐率。

存储子系统中的存储设备通常使用磁盘阵列，但也有特殊的 NAS 服务器同时使用磁盘和光盘库作为存储设备，这样的 NAS 被称为 NAS 光盘镜像服务器。NAS 光盘镜像服务器是一种将硬盘高速缓存和 NAS 技术相结合，专为光盘网络共享而设计的 NAS 设备，它将光盘库中被频繁访问的光盘上的数据缓存到磁盘中，这样使得客户机能以磁盘的存取速度来访问光盘上的信息资源，消除了光盘驱动器的瓶颈，改善了光盘的网络共享性能。

三、附网存储的软件组成

NAS 系统软件设计的基本要求是较高的稳定性和 I/O 吞吐率，并能满足数据共享、数据备份、安全配置、设备管理等要求，其结构如图 2-23 所示。该结构可划分为五个模块：操作系统、卷管理器、文件系统、网络文件共享和 Web 管

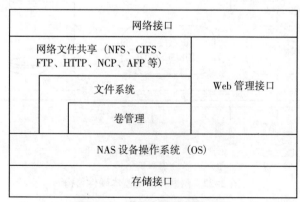

图 2-23　附网存储的软件组成

理模块。

操作系统通常采用 32 位甚至是 64 位的开放源码或 Windows 操作系统，具有多线程、多任务的高稳定性内核，这样能更好地支持对存储器的读写，是保证系统具有高数据吞吐率的必要条件。操作系统内核针对文件服务器和数据管理进行了裁剪，并针对特定硬件环境进行了优化。在核心操作系统中包含网络设备、存储设备的驱动模块，并保留一些基本网络协议栈（如 TCP/IP、SPX/IPX 以及 Apple Talk 等）。鉴于 Linux、FreeBSD 等免费的开放源码操作系统具有稳定、可靠、高效的优秀特性，在遵守 GPL 或 BSD 的版权协议条件下，现在大部分 NAS 设备是基于此类操作系统开发的。

卷管理器的主要功能是磁盘和分区的管理，主要包括磁盘的监测与异常处理和逻辑卷的配置管理，一般应支持磁盘的热插拔、热替换等功能和 RAID0、RAID1、RAID5 类型的逻辑卷。卷管理器实现简化的、集中的存储管理功能，保证数据的完整性，并增强数据的可用性。图 2-24 表示卷管理器在 FreeBSD 内核中的层次结构。管理器是以伪设备的形式实现的，处于文件子系统和磁盘驱动之间。当需要使用卷管理器时，用户通过系统调用访问设备开关表，对伪设备层进行控制，即实现对卷管理器进行控制。

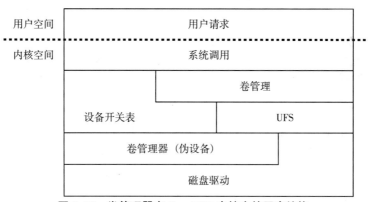

图 2-24 卷管理器在 FreeBSD 内核中的层次结构

文件系统提供持久性存储和管理数据的手段，它必须是 32 位或以上并能支持多用户，并具备日志文件系统功能，以使系统在崩溃或掉电重启后能迅速恢复文件系统的一般性和完整性，进一步提高 NAS 的可用性。此外，文件系统还应具有快照（Snapshot）功能。快照不仅能恢复被用户错误修改或删除的文件，而且能实现备份窗口为零的文件系统活备份。

网络文件共享一般支持以下一些文件传输和共享协议，如 FTP 和 HTTP 协议、UNIX 系统的 NFS、Windows 系统的 CIFS、Novell 系统的 NCP（Novell Core Protocol）、Apple 系统的 AFP（Appletalk File Protocol）等，因此 NAS 设备具有较好的协议独立性。NAS 服务器端仅需简单配置就能支持 Windows、UNIX、NetWare、Apple 或 Intranet WEB/FTP 等客户的数据访问，客户端不需为此另外安装其他的软件。此外，NAS 设备可仿真成为相应的 Windows、UNIX 或 Novell 服务器，对于不同类型的客户进行访问权限、用户认证、系统日志、警报等的配置和管理。

Web 管理提供给系统管理员一个友好的界面，使之仅通过 Web 浏览器操作就能远程监视和管理 NAS 设备的系统参数，如网络配置、用户与组管理、卷以及文件共享权限等。用户只要拥有适当的管理权限，就可以在网络上的任何接入点的任何操作系统平台上对 NAS 设备进行管理。该模块与"瘦"服务器、存储专用等一起构成了 NAS 设备有别于其他服务器的主要特征。

第五节　存储区域网

一、SAN 概述

存储区域网络全称是 Storage Area Network，简称 SAN。存储区域网指的是通过一个专用的网络把存储设备和 TCP/IP 局域网上的服务器群相连。当有海量数据的存取需求时，数据可以通过存储区域网在相关服务器和后台存储设备之间高速传输。以 SAN 为代表的网络存储具有现代数据存储所需要的高速度、高可用性、高可扩展性、跨平台、远程虚拟存储等特性，并通过两个网络的分离充分保证了应用系统的效率。SAN 独立于传统的局域网之外，通过网关设备和局域网连接。其传输速率极高，不但可以进行跨平台处理数据，还可以在多种存储设备和服务器以及其他网络设备之间通信。

SAN 以光纤通道（Fiber Channel）为基础，实现了存储设备的共享，突破现有的距离限制和容量限制，服务器通过存储网络直接同存储设备交换数据，释放了宝贵的局域网的资源。一般而言，网络拓扑是基于传统 LAN 或 WAN 的技术，它提供终端用户与服务器间的连接，但是，在特殊要求下，终端用户的设备可直接连接光纤存储区域网提供的存储设备。服务器可以单独地或者以群集的方式接入 SAN。存储子系统通过光纤集线器、光纤路由器、光纤交换机等不同的连接设备构成光纤通道网络，与服务器、终端用户设备相连。

从逻辑的角度看，一个 SAN 包括存储区域网组件、资源以及它们间的关系、相关性与从属关系。存储区域网的组件间关系并不受物理连接的限制。

SAN 的一个概念是允许存储设备和处理器（服务器）之间建立直接的高速网络（与 LAN 相比）连接，通过这种连接实现只受光纤线路长度限制的集中式存储。SAN 可以被看作是存储总线概念的一个扩展，它使用 LAN 和 WAN 中类似的单元，实现存储设备和服务器之间的互联。图 2-25 是一个典型的 SAN 结构。SAN 结构解决了传统方式存在的所有弊端，存储数据流从 LAN 中被分离到一个专用高速的网络中，数据可以在服务器和存储设备之间共享，同时数据的管理也得到了简化。SAN 通过路由器、网关、集线器、交换机等互联单元实现 any-to-any 的连接，消除了单服务器访问数据容量和存储设备数量的限制，实现了服务器或多个异构服务器共享存储设备（包括磁盘、磁带和光盘）。

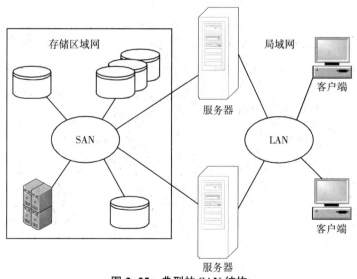

图 2-25　典型的 SAN 结构

SAN 的接口可以是企业系统连接（ESCON）、小型计算机系统接口（SCSI）、串行存储结构（SSA）、高性能并行接口（HPPI）、光纤通道（FC）或任何新的物理连接方法。

SAN 的另一个定义是：一个集中式管理的高速存储网络，由多供应商存储系统、存储管理软件、应用程序服务器和网络硬件组成。由于 SAN 的基础是存储接口，所以与传统网络不同，它常常被称为服务器后面的网络。SAN 可被用来绕过传统网络的瓶颈，它通过以下三种方式支持服务器与存储设备之间的直接高速数据传输。

服务器到存储设备：这是服务器与存储设备之间的传统的相互作用模式，其优点在于多个服务器可以串行或并行地访问同一个存储设备。

服务器到服务器：SAN 可用于服务器之间的高速大容量数据通信。

存储设备到存储设备：通过这种外部数据传输能力，可以在不需要服务器参与的情况下传输数据，从而使服务器周期能更多地用于其他活动如应用程序处理等。这样的例子还包括磁盘设备无须服务器参与就可以将数据备份到磁带设备上，以及跨 SAN 的远程设备镜像操作。

早在 20 世纪 90 年代前期，就有人提出了 SAN 的构想。FC 的发展为 SAN 的构想铺平了道路。由于传统 SCSI 协议具有相当的局限性，在效率与可扩展性方面存在着一定的缺陷，很早人们就想提出一种改进型的协议，来弥补其不足。在设计智能化设备接口（Intelligent Peripheral Interface，IPI）时，人们已经意识到了这点。FC 结构的设计开始于 1989 年，历经 5 年，于 1994 年 10 月最终制定了相应的 ANSI 标准。各大主机与存储设备生产厂家均开始意识到了其先进性，纷纷研发对应的 FC 产品。1997 年后产品日趋成熟，逐步开始大规模地生产与应用，从此 SAN 产品开始进入市场。SAN 产品涵盖光纤交换设备、光纤磁盘阵列、光纤磁带库、光纤适配卡、光电收发设备以及群集软件系统和群集管理系统等诸多方面，这些产品的逐渐成熟使得 SAN 的解决方案瓜熟蒂落。与此同时，1998 年，存储网络工业协会（Storage Network Industry Association，SNIA）成立，SAN 的概念正式出现。

二、光纤存储区域网的构成

光纤存储区域网络是随着光纤通道（FC）技术的出现而产生的新型存储系统。它通过不同的连接设备（如光纤集线器、光纤路由器、光纤交换机等）构成光纤通道网络，将各种存储设备（磁盘阵列、NAS、磁带等）以及服务器连接起来，形成高速专用存储子网，数据通过存储区域网在服务器和存储设备之间高速传输。

光纤通道是一种在系统间进行高速数据传输的技术标准，提供高性能的传输和高带宽的可视化计算，适用于 CPU、海量存储器互联的分布式计算机系统，提供类似 I/O 的带宽和并行处理能力。FC 由于其实际协议的低消耗，其实际可用带宽几乎接近于实际数据传输带宽，并且具有扩展带宽的潜力，已成为 SAN 的事实标准。除了光纤通道，有的存储区域网络以 ESCON、SCSI、SSA 或 HIPPI 作为接口。

SAN 将传统的 DAS 结构中存储设备为某个服务器专用的模式改进为由网络上的所有服务器共享模式，实现了数据的高度共享。同时，它将通道技术和网络技术引入存储环境中，提供了一种新型的网络存储解决方案，能够同时满足吞吐率、可用性、可靠性、可扩展性和可管理性等方面的要求。SAN 的推出真正实现了存储系统的高速共享，并使服务器和存储设备之间的连接方式发生了根本性变革。

尽管 SAN 和 NAS 都属于网络存储的范畴，但二者有很大的差异。一方面，NAS 是一种可以与网络直接相连的存储设备，而 SAN 则是一个网络的概念；另一方面，NAS 基于现有的 LAN 构建，按照 TCP/IP 等现有网络协议进行通信，以文件 I/O 方式进行数据传输，而 SAN 基于专用的光纤通道网络构建，数据传输方式是块传输。SAN 是为面向海量数据的传输而设计的，考虑的是如何利用光纤通道把现有的存储设备和服务器等资源连接成一个共享的网络。同时，两者又不是互斥的，它们在功能上可以是互补的。现在越来越多的存储解决方案融合了 NAS 和 SAN 两种技术。

从 1999 年开始，EMC、IBM、Compaq、Sun、HP 等公司相继推出自己的 SAN 产品。近年来，SAN 技术得到了长足发展。

三、SAN 组件

SAN 由三个基本组件构成：服务器、网络基础设施和存储设备。这些部件可以进一步细分为以下关键元素：节点端口、线缆、互连设备（例如 FC 交换机或者集线器）、存储阵列和 SAN 管理软件。

（一）SAN 节点端口

在光纤通道中，设备诸如主机、存储器和磁带库都被称作节点。每个节点就是其他一个或多个节点的信息源或目标。每个节点需要一个或多个端口来提供物理接口，用于与其他节点进行通信。这些端口是 HBA 和存储器前端适配器的一个集成部件。每个端口都是全双工传输模式，拥有一个发送（Transmit，Tx）链路和一个接收（Receive，Rx）链路，如图 2-26 所示。

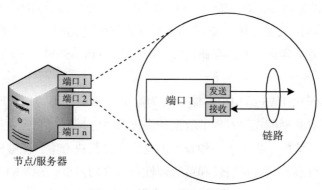

图 2-26　节点、端口和链路

（二）SAN 布线

SAN 的实现使用光纤进行布线。铜缆可以用于短距离的后端连接，因为它在 30 米距离内才能提供更好的信噪比。光纤线缆用光信号来携带数据。光纤分为两种：多模和单模。

多模光纤（Multi-Mode Fiber，MMF）线缆可携带多个光束，以不同的折射角度同时在线缆核心内传输。根据带宽的不同，多模光纤被分为 OM1（62.5/125μm）、OM2（50/125μm）和激光器优化的 OM3。在 MMF 传输中，多条光束在线缆里穿越，容易发生色散和碰撞。这些碰撞会导致信号在长距离传输后强度减弱——这也被称作模间色散（Modal Dispersion）。由于模间色散效应，MMF 线缆通常被用作距离在 500 米以内的传输。

单模光纤（Single-Mode Fiber，SMF）携带单个激光束，在线缆芯线中央穿越。这些线缆的直径有 7~11μm 的规格，最常用的是 9μm。在 SMF 传输中，单条光束在光纤的线芯正中直线穿越。极细的线缆线芯和单束光波，都减少了模间色散。在所有类型的光纤线缆中，单模光纤提供了最小的信号衰减和最大的传输距离（长达 10 千米）。单模光纤被用于长距离的线缆传输，只受发射端的激光功率和接收端的灵敏度限制。

MMF 一般用于数据中心的短距离传输，SMF 则用于长距离传输。MMF 收发器也比 SMF 收发器的价格低廉。

SC 连接器（Standard Connector）和 LC 连接器（Lucent Connector）是两种常用的光纤连接器。SC 的数据传输率为 1Gbit/s，LC 的数据传输率为 4Gbit/s。

ST 连接器（Straight Tip）是一个有插栓和插孔的光纤连接器，可以锁住一个半螺旋锁扣。在早期的 FC 部署时，光纤主要使用 ST 连接器。这种连接器常用于光纤通道接插面板。

小型封装可热插拔式收发器（Small Form-factor Pluggable，SFP）是一种用于光通信的光收发器。标准的 SFT 收发器支持的数据传输率达到 10Gbit/s。

（三）互连设备

集线器、交换机和控制器是常用于 SAN 的互连设备。

集线器是用于 FC-AL 的互连设备。集线器将节点连接成一个逻辑环或者一个星型的物理拓扑。所有节点都必须共享带宽，因为数据会流经所有的连接点。由于廉价而性能较高的交换机的出现，集线器不再被用于 SAN 中。

交换机比集线器更加智能，将数据从一个物理端口直接发送到另一个端口。所以，节点不再共享带宽，而是每个节点都有一个专用的通信路径，从而实现了带宽的聚合。

控制器比交换机更大，主要部署在数据中心。控制器的功能与 FC 交换机相似，但是控制器有更多端口并有更强的容错能力。

可扩展性和性能是交换机和集线器的两个主要差异。一个交换机可以使用 24 位的地址编码，支持超过 1500 万个设备，但集线器实现的 FC-AL 只支持最多 126 个点。

FABRIC 交换机在多对端口间通过光纤提供全带宽，于是成为一个可扩展性很强的结构，可同时支持多点间的通信。

集线器提供共享带宽，在同一时刻只可以支持单个通信。集线器提供的是低廉的连接扩展解决方案。交换机则是用于建立动态的、高性能的 FABRIC，可以支持多点同时通信，但交换机却比集线器要昂贵许多。

（四）SAN 中的存储阵列

SAN 的基本目标是提供主机访问存储资源的能力。存储阵列的能力已在第四章描述。现代存储阵列所提供的大容量存储已经被 SAN 环境所利用，作为一种存储整合和集中化的方案。SAN 实现了存储阵列的标准特性，提供高可用性和冗余性，提高了性能、业务的连续性以及多主机的连接性。

（五）SAN 管理软件

SAN 管理软件管理主机、互连设备以及存储阵列之间的接口。它提供了 SAN 环境的一个可视化视图，并且可以在一个中心控制台进行多种资源的集中管理。它提供了关键的管理功能，包括存储设备、交换机和服务器的映射，以及监控和发现新设备时通知机制，还包括对 SAN 进行逻辑划分，称为分区（Zoning）。另外，这些软件还提供管理传统 SAN 组件的能力，如 HBA、存储部件和互连设备等。

四、小结

SAN 提供了一个能存储大量数据且具有高可靠性和高升级能力的数据存储系统。SAN 支持更远距离的数据访问，具有高可用性，能够动态地分配存储资源；可扩展性好，支持连接数目多；存在单一的控制点，有利于数据的管理、共享、备份。因此，SAN 不失为一种不错的海量存储系统解决方案。

但由于 SAN 本身缺乏标准，而且构成 SAN 的设备种类繁多，包括光纤适配器、光缆及其接口、光纤 Hub、光纤 Switch、磁盘阵列和磁带库等，因此，存在各种存储设备的互操作性问题。而且，还存在软件的兼容问题，包括操作系统、备份软件和存储管理模块等。除此以外，SAN 的价格也是影响其部署实施的一个重要因素，因为构建 SAN 需要在原有的网络设施外另外组建一个昂贵的光纤网络。根据统计，平均每 GB 数据 NAS 的费用为 20~50 美元，而 SAN 的费用则需 150~200 美元。

第六节　分布式文件系统

文件系统是操作系统的一个重要组成部分，它可以通过对存储空间的抽象向用户提供统一、对象化的访问接口，以此屏蔽对物理设备的直接操作和资源管理。

文件系统从宏观上可以分为本地文件系统（LFS）和分布式文件系统（DFS）。所谓本地文件系统是指文件系统所管理的物理存储资源直接连接在本地节点上，存储资源可经系统总线被处理器直接访问。与本地文件系统相对应，分布式文件系统所管理的物理存储资源不一定直接连接在本地节点上，而是利用可扩展的结构，将数据分散地存储于多台独立的设备上，由多台服务器来分担存储负载，并利用控制服务器来定位存储信息。

分布式文件系统（DFS）除了具有本地文件系统的所有功能外，还必须管理分布式系统中所有计算机上的文件资源，从而把整个分布式文件资源以统一的视图呈现给用户，并且它需要隐藏内部的实现细节，对用户和应用程序屏蔽各个节点计算机底层文件系统的差异，提供用户方便的管理资源的手段或统一的访问接口。它需要具备存储、更新、备份和恢复功能，并能够满足多用户、多应用的数据共享的需求，为分布式操作系统中其他的构件提供基础。

与本地文件（LFS）系统相比，分布式文件系统（DFS）通常要多考虑以下四个方面的问题：首先是网络透明性，分布式文件系统通常同时运行在多台计算机上，有时甚至构建在广域网络中，但呈现给用户和应用程序的感觉是和使用单台机器相同的，用户和应用程序可以用访问本地文件相同的方式访问远程文件。换言之，应用程序无法发现本地文件和远程文件的区别，最完美的情况就是分布式文件系统的用户无须知道文件的物理位置。其次是高可用性，数据的高可用性是系统可靠性的基础，用户的文件访问过程不能因为局部网络故障或系统调度（如在服务器之间备份数据）而出现中断。通常通过文件副本来实现系统的高可用性，最理想的情况是，只要系统中存在一个有效的副本，用户就可以访问该文件。再次是可扩展能力，理论上来说，分布式系统的节点规模随时都有可能发生变化，分布式文件系统应能自动适应节点变化而导致资源的变化。最后是强大的资源管理能力，它应能根据系统中节点数以及负载情况而动态决定文件资源的分布情况，并在必须的时候进行调整。

自从 Sun 微系统公司 1985 年提出基于 RPC 协议的网络文件系统（Network File System，NFS）以来，文件系统开始跨越多台机器，之后卡耐基梅隆大学设计与实现了 Andrew 文件系统（Andrew File System，AFS），将文件共享扩展到 5000 台以上的机器；在 1993 年，UC Berkeley 提出了无服务器的网络文件系统 xFS 的原型实现，解决了传统的网络文件系统集群中央服务器体现出的延迟与失效崩溃等问题，从此，单一服务器模式被改变，系统的可用性得到增强，但同时，文件的一致性产生新的问题，此后，关于冗余存储所带来的可靠性与一致性问题一直是分布式文件系统的设计中需要反复考虑的问题；2003 年，谷歌公司公开发表了谷歌内部使用的 Google 文件系统（Google File System，GFS），它主要基于大数据集的存储与处理，利用大量廉价的商品机，并采取了单一主服务器的模式，而这个布局在谷歌的巨大成功使得将分布式文件系统的设计考虑带回到集中式与分布式的综合考虑中。虽然现有的分布式文件系统都有考虑到诸如可靠性、可用性、可扩展性等因素，但其设计出发点一般都是针对特定情况，因而有限制性考虑，如 AFS 考虑的主要是互相可信的内核，GFS 主要用来处理大数据集的存储于计算而对大量小文件则力有不逮，PVFS 主要关注集群并行计算效率等，而且，随着时间的推移，文件属性发生了变化，实现技术也有了进步，原先的设计限制在现在或者将来将不复存在，因此，分布式文件系统在新的阶段不断出现新的特征。

网络技术的普及和发展带动了存储技术的迅速发展，如今随着互联网的发展和大数据处理的需求，各种分布式文件系统应运而生，现下比较流行的包括 GFS、HDFS、Ceph 和 Lustre 等，如图 2-27 所示，它们各具特色，是适用于不同领域的应用分布式文件系统。面对非结构化数据的日益膨胀，分布式文件系统成为实现非结构化数据存储的主要技术。

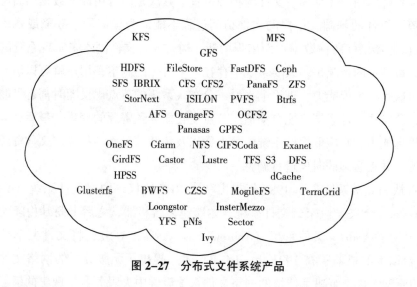

图 2-27　分布式文件系统产品

根据元数据操作的控制信息与文件数据是否一起通过服务器转发传送，可将分布式文件系统分为带内模式和带外模式。

（1）带内模式（In-band Mode）。以 NFS 为代表的带内模式，将所有数据和元数据通过单一的存储服务器提供。对于这种模式，随着客户端数量的增长，由于全部数据传输和元数据处理都要通过该单一服务器，导致存储能力受到磁盘容量的限制，吞吐能力受到磁盘和网络 I/O 限制，单一服务器成为整个系统的瓶颈。

（2）带外模式（Out-of-band Mode）。以 SAN 为代表的带外模式，是将应用服务器和存储设备直接相连，通过这种结构，只有元数据才通过元数据服务器获取和处理，应用服务器可以直接访问存储在 SAN 中的数据，由此提高数据的传输效率，减轻元数据服务器的压力。

第七节　数据保护技术

一、数据保护背景

从 20 世纪 50 年代开始，人类进入信息数字化时代。到今天，主要的信息形式：文字、语言、声音、图像、视频等都可以转化为数字形式进行存储。数据已经成为人类最宝贵的财富之一。在日常工作、生活以及学习中，人们越来越依赖信息技术，越来越多的数据被存储在计算机系统中，信息的数字化很大程度上促进了信息处理的自动化，从而提高工作效率。对于个人来说，典型的数据可能是撰写的文稿，也可能是从互联网上收集资料，还有可能是数年的珍贵摄影照片或视频录像。对于公司和企业用户来说，典型数据可能是业务数据、客户资料、管理信息以及生产信息等。这些数字化的信息使得企业提高了事务处理和业务运行的效率，从而更快捷地响应用户需求。在金融、电力、通信以及交通等行业中，计算机系统中保存的可能是非常重要的关键数据，系统的正常运行一天也离不开这些数据。因此，对于这些关键行业应用，其对信息数据的依赖性已经关系到了企业存亡的程度。

在信息化程度如此高的今天，数据变得非常宝贵，一旦发生数据丢失或损坏，将会给个人和企业都带来难以估量的损失。对于个人用户来说，数据丢失将会给个人带来精神上和物质上的双重损失；而对于企业和公司来说，一旦信息系统发生故障导致数据丢失，并且在限定时间内不能得到及时恢复，其带来的损失可能是毁灭性的。根据 IDC 的调查，美国在 1990~2000 年的 10 年间所发生过数据灾难的公司当中，有 55% 当即倒闭，29% 在两年内倒闭，生存下来企业比例的仅占到 16%。在大量的类似调查报告中也表明，大约有 40% 的企业在遭遇数据灾难之后没有恢复运营，由于缺少异地数据备份以及有效的数据恢复手段，剩下的60%的企业中也有1/3在两年内破产。据统计，每500个数据中心就有一个每年要经历一次数据灾难。

数据恢复的及时性成为企业成功与失败的关键因素之一。一项来自美国明尼苏达大学的研究报告显示，在数据灾难之后，如果在14天内无法恢复信息系统运作，75%的公司业务将会完全停顿，43%再也无法重新开业，从而导致有20%的企业在两年之内被迫宣告破产。另外，对于数据灾难所造成冲击的分析显示，各行业可忍受的最长信息系统停机时间分别为：金融业2天、销售业3.3天、制造业4.9天、保险业5.6天。所以平均来看，一般行业可忍受的最长信息系统停机时间为4.8天。

二、数据保护技术分类

数据保护包含很多的具体技术，这些技术有的互为基础，有的针对不同领域，有的提供不同的数据保护等级。总体来说，分为以下几类：

（一）备份技术

备份技术是容灾的基础，又分为离线备份和在线备份，采用离线备份通常是把数据备份到磁带库中，这种备份方式比在线的时间长，但优点是投资比较少。采用在线备份的方式，优点是数据恢复的时间短，备份周期比离线备份的方式也短，缺点是成本比较高，一般主要关键的应用和业务系统才会采用这种备份方式。

（二）镜像技术

镜像是在两个或多个磁盘或磁盘子系统上同一个数据的镜像视图的信息生成、存储过程，一个叫主镜像系统，另一个叫从镜像系统。按照镜像实现方式，根据数据写入磁盘镜像先返回还是后返回又可以把镜像技术分为同步远程镜像和异步远程镜像。镜像能够保证数据最后的状态进行恢复，但不论是同步远程镜像和异步远程镜像的实现方式都会带来高额的成本，因为系统需要至少两倍以上的主磁盘存储空间。另外除了价格昂贵之外，远程镜像技术还有一个致命的缺陷，它无法阻止系统之前某个时刻数据丢失、损坏和误删除等灾难的发生。如果主站的数据出现因为误操作或者病毒导致数据删除的情况，镜像站点上的数据也将出现连锁反应，从而导致数据无法有效的恢复。

（三）快照技术

快照技术主要是在操作系统以及存储技术上实现的一种记录某一时间系统状

态的技术，由于其广泛的实用性使之成为应用最广泛的。SINA 对于快照的定义是：关于指定数据集合的一个完全可用拷贝，该拷贝包括相应数据在某个时间点（拷贝开始的时间点）的映像。快照可以是其所表示的数据的一个副本，也可以是数据的一个复制品。

通过快照技术可以在不产生备份窗口的情况下，帮助客户创建一致性的磁盘快照，每个磁盘快照都可以认为是一次对数据的全备份，从而实现常规备份软件无法实现的分钟级别的 RPO。

（四）持续数据保护

持续数据保护（Continuous Data Protection，CDP）技术是目前最热门的数据保护技术，它可以捕捉到一切文件级或数据块级别的数据写、改动，可以对备份对象进行更加细化粒度的恢复，可以恢复到任意时间点。

CDP 技术目前是一个新兴的技术，在很多传统的备份软件中都逐渐融入了 CDP 的技术。比如，BakBone NetVault Backup 8.0 的 True CDP 模块，Symantec Backup EXec12.5 等。其他公司包括 EMC、Symantec 都并购了一些 CDP 的软件，并与传统备份软件进行整合。

CDP 技术包括 Near CDP 和 True CDP 两种。Near CDP，就是我们说的准 CDP，它的最大特点是只能恢复部分指定时间点的数据（Fixed Point In Time，FPIT），有点类似于存储系统的逻辑快照，它无法恢复任意一个时间点。目前 Symantec、CommVault 的 CDP 都属于这种类型。TrueCDP，我们称为真正的 CDP，它可以恢复指定时间段内的任何一个时间点（Any Point In Time，APIT），目前 BakBone TrueCDP 属于 True CDP 类型。

三、数据保护技术的比较

一般来说，数据保护技术就是将数据通过复制、备份、快照等技术方式存放到不同的存储设备中。以常用的备份技术为例，一般的备份通常都会将数据备份到另外的存储设备中，此设备有可能是本地的也有可能是异地的，一旦系统出现异常数据遭到破坏，可以将数据从备份的设备恢复到原来被保护的系统中，从而实现数据的保护。

随着应用越来越复杂，用户的数据也呈现海量的增长，现在需要保护的数据是以前的几倍甚至几十倍。因此传统的通过复制、备份、快照等技术实现的数据保护技术完成一次备份往往需要更多的时间，有时候执行一次备份可能需要数十分钟，甚至数个小时。这样直接的后果就是数据很难做到即时有效的备份，多次数据备份之间有一段时间的间隔。随着数据的增加可能与之带来的间隔也越长。这样就带来一个问题，如果在两次备份数据时间点之间系统出现故障，那么在此备份点之前的数据没有即时备份，这段时间的数据因此就没有记录，从而导致数据永久的丢失。另外一个问题就是当系统出现故障，用户希望快速恢复系统时由于数据比较大，恢复的时间可能也需要几十分钟甚至数个小时，这样会使很长一个时间段内用户的系统无法正常使用，因此可能给用户带来巨大的损失。

因此，在衡量数据保护系统的好坏通常有两个比较重要的指标，即数据恢复点目标（RPO）和恢复时间目标（RTO）。RPO指的是系统可以容忍的在灾难发生前数据可以丢失的时间段长度。RTO定义了灾难发生后，系统需要多少时间可以将数据从备份系统中恢复。也就是说，对于一个好的数据保护系统RPO和RTO的时间越短越好。而传统的数据保护方式从技术上很难找到合适的解决方案来降低RPO和RTO的时间从而满足某些企业对数据保护系统较高的RPO和RTO的性能要求。

数据保护备份软件包括备份、复制、镜像、快照和持续性数据保护几种类型。过去20年来，数据保护备份技术有增量和差异备份、复用、更快的磁带技术、基于磁盘的备份、快照和VTL，但是它们没有改变以时间点（PIT）为导向的备份方式。基于时间点的备份不可避免地导致恢复操作潜在的数据丢失，而数据丢失的数量取决于备份频率。

基于时间点PIT方式的备份有四大问题：数据窗口、恢复点目标、恢复时间目标和恢复可靠性。虽然数据保护技术的发展已经减轻了这些问题的影响，但仍解决不了根本问题。

持续数据保护CDP（Continuous Data Protection）产品技术是一项新兴的存储技术，自问世以来，在业界引起了广泛重视。传统备份解决方案和准CDP具有周期性，只能将信息状态还原到启动备份作业的时间点；而CDP则强调连续性，能通过持续的捕获、追踪系统I/O信息流状态，复制每个I/O写入动作，完整地保存系统存取变动过程，并可将信息恢复到任一时间点。

CDP技术的优势使得它在众多数据保护技术中脱颖而出，对那些业务连续性要求很高的企事业单位产生了很大的吸引力，目前已在政府、金融电信等领域得到了应用。未来随着信息化建设对数据保护要求的进一步提高，CDP技术有望在更多行业得到推广。

从技术的角度来看，持续数据保护并不是一项完全颠覆性的数据保护技术。它更像是对以前传统数据保护技术的升级，或者说是功能的增强。虽然它实现的技术与传统的快照、备份、复制不是很一样，但其技术实现的本质其实是一样的。当然与传统的数据备份和恢复技术实现的最终效果比较，持续数据保护具有保护连续性、更小的 RPO、更小的 RPO 的特点。

传统的数据保护技术如备份、快照通常是一天产生一份或者几份副本，数据的恢复以天为计算单位，若被保护系统的数据发生损坏，需要使用备份的数据还原时用户只能选择以天为单位的还原点。也就是说，用户数据的损失可能是一天甚至数天的数据量。而采用持续数据保护技术则能持续追踪与记录数据变化，因此能提供无时间限制的数据恢复能力，用户可将数据还原到过去任何一个时间点，选择的精细度甚至可以秒为单位。持续数据保护是迄今出现过还原点选择弹性最大的数据保护产品，能够提供更小的 RPO、更小的 RTO，摆脱保护周期的既定概念。

传统数据保护技术的备份、快照就像普通的照相机，保护的是数据在某个时间点下的状态，虽然可以通过采用多次的策略，也只能保持数据在某几个时间点的状态。中间必然有大部分数据会丢失。而持续数据保护技术则就像使用摄影机的录像，可记录数据在过去一段时间内的每一秒的变化历程，用户可以像录像倒带一样，任意将数据恢复到之前的任一个时间点。

综上所述，和传统的数据备份技术相比，CDP 技术在如下几个方面均有明显的特点：

（1）连续性：数据的改变受到连续的捕获和跟踪。无论 CDP 采用何种方式实现，均能够保证实时记录数据的改变。

（2）更小的 RPO：传统备份技术实现的数据保护间隔一般为 24 小时，因此用户会面临数据丢失多达 24 小时的风险，而 CDP 采用新的技术，能够完整记录磁盘数据的历史副本，实现的数据丢失量可以降低到几秒。

（3）更小的 RTO：传统备份技术在恢复数据时耗时较长，CDP 系统一般可以通过差异比较，采用快速的回滚技术缩短 RTO。

四、数据保护级别

根据目前具有数据恢复能力的存储架构的 RPO 和 RTO 的不同，可以将数据保护系统划分为四种级别来分别讨论。

（一）TRAP-1

最传统的数据保护和恢复的方法就是采用定期的备份、镜像和快照。由于备份通常要消耗大量的系统资源，会影响正常业务的性能，而在夜晚数据存储系统的业务量通常没有或很小，因此备份放在夜间进行。为了节省空间，通常是每天做一次增量备份，每周或每个月做一次完全备份，有的系统还会对备份数据进行压缩保存。快照就是对数据集合的一个拷贝，它包含一个数据在开始拷贝的时刻的映像，使得用户可以在正常业务应用不受影响的情况下，实时提取当前在线业务数据。这意味着，用户在进行系统数据备份时使"备份窗口"接近于零，从而大大增加了整个业务系统的连续性，为实现真正的 7×24 运转提供了保证。快照技术已广泛地应用于磁盘阵列、文件系统、附网存储系统（NAS）及备份软件中。快照根据工作原理的不同可分为：分离镜像（Split-Mirror）、写前拷贝（Copy-on-Write，CoW）和重定向写（Redirect on Write，RoW）等。在典型的应用中，可以每隔两三个小时创建一次快照而不会对系统应用性产生明显的影响。

尽管近几十年来计算机的各方面技术得到了飞速发展，但数据备份却很例外，因为 20 多年来这项技术并没有任何明显改变。备份和快照仍然都需要消耗大量的时间和存储资源，过于频繁的备份和快照操作会严重影响系统正常数据业务的性能，因此备份的 RPO 和 RTO 通常都会非常长，而且需要巨大的存储空间开销。这里将备份和快照这种数据保护技术定义为 TRAP-1，由上分析可知，TRAP-1 并不适合作为 CDP 的实现机制。

（二）TRAP-2

文件版本控制提供了一个记录随时间变化的文件系统，它能将存储系统中的文件恢复到先前记录的某个版本状态，这里将文件版本控制归类为 TRAP-2。这些具有版本控制的文件系统具有可控的 RTO 和 RPO。然而，在一般情况下，由于这种机制依赖于某些特定的文件系统，因而不能直接应用于需要使用不同文件系统和数据库的企业数据中心。TRAP-2 与 TRAP-1 最主要的不同点是：TRAP-2 主要工作在文件系统级而不是在块设备级。而块级存储通常能提供更好的性能和效率，例如直接访问裸设备的数据库系统。

（三）TRAP-3

为了能在块级提供对任意时间点的及时数据恢复，可以按时间顺序记录下每个数据块的改变记录。在存储工业界，这种类型的存储通常被称为 CDP 存储。CDP 使得每个写或更新操作被持续地记入磁盘设备，该磁盘设备可能和主设备相同，也可能是单独的设备。在任何需要的时候，可以恢复到任意时刻的数据状态。如果说快照副本是一系列静态的图像，那么 CDP 就如同一部电影。CDP 与镜像不同的是，它的副本是带有时间戳的写事件的连续历史。所有的写操作在从盘或日志设备中排成队列。典型的日志记录 2~4 天的连续历史，一般这段时间是需要恢复数据最可能发生的时段。日志对保护数据入侵及数据受损尤其有效果，它可以将数据恢复到数据损坏之前的时间点状态。在这类系统中，对同一个逻辑块地址（LBA）写操作前，旧数据将被写到另一个磁盘中存储，而不是直接用新数据覆盖它。这样，对同一个 LBA 的连续的写操作会生成一个不同数据块版本序列，并且每个版本都会记录该次写操作相对应的时间戳。这些被新数据替代的数据块存储在一个日志结构里，记录着该数据块的更改历史。由于数据块的每一次更改都会被保存，因此可以查看到存储卷上任意时刻的数据，可以极大地降低 RPO。RTO 的大小则取决于存储记录的大小，索引数据结构及一致性检查机制。现代文件系统和数据库都有专门的工具对文件系统和应用程序进行一致性检查和数据恢复。这里将这种通过连续数据拷贝的方式提供块级数据记录和恢复的系统定义为 TRAP-3。当前 TRAP-3 最主要的问题是需要巨大的存储空间，这也是迄今为止 CDP 机制没有被广泛采用的主要原因。举例来说，当需要管理的数据是一个 TB 的数据存储规模，如果每天大约有 20%的存储卷的数据发生了改变，平均每个数据块发生了 5~10 次改写。则 CDP 存储将每天都需要一到两个 TB 的空间来存储反映数据变化的记录。一个星期下来，光这种操作产生的数据将达到 5~10TB 之巨，即使对数据进行压缩，也只能节省有限的存储空间。

（四）TRAP-4

由于 TRAP-3 虽然具有很好的恢复效率，但其空间消耗过大成为阻碍其得到广泛应用。首先简要阐明 TRAP-4 的工作原理。假设在时间点 T（m）时刻，数据块 B 有一次写操作，写之前 B 的数据内容是 BT（m−1），写之后数据内容改变为 BT（m），则该时刻写前后数据块的异或校验值为 PT（m）=BT（m）⊕BT（m−1），并记录时间戳为 T(m)。TRAP-4 按时间戳顺序保存这些写操作时间点的校验值形成一个日志链（PT(m)，PT(m−1)，…，PT(1)，PT(0)）。然后，将这些日志链进行压缩保存。

当需要进行数据恢复时，如将 T(m)时刻的数据恢复到 T(m)以前时刻 T(n)（m＞n）时的状态，对磁盘中任一数据块 B，首先将日志链进行解压缩，从日志链中读取 T(n)与 T(m)间该数据块所有的校验值，然后执行下面的计算操作就可完成该数据块的恢复：

$$BT(n) = BT(m) \oplus PT(m) \oplus PT(m-1) \oplus \cdots \oplus PT(n+1)$$

这是根据异或操作的对称性，如 $BT(m) \oplus PT(m) = BT(m) \oplus BT(m) \oplus BT(m-1) = BT(m-1)$，由此可类推得到上式。同样，要将数据恢复到 $T(m)$ 以后时刻 $T(k)(m<k)$ 时的状态，则执行如下操作即可：

$$BT(k) = PT(k) \oplus PT(k-1) \oplus \cdots \oplus PT(m+1) \oplus BT(m)$$

因此，根据恢复时间窗口内的写操作日志进行简单的异或操作，可以将数据恢复到任意时间点时的状态。TRAP-4 不仅能提供任意时间点的数据恢复，并且极大地减少了数据存储空间，是一个很好的连续数据保护实现方法。但从 TRAP-4 的工作原理及公式可以看出，当日志链条中某个中间结果出现了位操作错误或丢失，就会导致恢复的数据不一致性，造成整个恢复链条的失效。并且随着时间的增加，链条会越来越长，链条失效的概率随之增加。另外，恢复时间会随着恢复时间跨度的增加而线性递增，即越久远的数据恢复耗时越多，需要大量的临时计算和空间开销。

第八节　数据备份

数据备份是存储系统最重要应用之一，是保护用户数据的关键技术手段。虽然在线的镜像或者冗余技术能够有效地提高数据的可用性，但事实上，对于用户删除或者修改，这些在线冗余系统却无能为力，因此如果说前者那些在线冗余技术在空间维度上能够保证系统数据的可用性，那么备份系统能够进一步在时间维度上保证数据的可靠性。

实际备份有多种实现形式，从不同的角度可以对备份进行不同的分类：

从备份策略来看，可以分为完全备份、增量备份、差分备份。完全备份就是拷贝整个文件系统的数据到备份设备。它最为简单，但有两个不利之处，首先是读写整个文件是一个非常费时的操作，其次每次都会需要大量的存储空间。而增量备份是一种更快、备份数据更少的策略，它在上次全备份基础上仅仅拷贝新生或者修改的文件，但是在恢复时，它需要检索整个备份文件修改链。差量备份即拷贝所有新的数据，这些数据都是上一次完全备份后产生或更新的。增量备份和差量备份的区别在于前者记录上一次备份（完全或者增量备份）以来的更新数据，而后者记录从上次完全备份以来的所有更新数据。

　　按照备份时间来划分，可以分为即时备份和计划备份。前者需要马上开始备份任务，而后者仅在制定的时间到达时启动备份任务。按照备份种类来划分，可以分为系统备份和用户备份。

　　从备份模式来看，备份过程可以分为物理备份和逻辑备份。物理备份又称为"基于块（Block-based）的备份"或"基于设备（Device-based）的备份"。它忽略文件的结构，把磁盘块直接拷贝到备份介质上，这避免了大量的寻址操作，直接提高了备份的性能。但为了恢复特定的文件，物理备份必须记录文件和目录在磁盘上的组织信息，因此它同样依赖于特定的文件系统。逻辑备份也可以称作"基于文件（File-based）的备份"。它能够立即将文件目录结构，通过遍历目录树拷贝整个文件到指定设备，能够很方便地完成指定文件目录的恢复。

　　根据备份服务器在备份过程中是否可以接收用户响应和数据更新，又可以分为离线备份和在线备份。许多备份程序需要整个文件系统在备份过程中保持文件系统的只读性质，当备份完成时才能进行写或者更新操作，这是一种简单的备份策略，但由于备份窗口相对很大，会降低系统的可用性。相反在线备份运行系统备份数据时的更新操作，但随之带来的就是数据一致性的问题。事实上，在线备份具有很多实现的困难之处，特别是在备份过程中目录的移动，或者文件的创建、增加、更新或者删除。对于在线备份，可以通过增加锁和检测修改机制能够避免一致性问题的产生。但是考虑到备份版本的问题，也经常使用快照技术。

　　为了减小备份任务的存储空间或者传输带宽的需要，许多备份系统可以在数据开始备份时进行压缩，与之相对应的是在恢复过程中需要解压备份数据。

一、数据复制

　　数据备份的关键技术是数据复制。根据实现方式的不同，数据复制可分为同步数据复制和异步数据复制。

　　同步数据复制是将本地的生产数据以完全同步的方式复制到备份中心，每次对本地存储设备进行数据 I/O 的同时，也对异地备份中心的数据进行 I/O 操作，只有在本地和异地的 I/O 请求都已完成的情况下，才认为本次 I/O 操作成功。

　　异步数据复制是将本地生产数据以后台异步的方式复制到异地备份中心。在对本地存储硬件发出 I/O 请求的同时，将请求信息记录在本地日志中，只要本地完成 I/O 操作即认为此次操作成功。本地的日志系统负责将本地日志复制到异地，并根据日志内容在异地完成同样的 I/O 操作。

与同步数据复制相比，异步数据复制对传输链路的带宽和时延要求大为降低，它只要求在某个时间段内能将数据全部复制到异地即可，但其最大的问题是本地数据和异地数据之间会有一个时间窗口，时间窗口内的数据可能会在灾难发生时丢失，但并不影响本地和异地之间的数据一致性，因为本地和异地之间的数据复制是严格按照 I/O 顺序来进行的，严格的 I/O 顺序则由系统中的日志技术来保证。

二、数据备份策略

数据备份往往是基于一次完整数据复制基础之上的若干增量和差量数据复制。数据备份策略就是描述进行备份工作时所采取的不同数据复制方式的组合。实际中通常有以下三种数据备份策略：

（一）完全备份

完全备份是在某一个时间点上对所有数据的一个完全拷贝。这种备份策略在备份数据中存在大量的重复数据，消耗了存储空间，同时进行完全备份的数据量较大，备份时间较长。

（二）增量备份

每次备份的数据只是相对于上一次备份后改变的数据。这种备份策略没有重复的备份数据，节省了备份数据的存储空间，缩短了备份时间，但当进行数据恢复时就会比较复杂。

（三）差量备份

每次备份的数据是相对于上一次完全备份之后所改变的数据。与完全备份相比，差量备份所需时间短并节省存储空间；与增量备份相比，它的数据恢复很方便。

三、数据备份方式

随着数据备份技术的发展，数据的保存介质在不断地变化，数据备份方式也在不断地更新换代，主要有以下几种：

（一）基于磁带的数据备份

利用磁带拷贝进行数据备份和恢复是常见的传统备份方式。这些磁带拷贝通常是按天、按周或按月进行组合保存的。

（二）基于 RAID 的数据备份

RAID 是英文 Redundant Array of Inexpensive Disks 的缩写，中文简称为廉价磁盘冗余阵列。RAID 可以通过不同级别的冗余存储方式提供良好的容错能力，在任何一块硬盘出现物理故障的情况下都可以继续工作，不会受到硬盘损坏的影响。

（三）基于快照的数据备份

网络存储工业协会（Storage Networking Industry Association，SNIA）对快照的定义是：关于指定数据集合的一个完全可用拷贝，该拷贝包括相应数据在某个时间点（拷贝开始的时间点）的映像。快照可以是其所表示的数据的一个副本，也可以是数据的一个复制品。快照的作用主要是能够进行在线数据恢复，即当存储设备发生应用故障或者文件损坏时可以及时地将数据恢复成快照产生时间点的状态。快照技术在数据备份时被广泛采用，大致分为两种类型：一种叫作写时复制型（Copy-on-Write）快照，通常也叫作指针型快照；另一种叫作镜像型快照。指针型快照占用空间小，对系统性能影响较小；镜像型快照实际就是当时数据的全镜像，会对系统性能造成一定负荷。

（四）基于远程数据复制的数据备份

远程数据复制通过广域网在远程服务器或存储平台之间复制数据来实现数据备份。它的实现方法主要有三种：远程数据库复制、基于逻辑磁盘卷的远程数据复制和基于存储系统的远程数据复制。远程数据库复制是由数据库系统软件来实现数据库的远程复制和同步。基于逻辑磁盘卷的远程数据复制是指根据需要将一个或多个卷进行远程同步或异步复制。基于存储系统的远程数据复制是由存储系统自身实现数据的远程复制和同步。前两种方法的数据复制是通过主机完成的，将在一定程度上影响主机性能。第三种方法通过阵列上的微处理器完成数据实时同步功能，不占用主机 CPU、内存和 I/O 资源，几乎不影响主机性能，但成本较高。

根据备份数据的数据形式划分，当前桌面用户经常使用的备份方式主要有两种：基于文件的备份和基于磁盘块的备份。基于文件备份是指按照文件系统的组织结构，把一个个文件的内容打成数据包并存储到磁带上，典型的有 UNIX 系统下的 tar 程序。这种方式的缺点是：如果文件正在被使用，它不一定能够保证文件的一致性，同时备份速度也较慢。其优点是：它根据文件来备份，当用户需要恢复某些文件时，它可以快速地找到并恢复相关文件。基于磁盘块备份是指备份程序按照磁盘块来进行数据备份，典型的有 UNIX 系统的 dump 程序。由于备份是按照磁盘块来顺序读取，它备份数据的速度会很快。但它若是需要恢复某些文件，那么查找这些文件的速度会比较慢。

第九节　镜像与快照

一、镜像技术

镜像是指在两个或者多个磁盘或磁盘子系统上产生同一数据的镜像视图的信息存储过程，其中一个称为主镜像系统，另一个称为从镜像系统。镜像技术按照主从镜像存储系统所处的位置可以分为本地镜像和远程镜像。本地镜像的主从镜像存储系统处于同一个存储系统（如 RAID 阵列）内，而远程镜像的主从镜像存储系统通常是分布在跨城域网或广域网的不同节点上。

远程镜像，是进行容灾备份的核心技术，同时也是保持远程数据同步并实现灾难恢复的基础。远程镜像利用物理位置分离的存储设备所具有的远程数据连接功能，在远端维护一套数据镜像，当灾难发生时，主镜像系统失效，而分布在异地存储器上的数据备份并不会受到影响。远程镜像按照请求镜像的主机是否需要远程镜像站点的确认信息，又可以分为同步远程镜像和异步远程镜像。

同步远程镜像的数据恢复点目标和恢复时间目标性能是最高的，因为它是将本地数据通过远程镜像软件以完全同步的方式发送到异地的，每一个本地的 I/O 事务必须等待远程复制的完成确认信息，才予以释放。同步远程镜像使远程备份总能与本地要求复制的数据相匹配。当主站点出现故障停机时，用户的应用程序切换到远程备份的替代站点后，被镜像的远程副本可以替代本地业务而继续执行，且没有数据的丢失。换句话说，同步远程镜像的数据恢复点目标值为零，恢复时间目标也是以秒或者分为单位计算的。不过，因为往返传播会造成延时较长，而且本地系统的性能决定于远程备份设备性能，所以，同步远程镜像仅仅局限于相对较近的距离上应用。

异步远程镜像不同于同步远程镜像需等待远程 I/O 事务经确认后才释放，它是由本地存储系统提供给请求镜像主机的 I/O 操作完成确认信息，以保证在更新远程存储视图之前完成向本地存储系统输出/输入数据的基本操作，这也就意味着它的数据恢复点目标可能是以秒计算的，抑或是以分或小时计算的。异步远程镜像采用了 "Store-and-Forward" 技术，所有的 I/O 操作都是在后台进行的，这使得本地系统性能受到较小的影响，并且大大缩短了数据处理时的等待时间。异步远程镜像具有对网络带宽要求小，传输距离长的优点。不过，由于许多远程的从镜像系统 "写" 操作并没有得到确认，当由于某种原因导致数据传输失败时，极有可能会破坏主从系统的数据一致性。

同步远程镜像和异步远程镜像最大的优点在于，首先，将因灾难引发的数据失效风险降到最低（异步）甚至为零（同步）；其次，灾难发生后，恢复进程所耗费的时间比较短。这主要是因为建立远程数据镜像，不需要经过代理服务器，它可以支持异构服务器和应用程序。但是，远程镜像软件和相关配套设备的成本普遍偏高，而且，至少需要两倍以上的主磁盘空间。

二、快照技术

随着存储应用的提高，用户需要以在线方式进行数据保护，快照就是在线存储设备防范数据丢失的有效方法之一。

存储网络工业协会（SNIA）对快照的定义是：快照为一个数据对象产生完全可用的副本，它包含该数据对象在某一时间点的映像。快照在快照时间点对数据对象进行逻辑复制操作，产生数据对象在该时间点的一致性数据副本，但实际的部分或全部物理复制过程可能在复制时间点之外的某些时间进行。

快照的作用主要是能够进行在线数据恢复，当设备发生应用故障或者文件损坏时可以将数据及时恢复成快照产生时间点的状态。快照的另一个作用是为存储用户提供了另外一种数据访问通道，当原数据进行在线应用处理时，用户可以访问快照数据，还可以利用快照进行测试等工作。

快照技术的实现方法有很多，按照 SNIA 的定义，快照技术主要分为镜像分离（Split Mirror）、改变块（Changed Block）、并发（Concurrent）三大类。

第一种快照是镜像分离。在快照点到来之前，为源数据卷构建一个完整的可供复制的数据映像，快照点到来时，通过瞬间 "分离" 镜像来产生快照卷。镜像分离快照创建快照无须额外的操作，操作时间非常短，仅仅是断开镜像卷所需的时间；但是它缺乏灵活性，无法在任意时刻为任意的数据卷建立快照。另外，对于要同时保留多个连续时间点快照的源数据卷，它需要多个与原数据卷容量相同的镜像卷，连续的镜像数据变化影响存储系统的整体性能。

第二种快照是改变块。快照创建成功后，源卷和目标卷共享同一份物理数据拷贝，直到数据发生改动，此时源数据或目标数据将被写到新的存储空间。这里实现方式主要有写时复制（Copy-on-Write）技术和写时重定向（Redirect-on-Write）技术。

写时复制技术使用预先分配的快照空间进行快照的创建，在快照时间点之后，没有物理数据复制发生，而是仅仅复制了源数据物理位置的元数据。然后，跟踪原始卷的数据变化，一旦原始卷数据块发生首次更新，先将原始卷数据块读出并写入快照卷，随后用更新数据覆盖原始卷数据。这种快照实现方式在快照时间点之前，不会占用任何的存储资源，也不会影响系统性能；创建快照时建立快照卷，只需分配相对少量的存储空间，用于保存快照时间点之后原始卷中被更新的数据。但是由于增加了一次读和一次写原始卷数据的过程，使得系统性能下降，而且快照卷只是保存了原始卷被更新的数据，无法得到完整的物理副本，如果碰到需要完整物理副本的应用就无能为力了，而且一旦更新数据量超过了保留空间，快照就将失效。

写时重定向实现方式与写时复制非常相似，区别在于对于原始卷数据的写操作将被重定向到预留的快照空间。当数据要被写到原始卷时，捕获到此次更新操作，给更新数据选择一个新的位置，同时指向该数据的指针也被重新映射，指向更新后的数据。重定向写操作提升了快照 I/O 性能，只需一次写操作，直接将新数据写入快照卷，同时更新位图映射指针。相比于写时复制快照的一次读操作和两次写操作，写时重定向快照对于系统性能的影响降到了最小。不过，写时重定向快照在删除快照前需要将快照卷中的数据同步到原始卷，当创建多个快照后，原始数据的访问、快照卷和原始卷数据的跟踪以及快照的删除将变得很复杂。

第三种快照是并发。这种方式与改变块非常相似，但它需要物理地拷贝数据。当即时拷贝执行时，没有数据被复制。取而代之的是，它创建一个位图来记录数据的复制情况，并在后台进行真正的数据物理复制。

（一）快照存储类型

快照是关于指定数据集的一个完全可用的拷贝，该拷贝包括相应数据在某个时间点的映像。应用快照技术能够保留存储系统不同时刻的数据，一方面在发生故障时能将系统数据恢复到过去某个时间点，提高系统可靠性；另一方面可以实现在线数据备份。快照技术广泛应用在各种大规模存储系统中以提供数据恢复和数据备份支持。

快照按其实现级别可以分为实现于文件级的快照、实现于存储设备级的快照和实现于逻辑卷级别的快照。实现于文件级的快照方面，比较有代表性的有NetApp 的 WAFL 文件系统，能按照设定的时间自动创建和删除快照，使用写时拷贝减少快照占用的存储空间，可以通过快照来检查非正常关机情况下文件系统的一致性；EMC 的高端阵列和 HDS 通用存储平台则在存储设备级实现了快照。值得说明的是，实现于文件级别和存储设备级别的快照大多依赖于专门的应用或者专用的存储设备，而现有实现于逻辑卷级别的快照仍难以满足存储系统以高频度精确保留历史数据的需要。

现在有两种快照存储类型，一种为写时拷贝，另一种为分割镜像。

基于写时拷贝的快照可以在生成快照后第一次向某个块中写入数据时，首先将这个块原来的数据拷贝到快照的历史数据存储区，然后再把要写入的数据写入这个块中。这种快照的缺点是对写性能影响较大，因为每次写时拷贝操作要访问存储设备三次，尤其是当快照的数量较多时，这种对写性能的影响尤为明显，但这种方式的优点是快照数据的读取速度较快，恢复数据时所需的是将较短。

基于写时拷贝的快照相当于是某个时间点数据状态的"照片"。因此也有人把此类快照称为"元数据"拷贝，即并不是所有被保护的数都被拷贝到另一个位置来用做备份，而是只保存指示各种数据访问地址所对应的实际数据存放位置的指针。这项技术的基本原理是，当生成快照后，如果发现有请求将要改写原始的LUN 上的数据，快照监控系统将先把原始的数据块拷贝到快照历史数据存储区中一个新位置，然后再进行写操作。以后当有请求要用到原始数据时，快照监控器可以通过将引用快照时的指针映射到原来的位置。

基于分割镜像快照将在镜像存储设备上保存所有源存储设备上的数据。每次进行快照时，都是生成一个对整个卷的快照，而不只是更新的数据或新数据。基于这种机制，离线镜像访问有了实现的可能，操作一个存储设备上数据的过程，如恢复、复制或者存档，将得到很大程度的简化。但是，基于分割镜像的快照需要占用的存储空间也更多。

由于是某一文件系统或上 LUN 上的数据的物理拷贝，分割镜像快照也被称作原样复制，有的管理员甚至称为克隆、映像等。分离镜像的过程可以由主机（如 Windows 上的 MirrorSet、Veritas 的 Mirror 卷等）或在存储级上用硬件完成（Clone、BCV、Shadow Image 等）。

（二）快照使用方法

依据使用方式可以将快照分为三大类，冷快照拷贝、热快照拷贝和暖快照拷贝。

1. 冷快照拷贝

使存储系统数据被完全恢复的最安全的方式是进行冷快照拷贝，进行冷快照拷贝的时机一般为在要对系统进行大的维护或者做大的配置变化之前和之后，以保证系统在出现数据损坏后能够被顺利地恢复到一个完全可用的时间点。通常为了实现如扩展、制作生产系统副本等各种目的，还可以结合克隆技术来复制整个存储系统中的数据。

2. 暖快照拷贝

暖快照拷贝需要暂时地冻结系统，进行冻结操作时，会保留程序计数器的内容，所有内存中使用的数据都被写入到主引导硬盘所属的文件系统中的临时文件（.vmss 文件），同时运行在服务器上的应用也会被冻结。在冻结操作完成后，将内存中的数据、所有的 LUN 和相关的活动文件系统中的数据进行快照拷贝。在快照拷贝的过程中，因为主机上的应用被冻结，所有数据维持在完成冻结操作时刻的状态。而完成快照拷贝后，恢复系统的运行状态，主机上被冻结的各项应用从之前被冻结的时间点上继续运行。从本地用户角度来看，进行一次快照期间相当于被按了暂停键，对于远端的网络客户机来说，进行快照期间的冻结时间如同网络短暂的中断时间，对于科学管理的存储系统来说，快照期间的冻结时间通常很短，不会对用户和应用造成很大的影响。

3. 热快照拷贝

这种方式下进行快照拷贝期间系统中的应用仍处于运行状态，为了保证快照拷贝期间的数据一致性，所有对数据进行的写操作都会被重定向映射到一个预先设置好的临时存储区，主机以热备份模式对临时存储区进行使用和管理，在临时存储区添加 REDO 日志文件来保存系统中的正常写请求和其相关数据。一旦激活 REDO 日志，快照拷贝期间应用的系统中数据的访问和更改是安全的，因为在拷贝完成之后，可以查询 REDO 日志将保存在临时存储区的写请求应用到原存储设备中，之后可以删除 REDO 日志文件，释放临时存储区。采用热快照拷贝在执行快照操作期间，因为既要维持应用正常运转，又要保证数据一致性，系统的读写性能可能会有所下降，但是通常快照所需的时间非常短，只需要拷贝数据的映射关系或文件系统的目录信息，而且 REDO 日志的创建和提交之间只需要非常短的时间，所以快照执行过程中读写性能下降的幅度不会太大，下降持续的时间也非常短暂，在用户看来可能是发生了短暂的应用超载或者网络拥塞，当然也有可能用户感受不到性能有所下降。

第十节　分级存储管理

数据管理的关键是保证数据服务的质量，而分级存储管理（Hierarchical Storage Management，HSM）是保证服务质量的重要手段之一。

随着数据重要性的提高，企业在数据保护方面的投资越来越高。如何提高数据保护的投资效果，减少投资代价成为企业和用户亟待解决的问题，并由此引导新的数据保护发展趋势。尽管用货币来衡量数据的价值并不容易，但是，数据价值的划分对于数据管理却很有必要。可以把数据划分成 4 个等级，如图 2-28 所示。

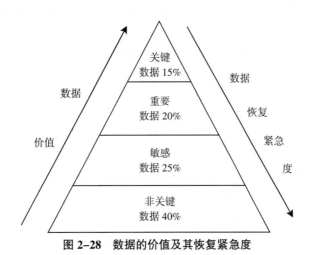

图 2-28　数据的价值及其恢复紧急度

一、关键数据 (Critical Data)

在关键事务的处理过程中使用的数据，最多占全部在线存储数据的 15%。如果这部分数据无法访问，对企业来说，就意味着收益损耗和商务危机。对于这种数据，一旦丢失，必须立即恢复，所以最好制作磁盘镜像。关键数据通常属于商业秘密。

二、重要数据 (Vital Data)

它是使用在普通的事务处理中的数据。和关键数据相比，这类数据在丢失时，为保证商务运作必须加以恢复，但即时性要求不强。重要数据一般用磁带库进行备份，并常属商业秘密。这类数据一般占 20%。

三、敏感数据 (Sensitive Data)

它是使用在普通的事务运作过程中的数据。一旦数据丢失，备用的资源将会被用来访问或重建数据。

四、非关键数据 (Non-Critical Data)

它是最多的一类数据。它对安全性的要求比较低，而且常常存在副本。为重建这个级别丢失或损坏的数据而付出的代价是最小的。E-mail（电子邮件）文档通常属于这类数据。

由于数据的等级划分清晰，用户可以根据实际需求选择数据保护方案，以提高投资效率。

分级存储管理（HSM）是一种将离线存储与在线存储融合的技术。它将大容量的非在线存储设备作为在线存储设备的下一级设备，访问频率高的数据存于在线设备，长久不被访问的数据存于非在线设备，然后将数据按指定的策略和需求在两者间自动迁移。对用户来说，数据迁移操作完全是透明的，只是访问速度略有降低，而逻辑磁盘的容量则大为扩大了，从而降低了管理成本。

在数据迁移中，被迁移的文件由迁移系统选择。当文件被正确拷贝后，一个和原文件名字相同的标志文件被创建，它只占用比原文件小得多的磁盘空间。在用户之后访问这个标志文件时，系统能将原始文件迁移回来。HSM 软件提供多种数据迁移策略，目前主要通过高水位、低水位及清除位来设置符合存储原则的标识。当数据达到高水位时，HSM 软件会将数据迁移至下一级存储设备中，直至低水位才停止，然后，将在上一级存储设备中的存储空间释放。另外，用户也可以自己建立相应的数据迁移策略，比如按文件访问的时间、大小等原则。HSM 软件都有设备管理功能，它可对磁带库、光盘库进行管理，从而实现数据的多层复制功能。同样，它还能够自动地安排数据迁移时间，灵活、方便地控制数据迁移日程。

HSM 与备份的区别在于：备份是把在线数据保存为离线数据的一种数据保护方式，HSM 则不同，它不仅可以把在线数据保存为离线数据，还把离线数据模拟成在线数据，即从用户角度看，数据"一直"在线。当用户需要访问已经被迁移的数据时，HSM 系统自动地把这些数据回迁到磁盘阵列中，而备份则需要手动将数据从磁带设备恢复到磁盘阵列；另外就是其各自的目的不同，HSM 中被迁移的数据一般都是很少被访问到的，而备份的数据一般都是极其重要的，为防止被损坏或丢失而特意实行的措施。只有当企业拥有超大容量的历史数据，或者需要保存的数据量远远大于在线数据量，又需要能较快速地调出所需要的数据的特点，一般才选择 HSM 技术。

HSM 主要是从降低成本、不影响数据应用效果的角度解决数据的管理问题。事实上，降低成本、提高效率已成为 IT 厂商追逐技术进步的一个目标。近线存储就是这种进步的产物。所谓近线存储，是指利用磁盘阵列对数据的快速存储速度和成本大幅下降的优势，模拟磁带机、磁带库的海量存储空间，以满足用户对数据快速备份的需要。近线存储不同于 HSM 中的数据迁移，因为，近线存储用磁盘备份数据，只有在长期不用的情况下才转到磁带设备上，而 HSM 中的数据迁移则直接用磁带备份数据。

在许多海量信息应用中，只是对部分热点数据访问频繁，而对大部分数据的访问次数较少，因此，可以将较少使用的数据存放在后备存储设备上。所以，采用直接存取设备和后备存储设备相结合的层次存储结构，来构架海量存储系统已经成为一种共识。这种多级存储系统具有以下共同的特点：第一，任一时刻，设备中有部分存储设备处于在线状态，部分存储设备是离线的，当所需的数据在离线存储设备上时，则需将数据加载到直接存取的存储设备中，需要较长的等待时间。第二，数据的定位和读取时间较长，因此，在海量存储系统中必须解决后备存储设备的在线随机存储问题，重点就是要提高其随机存储速度。一些学者针对单个磁带驱动器，提出了多种提高存取速度的随机调度策略，并对它们进行了比较。一些学者对磁带库存储设备的调度策略进行了讨论，并提出了一种基于热数据复制的调度策略。一些学者则对后备存储设备进行并行 I/O 的体系结构进行了研究，提出了在 I/O 子系统方面应该注意的问题。一些学者讨论了后备存储设备随机调度问题，并研究了系统中后备存储设备的性能。一些学者则在自适应的调度策略方面进行了研究，虽然是针对直接存取设备的，但是对后备存储设备的调度策略仍具有一定的借鉴作用。

第十一节　存储系统的功能需求

数据量的急剧增加，和数据本身内涵的多样性以及用户不断增长的需要对数据存储系统的功能设计提出了极大的挑战，用户不再仅考虑存储系统的容量和性能。存储系统需要更多的功能满足不断增加的应用需求。特别是在多用户并行的环境中，大规模应用系统的广泛部署对存储系统的性能和功能也提出更多的挑战，其主要表现为：

一、可扩展性（Scalability）

可扩展性是指问题规模和处理设备数目之间的函数关系。信息系统是一个不断发展的系统，新的应用将不断引入、数据容量将不断增加，所以其存储备份系统必须具有良好的可扩展性。能够根据业务发展的需要，方便、灵活地扩展备份容量和系统性能。由于新数据的备份必须和系统中已有的所有数据进行比较以消除重复数据，系统容量的扩大不应当影响备份性能，这需要高效可扩展的数据索引技术的支持。同时随着新的存储节点的加入，后台数据迁移和负载平衡也是保证系统性能随容量同步增长的关键。

可扩展性主要从以下两个方面考虑：①数据可扩展，指数据的存储和管理是可扩展的；②功能可扩展，指系统体系结构及系统性能是可扩展的，包括容量可扩展及性能可扩展。

二、可共享性（Sharing）

一方面，存储资源可以在物理上被多个前端异构主机共享使用；另一方面，存储系统中的数据能够被多个应用和大量用户共享。共享机制必须方便应用，并保持对用户的透明，由系统维护数据的一致性和版本控制。

三、高可靠性/可用性 （Reliability/Availability）

数据越来越被称为企业和个人的关键财富，存储系统必须保证这些数据的高可用性和高安全性。许多应用系统需要 24×365 小时连续运行，要求存储系统具有高度的可用性，以提供不间断的数据存储服务。

系统可靠性是指系统从初始状态开始一直提供服务的能力，可靠性用平均无故障时间（Mean Time To Failure，MTTF）来衡量。MTTF 的倒数就是系统的失效率。如果系统每个模块的正常工作时间服从指数分布，则系统整体失效率是各部件失效率之和。系统中断服务的时间用平均维修时间（Mean Time To Repair，MTTR）来衡量。

系统的可用性指的是系统正常工作时间在连续两次正常服务时间间隔中所占的比率，即可用性 $= \dfrac{\text{MTTF}}{\text{MTTF} + \text{MTTR}}$，其中，MTTF + MTTR 通常用平均失效间隔时间（Mean Time Between Failure，MTBF）来替代。

提高系统可靠性的方法包括有效构建方法以及纠错方法。有效构建方法指的是在构建系统的过程中消除故障隐患，这样建立起来的系统就不会出现故障。纠错方法指的是在系统构建中设计容错部件，即使出现故障，也可以通过容错信息保证系统正常工作。

四、自适应性 （Adaptability）

自适应控制可以看作是一个能根据环境变化智能调节自身特性的反馈控制系统以使系统能按照一些设定的标准工作在最优状态。就存储系统而言，自适应性意味能够动态感知工作负载和内部设备能力的变化，使自身的配置、策略和感知的状态相适应，以保证可用性和最佳的 I/O 性能。

五、可管理性 （Manageability）

当系统的存储容量、存储设备、服务器以及网络设备越来越多时，系统的维护和管理变得更为复杂，存储系统的可用性和易用性将受到空前的关注。事实上当前维护成本已经接近系统的构建成本。系统通过简单性、方便性、智能性的设计提供更高的管理性，以减少人工管理和配置时间。

第十二节　存储系统的评价指标

一、存储容量（Capacity）

存储系统和部件的基本评价指标就是存储容量，而评价容量的指标就是字节数。当前单条随机存储器的容量大约为 GB 级，而单个磁盘驱动器的容量为 TB 级，单张 DVD 光盘容量为 5GB 左右，而蓝光光盘容量为 20GB，磁盘阵列的容量依赖于其中磁盘驱动器的数量和组织模式，而大规模存储系统的容量从几十个 TB 到几十个 PB 不等。存储容量是存储设备的系统静态指标，特别是对于存储设备而言，容量在设备生存期基本是不会改变的，而许多存储系统往往通过系统扩展技术实现实际存储容量的增加。

二、吞吐量（Throughput）

吞吐量是用来计算每秒在 I/O 流中传输的数据总量。这个指标，在大多数的磁盘性能计算工具中都会显示，最简单的在 Windows 文件拷贝的时候，就会显示 MB/s。通常情况下，吞吐量只会计算 I/O 包中的数据部分，至于 I/O 包头的数据则会被忽略在吞吐量的计算中。广义上的吞吐量，也会被叫作"带宽"，用来衡量 I/O 流中的传输通道，比如，2/4/8Gbps Fibre Channel、60Mbps SCSI 等。但"带宽"会包括通道中所有数据的总传输量的最大值，而吞吐量则是只保护传输的实际数据，两者还是有些区别的。

吞吐量衡量对于大 I/O，特别是传输一定数据的时候最小化耗时非常有用。备份数据的时候是一个典型的例子。在备份作业中，人们通常不会关心有多少 I/O 被存储系统处理了，而是完成备份总数据的时间多少。此外，超算环境下吞吐量的意义重大。超级计算机的大部分 I/O 用来处理磁盘上的大型文件，许多超级计算机处理的任务都包括成组的作业，每一组都可能持续数小时，在这种情况下，当 I/O 做了一个很大的读操作后就会接着进行一个写操作，将当前系统的状态记录下来，以便在计算机系统期溃之后还能恢复到正确的状态，所以很多情况下，超级计算机的 I/O 包括的输出操作比输入操作多，因此，在衡量超级计算机 I/O 的指标中，数据吞吐量占有很重要的地位。此处，数据吞吐量指的是：在大量的数据传送过程中，超级计算机的主存和磁盘之间每秒钟传送的字节数。

三、每秒 I/O 数（IOPS）

每秒 I/O 数（IO per Second，IOPS）是用来计算 I/O 流中每个节点中每秒传输的数量。通常情况下，广义的 IOPS 指的是服务器和存储系统处理的 I/O 数量。但是，由于在 I/O 传输的过程中，数据包会被分割成多块（Block），交由存储阵列缓存或者磁盘处理，对于磁盘来说这样每个 Block 在存储系统内部也被视为一个 I/O，存储系统内部由缓存到磁盘的数据处理也会以 IOPS 来作为计量的指标之一。本文中提到的 IOPS，是指广义的 IOPS，即由服务器发起的，并由存储系统中处理的 I/O 单位。

在小 I/O，且传输 I/O 的数量比较大的情况下，IOPS 是一个最主要的衡量指标。例如，典型的事务处理（OLTP）系统中，高的 IOPS 则意味着数据库的事务可以被存储系统处理。事务处理（OLTP）软件包含了对响应时间的要求和基于吞吐量的性能要求，而且，由于大部分 I/O 的存取量比较小，所以事务处理软件主要考虑 I/O 速率，即每秒钟磁盘的存取次数，而不是数据传输速率（Data Rate），即每秒钟传送数据的字节数。事务处理软件一般包括修改大型数据库的操作，因此系统有响应时间的要求，同时还要具备某些错误恢复的能力，这些软件非常重要而且还要考虑成本因素，比如，银行一般会用事务处理系统，因为它们需要考虑一系列特性，这些特性包括确保事务不丢失、快速处理事务，将处理每项事务的耗费降到最小等，虽然可靠性是这些系统的根本要求，但响应时间和吞吐量也是在构造性能价格比最优的系统时要考虑的关键问题，现在已经制定了大量的事务处理标准，其中最著名的是由事务处理会议（Transaction Processing Council）制定的一系列标准，这些标准中最新的版本是 TPC-C 和 TPC-D，它们都包括数据库的查询操作，TPC-C 包括基于有序条目的少量和中等量的数据库查询操作，以及在预定系统和银行在线系统中所需的典型事务类型。TPC-D 则包括决策支持应用中出现的典型复杂查询操作。

TPC-C 明显比早期的 TPC-A 和 TPC-B 标准要复杂得多，它包括九种不同的数据库记录类型、五种不同的事务类型和一种用来模拟真正用户在终端上产生事务的事务请求模型。这种标准的说明书，包括记录规则，长达 128 页。TPC-C 的衡量标准是每分钟或每秒钟（TPM 或 TPS）处理的事务数量，此外它还包括了整个系统的测量数据如磁盘 I/O、终端 I/O 和计算性能，访问 TPC 的链接 www.mkp.com/books-catalog/cod/links.htm 可以获得有关 TPC 组织和标准的更多的细节。

　　IOPS 和 Throughput 吞吐量之间存在着线性的变化关系，而决定它们的变化的变量就是每个 I/O 的大小。从图 2-29 中可以看到，当被传输的 I/O 比较小的情况下，每个 I/O 所需传输的时间会比较少，单位时间内传输的 I/O 数量就多。当 I/O 尺寸比较大的情况下，传输每个 I/O 的时间增大，IOPS 数量下降。但是相比更高的百分比的 I/O 通道用来传输实际数据，Throughput 则明显上升。

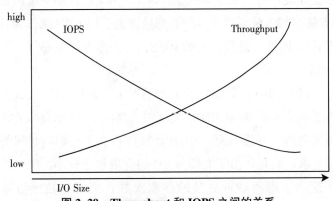

图 2-29　Throughput 和 IOPS 之间的关系

四、请求响应时间（Response Time）

　　请求响应时间定义为一个请求被放入缓冲区到被处理完成之间的时间间隔。为达到尽可能高的吞吐率，服务器不应闲置，缓冲区不应为空，但响应时间也包括请求在缓冲区中等待的时间，因此缓冲区的请求数越多，响应时间就会越长。

　　对于应用程序和用户而言，请求响应时间是它们更加关注的，而实际请求的响应时间受到多个方面的影响。首先，存储系统结构会影响请求响应时间，例如一个具有本地 8MB 缓冲区的磁盘驱动器通常就比具有更小缓冲区的磁盘驱动器响应时间更短；其次，请求自身的特性也会影响实际的响应时间，例如，8MB 的请求比 4MB 的请求有更长的响应时间；再次，请求数据的物理存放位置也会对响应时间产生巨大影响，例如，本地磁盘中的数据比远程磁盘中的数据具有更小的访问延迟；最后，请求响应时间还依赖于当前存储系统的繁忙程度，请求在负载重时比负载轻时有更长的响应时间。实际上还有其他因素也会影响请求的响应时间，例如前后请求是否连续对于磁盘响应时间就是极其重要的。这些都使得在存储系统中对于请求响应时间的计算和分析非常困难。

从上面的分析中可以看出，无论是吞吐率还是请求响应时间，都涉及请求或者说负载的特征，不同的负载在相同存储系统上可能具有截然不同的表现，例如，一个面向共享应用的分布式存储系统可能对于大量并发读写的科学计算负载有很好的性能，但对于具有大量频繁更新操作的联机事务处理就有很差的性能。因此在对于存储系统进行评价的时候，确定运行在该系统之上的典型应用负载是非常重要的问题。

正是因为存储系统中影响吞吐率和响应时间的因素太多，所以在当前的研究中很难使用模型的方法精确计算出存储系统的性能。在实际中更多地采用构建仿真或者搭建原型系统，通过运行典型负载，然后通过实际测量来获取系统的性能。

第三章　虚拟化技术

【本章导读】

计算机科学家 David Wheeler 曾有一句名言："计算机科学中的任何问题，都可以通过加上一层逻辑层来解决。"虚拟化（Virtualization）的思想就是在系统中构建一个层次，通过隐藏下层物理资源在属性和操作上的差异性，抽象出一个通用的接口，帮助上层查看并维护资源。虚拟化层可以减少其上下两层之间的耦合，掩盖下层的细节，以一种近乎透明的方式对下层进行抽象和封装，并组合出一些新的功能为上层提供服务。

虚拟化技术是云计算的核心，是将各种计算及存储资源充分整合和高效利用的关键技术。在云计算平台中，IT 资源、硬件、软件、操作系统、网络存储等都可以成为虚拟化的对象，通过成熟的管理模式形成虚拟化平台，进而可以实现空间扩展、数据移植、备份等多种操作。虚拟化技术可以提高设备利用率，提供统一的访问同一类型资源的访问方式，从而为用户隐藏底层的具体实现，方便用户使用各种不同的 IT 资源。至今，虚拟化技术经过了从纯软件虚拟化到硬件支持虚拟化的发展历程，在不断的挑战和创新中逐步走向完善与成熟，发挥着不可替代的作用。

本章首先回顾了虚拟化的发展历程，对虚拟化进行归类，探讨虚拟化和云计算之间的关系；其次，着重讲述了存储虚拟化、系统虚拟化、桌面虚拟化和应用虚拟化；最后，介绍了典型的虚拟化产品，如 VMWare vSphere、Microsoft Azure 和 Zen。

第一节　虚拟化概述

一、虚拟化的历史

虚拟化并不是一件新事物，其实在 20 世纪 50 年代就已经出现了，它的含义随领域和场景而改变，在计算机的发展中一直扮演着重要角色。例如，为了共享早期价格昂贵的大型计算机，IBM 公司在 1965 年设计的 System/360 Model 40 VM 中已经出现了虚拟机概念，即通过分时（Time-sharing）技术来共享大型机，容许多个用户同时使用一台大型机运行多个单用户操作系统。其后，为了让程序员不必考虑物理内存的细节，操作系统中出现了虚拟内存技术。随着软件危机的到来，为了实现程序设计语言的跨平台性，出现了 Java 语言虚拟机和微软的 CLR（Common Language Runtime）。在存储领域，虚拟化更是彻头彻尾贯穿其中，例如，用 LBA（Logical Block Address）地址虚拟化了柱面号—磁头号—扇区号（C-H-S）物理地址，用 RAID 和逻辑卷（LUN）对物理磁盘组进行了块级别虚拟化。但今天我们所熟知的虚拟化往往指的是系统虚拟化，即虚拟化的粒度是整个计算机，也就是虚拟机。

虚拟机的概念虽然在 20 世纪 60 年代就出现了，但是直到 20 世纪 90 年代，虚拟机技术才开始再次得到重视和发展。随着小型机和微机系统硬件性能的不断进步，PC 的硬件已经能够支撑多个操作系统同时运行。由于硬件条件的成熟，一支从斯坦福大学成立的团队在 1998 年创建了 VMware 公司，推出了基于 X86 架构的重磅级虚拟化产品线。2003 年，英国 Cambridge 的团队推出了开源的 Xen 项目，凭借半虚拟化（Para-virtualization）技术，Xen 在数据中心用户群体中流行开来。微软公司也不甘落后，陆续推出了 Hyper-V 和 Azure 虚拟化系统。随着虚拟化技术的发展，Intel 公司和老对手 AMD 公司不约而同地在 2006 推出了硬件加速的虚拟化技术 Intel VT-x（Virtualization Technology）和 AMD SVM（Secure Virtual Machine），这些技术使得虚拟机和虚拟机监视器之间的切换开销变得微不足道。2007 年，基于 Linux 的全虚拟化方案——KVM（Kernel-based Virtual Machine）在以色列问世，它作为开源的系统虚拟化模块存在于 Linux 2.6.20 内核之中。自此之后 KVM 集成在 Linux 的各个主要发行版本中。

二、虚拟化的分类

虚拟化是物理资源抽象化后的逻辑表示，它消除了原有物理资源之间的界限，以一种同质化的视角看待资源。

（一）根据虚拟形式进行分类

根据虚拟化的形式可以分为聚合、拆分和仿真三种虚拟化形式。

（1）聚合虚拟化，指将多份资源抽象为一份，如 RAID 和集群。

（2）拆分虚拟化，可以通过空间分割、分时和模拟将一份资源抽象为多份，如虚拟机、虚拟内存等。

（3）仿真虚拟化，即仿真另一个环境、产品或者功能，就像硬件虚拟化能够提供虚拟硬件和仿真特定的设备，比如 SCSI 设备和虚拟磁带库等。

（二）根据虚拟对象进行分类

根据虚拟化的对象可以分为存储虚拟化、系统虚拟化和网络虚拟化。

（1）存储虚拟化，是指为物理上分散的存储设备整合为一个统一的逻辑视图，方便用户访问，提高文件管理的效率。存储虚拟化主要基于存储设备的存储虚拟化和基于网络存储虚拟化两种主要形式。磁盘阵列技术（Redundant Array of Inexpensive Disks，RAID）是基于存储设备的存储虚拟化的典型代表，该技术通过将多块物理磁盘组合成为磁盘阵列，用廉价的磁盘设备实现了一个统一的、高性能的容错存储空间。网络附加存储（Network Attached Storage，NAS）和存储区域网（Storage Area Network，SAN）则是基于网络的存储虚拟化技术的典型代表。网络的存储虚拟化指存储设备和系统通过网络连接起来，用户在访问数据时并不知道真实的物理位置，使管理员能够在单个控制台上管理分散在不同位置的异构设备上的数据。

（2）网络虚拟化，是指将网络的硬件和软件资源整合，向用户提供虚拟网络连接的技术。网络虚拟化通常包括虚拟局域网（Virtual LAN，VLAN）和虚拟专用网（Virtual Private Network，VPN）两种形式。在局域网络虚拟化中，多个物理局域网被组合成一个虚拟局域网，或者一个物理局域网被分割为多个虚拟局域网，使得虚拟局域网中的通信类似于物理局域网的方式，对用户透明，通过这种方法来提高大型企业自用网络或者数据中心内部网络的使用效率。虚拟专用网属于广域网络的虚拟化，通过抽象化网络连接，使得远程用户可以以虚拟连接的方式随时随地访问组织内部的网络，就像物理连接到该网络一样。同时，用户能够快速、安全地访问应用程序和数据。虚拟专用网可以保证外部网络连接的安全性与私密性，目前在大量的办公环境中都有使用，成为移动办公的一个重要支撑技术。

最近，各厂商又为网络虚拟化技术增添了新的内容。对于网络设备提供商来说，网络虚拟化是对网络设备的虚拟化，即对传统的路由器、交换机等设备进行增强，使其可以支持大量的可扩展的应用，同一网络设备可以运行多个虚拟的网络设备，如防火墙、VoIP、移动业务等。目前网络虚拟化还处于初级阶段，有大量的基础问题需要解决，比如更复杂的网络通信、识别物理与虚拟网络设备等。

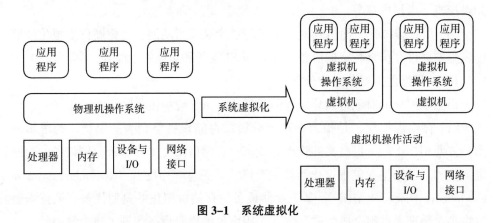

图 3-1　系统虚拟化

（3）系统虚拟化，往往也被称为服务器虚拟化，是用户接触最多的虚拟化类型。比如，使用 VMware Workstation 在个人电脑上虚拟出一个虚拟机，用户可以在这个虚拟机上安装和使用另一个操作系统及其上的应用程序，就如同在使用一台独立的计算机。虚拟系统通常被称作"虚拟机"，而 VMware Workstation 这样的软件就是"虚拟化软件"，它们负责虚拟机的创建、运行和管理。目前，对于大多数熟悉或从事 IT 工作的人来说，"虚拟化"这个词在脑海里的第一印象就是在同一台物理机上运行多个独立的操作系统，即所谓的系统虚拟化。系统虚拟化是被最广泛接受和认识的一种虚拟化技术。系统虚拟化实现了操作系统与物理计算机的分离，使得在一台物理计算机上可以同时安装和运行一个或多个虚拟的操作系统。在操作系统内部的应用程序来看，与使用直接安装在物理计算机上的操作系统没有显著差异。系统虚拟化的核心思想是使用虚拟化软件在一台物理机上虚拟出一台或多台虚拟机（Virtual Machine，VM）。虚拟机是指使用系统虚拟化技术，运行在一个隔离环境中，具有完整硬件功能的逻辑计算机系统，包括客户操作系统和其中的应用程序。在系统虚拟化中，多个操作系统可以互不影响地在同一台物理机上同时运行，复用物理机资源。

（三）根据虚拟层次进行分类

分层是计算机体系结构的一个特点，每一层都为上一层提供一个抽象的接口，提供服务。而上层只需通过接口调用下层提供的服务，不必了解下层的内部结构。虚拟化可以发生在各个层次之间，由下层提供虚拟化接口供上层使用。如图 3-2 所示，计算机系统结构有四个抽象层次。根据所在层次来分，虚拟化可以分为四种类型。

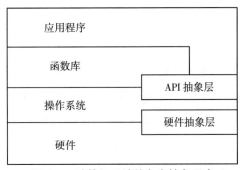

图3-2 计算机系统的各个抽象层次

（1）硬件与操作系统间的虚拟化。硬件抽象层上的虚拟化是指通过虚拟硬件抽象层来实现虚拟机，为客户机操作系统呈现和物理硬件相同或相近的硬件抽象层。由于客户机操作系统所能看到的是硬件抽象层，因此，客户机操作系统的行为和在物理平台上没有什么区别。通常来说，宿主机和客户机的指令集架构（Instruction Set Architecture，ISA）是相同的。客户机的大部分指令可以在宿主处理器上直接运行，只有那些需要虚拟化的指令才会由虚拟化软件进行处理，以降低虚拟化开销。另外，客户机和宿主机的硬件抽象层的其他部分如中断控制器设备等。可以是完全不同的，当客户机对硬件抽象层访问时，虚拟化软件需要对此进行截获并模拟，比较知名的硬件抽象层上的虚拟化有 VMware 的系列产品、Xen 等。

（2）操作系统和用户之间的虚拟化。操作系统层上的虚拟化是指操作系统的内核可以提供多个互相隔离的用户态实例。这些用户态实例（经常被称为容器）对于它的用户来说就像一台真实的计算机，有自己独立的文件系统、网络、系统设置和库函数等。从某种意义上说，这种技术可以被认为是 UNIX 系统 chroot 命令的一种延伸。因为这是操作系统内核主动提供的虚拟化，因此操作系统层上的虚拟化通常非常高效，它的虚拟化资源和性能开销非常小，也不需要有硬件的特殊支持，但它的灵活性相对较小，每个容器中的操作系统通常必须是同一种操作系统。另外，操作系统层上的虚拟化虽然为用户态实例间提供了比较强的隔离性，但其粒度是比较粗的，因为操作系统层上虚拟化的高效性被大量应用在虚拟主机服务环境中。比较有名的操作系统级虚拟化解决方案有 Paralles 的 Virtuozzo、Solaris 的 Zone 和 Linux 的 VServer 等。

（3）基于库函数的虚拟化。操作系统通常会通过应用级的库函数提供给应用程序一组服务，如文件操作服务、时间操作服务等，这些库函数可以隐藏操作系统内部的一些细节，使得应用程序编程更为简单，不同的操作系统库函数有着不同的服务接口，如 Linux 的服务接口是不同于 Windows 的。库函数层上的虚拟化就是通过虚拟化操作系统的应用级库函数的服务接口，使得应用程序不需要修改，就可以在不同的操作系统中无缝运行，从而提高系统间的互操作性。例如，WINE 系统是在 Linux 上模拟了 Windows 的库函数接口，使得一个 Windows 的应用程序能够在 Linux 上正常运行；而 Cygwin 在 Windows 系统上模拟了 POSIX 系统调用的 API，可以将 UNIX 应用程序移植到 Windows 系统。

（4）基于编程语言的虚拟化。另一大类编程语言层上的虚拟机称为语言级虚拟机，如 JVM（Java Virtual Machine）和微软的 CLR（Common Language Runtime），这一类虚拟机运行的是进程级的作业，所不同的是这些程序所针对的不是一个硬件上存在的体系结构，而是一个虚拟体系结构，这些程序的代码由虚拟机的运行时支持系统首先翻译为硬件的机器语言，然后再执行。通常一个语言类虚拟机是作为一个进程在物理计算机系统中运行的，因此，它属于进程级虚拟化。

三、云计算与虚拟化

云计算是并行计算、分布式计算、网格计算的发展延伸，它将虚拟化、公共计算、IaaS、PaaS 和 SaaS 等概念加以融合，形成了一个新的框架。云计算的思想和网格计算不同，前者的目标是资源集中管理和分散使用，而网格计算的思想是将整合分散的资源集中使用。云计算在服务器端集中提供计算资源。为了节约成本，发挥空间的最大利用率，就要借助虚拟化技术构建资源池。

虚拟化技术是云计算的基础和重要组成部分，它为云计算提供自适应、自管理的灵活基础结构，通过虚拟化技术，可以扩大硬件的逻辑容量，简化软件的配置过程。云计算在此基础之上，为不同用户分配逻辑资源，提供相互隔离、安全可信的工作环境，并实现各种工作模式的快速部署。

虚拟化是一个层次接口抽象、封装和标准化的过程，在封装的过程中虚拟化技术会屏蔽掉硬件在物理上的差异性，比如型号差别、容量差别、接口差别等。这样，硬件资源经由虚拟化处理后以一种标准化、一致性的操作界面呈现给上层。这样在硬件上部署虚拟化产品后，上层的业务就可以摆脱和硬件细节相耦合的设计。但是，虚拟化不是万能的，它不负责解决计算问题，它往往仅是和硬件结合在一起对本地物理资源进行资源池构建。

总的来说，虚拟化是云计算框架中的重要组成部分，它负责对标准硬件设备进行一致性接口封装和资源分配，具有集中部署、接口统一的优点，在系统结构上对上层隐藏下层的细节，消除上下层之间的过度耦合。

第二节　存储虚拟化

一、存储虚拟化的原因

存储虚拟化作为一种解决方案，其发展的动力来源于企业的发展需求。因此，了解企业各项业务开展的内部需求，对于优化 IT 解决方案是至关重要的。应用程序停机或数据丢失会给企业经营造成严重影响，对于很多行业而言，保存在存储系统中的数据是最为宝贵的财富，尤其对金融、电信、商业、社保和军事等部门来说更是如此。数据丢失了对于企业来讲，损失将是无法估量的。因此，存储管理系统要重点分析如何利用存储虚拟化技术确保数据的安全性和可用性，在保持各种不同系统的独立性的同时，在不同平台之间建立统一的数据恢复和备份机制。

随着全球信息爆炸，数据规模持续膨胀，存储需求随之高速增长，越来越多的企业购买了高额 IT 资产进行数据管理。然而，存储资源的差异性令高效管理面临种种考验。事实上，存储利用率低于 50% 是一种常态，而管理效率低下也造成人力成本的巨大浪费。如企业 IT 预算不足以满足日益增长的存储需要，那企业势必就要寻找一种更为高效的架构管理存储资源。下面列举了企业实施存储虚拟化的几个主要原因。

（一）存储资源利用率低

应用程序和系统管理员总是超额分配存储资源，而不是根据实际需要使用存储资源。但实际上，这些应用仅用掉了存储空间配额中的一小部分，如果只是30%，就意味着采用传统的存储分配方法，闲置的存储资源高达70%。这就存在一方面存储资源无法满足需要，需要投入更多的资金购买；另一方面很多闲置资源未被应用程序使用，因为它是原服务器专用的，这部分资源却无法分配给其他应用程序。当所有的服务器和应用程序都存在这种情况时，就不难发现这种效率低下产生的累积后果。

许多企业按照行业或政府规定，需要强制为应用另外保留数据的几个副本，目的是在数据失效很长时间之后，依然能够满足监管规定或其他记录管理要求。除此之外，企业还要为数据制作多个副本，用于备份和恢复、灾难恢复、数据挖掘、开发和测试等任务。总之，生成数据的多个备份和副本使存储资源的投入成倍提高。

长久以来，存储容量利用率调查和评估的结果显示，企业实际的存储利用率仅为30%~40%。由于企业部署的应用越来越多，加之数据量的指数增长，很多企业发现需要更频繁地购买存储，这给预算造成了很大压力。增加存储资源后，若缺乏有效的存储管理工具，则需要聘用更多IT人员维护系统运行，这其实是一种恶性循环。满足了增加的存储要求，则需要更多人员监控基础设备的正常运行，为保证备份和发生故障的情况下进行恢复，以及保护重要信息，又需要更多存储。因此，对于如何控制IT预算，维持IT管理人员的岗位数不变，企业就需要采用更加有效的自动化方法管理自己宝贵的信息资产。

（二）系统迁移影响可用性、可靠性

IT系统已成为当今大多数企业的生命线，企业服务的可用性往往需要达到99.99%以上。因而，当一个企业级应用需要进行停机维护，或要迁移到新的服务器和存储平台，就会破坏业务的连续性，造成不可估量的损失。此外，企业系统升级和迁移给IT人员带来了很多技术挑战，因为这通常涉及众多人员的协调，要制定完善的任务流程，不能丢失数据，并且要有各种应急预案以防不测。这些过程的管理难度系数高，潜在风险很大，如同走钢丝一般。许多企业力图避免将业务置于风险之外，但仅就企业应用和数据的迁移来说，这又是发展过程中不可

回避的过程。

（三）技术升级换代降低 IT 资产寿命

大部分存储子系统及相关网络的建设耗资巨大，但系统的生命周期却可能很短。对于许多企业而言，原有的系统架构和技术往往不能满足不断变化的业务要求。由于业务及相应技术变化很快，通常不出一年就有新的需求，而硬件使用期一般为 5~8 年。很可能，刚刚购进一个 5 年使用期的存储系统，仅仅在用了一年之后就需要将其融入新的系统中。由于硬件的品牌不同，设计标准和接口不同，很可能无法在原有设备上采用新的存储技术，或者无法将旧有设备在新系统中重复使用。因此，如何对这些异构的存储系统平台进行统一管理，随时掌握其运行状况，并根据应用的不同需求合理地调配系统内的存储资源，变得非常重要。存储虚拟化解决方案的优势在于，可以将原有的存储部件虚拟化为存储池，而不必更换它们，将其派上新用场，实现现有资产寿命的延长，减少采购开销。如果进一步通过服务器整合（精简配置）等扩展功能，可以为企业创造更高的价值。

（四）高能耗污染环境

Gartner 咨询公司执行的一项调查的结果显示，数据中心运行和制冷所需的耗电量几乎占到全球信息和通信技术行业二氧化碳排放量的 1/4。Storage IO 组织的报告指出，存储本身在硬件总能耗中的占比达到 37%~40%。因此，通过存储虚拟化技术，减少正在工作的磁盘数量，降低了非工作状态磁盘的转速，或智能化的优化存储部件的电源设计，削减运行费用，有助于实现 IT 行业的绿色可持续发展。

总体来说，为了解决异构存储系统在兼容性、扩展性、可靠性、容错、容灾和利用率等方面的问题，需要引入存储虚拟化（Storage Virtualization）。存储虚拟化管理系统屏蔽了不同平台下具有不同属性的存储设备之间的差异性，向用户提供可以任意分割和扩展的基于虚拟卷的存储系统，该系统具有良好的可扩展性、稳定性、可用性和高性能，用户可以在线增减存储容量，屏蔽不同类型存储设备的差异性，能动态进行负载均衡，向用户提供简单统一的虚拟访问接口。此外，基于虚拟化的存储服务可以跨越多磁盘或多分区，存储设备基于网络而独立于地域分布，系统支持多种标准协议并向用户透明。存储虚拟化也是存储整合的重要组成部分，它能够通过提高存储利用率降低新增存储的费用。

二、存储虚拟化的概念

存储虚拟化（Storage Virtualization）是一种将管理简单化的技术。虚拟存储不仅可以简化存储资源管理的复杂性，还可以提高系统的可用性和可靠性，因此，虚拟化技术正逐步成为存储领域的核心技术。

存储虚拟化是针对存储设备或存储服务进行的虚拟化手段，通过对底层存储资源实施存储汇聚、隐藏复杂性以及添加新功能，实现大型、复杂、异构的存储环境下管理技术的简单化。存储虚拟化技术是通过对存储系统或存储服务的内部功能进行抽象、隐藏或隔离，使存储或数据的管理与应用、服务器、网络资源的管理相分离。

通过虚拟卷映射、流数据定位、数据快照、虚拟机等技术，存储虚拟化屏蔽掉了存储系统的复杂性。存储的逻辑表示和其物理实体分离，服务器不必关心存储系统的物理设备，也不会因为物理设备发生任何变化而受影响。其目的将不同生产商提供的具有不同容量和性能的存储设备虚拟化成一种单一的、易于管理的逻辑视图，存储资源就成为动态，可根据用户的实际需求进行分配的存储空间，且分配以存储资源的逻辑形式获得，而无须考虑物理实体的详细情况。这样，就解决了存储需求不可预见的持续膨胀式增长，以适应网络存储系统变得越来越庞大和复杂。同时，提高存储设备使用效率，增强系统的可扩展性，方便数据的跨设备流动。

存储虚拟化集中构建虚拟存储池，通过服务器整合技术能够提供大于物理存储空间的逻辑存储空间，这种方式提供了存储的利用率。对用户提供统一的标准化数据管理接口，通过存储器物理管理与逻辑管理的分离实现了存储器的透明化访问。

理论上而言，任何种类的计算机存储设备都是可以被虚拟的。存储虚拟化管理设备用来管理逻辑设备和物理设备之间的映射关系。存储虚拟化设备是一种逻辑设备，在物理上是不存在的，它只是在计算机里表现出和它同类物理存储设备的相同特性，并且按照这些特性去响应 I/O 请求，并提供抽象的复制、快照、镜像和迁移操作。

三、存储虚拟化的分类

网络存储工业协会（Storage Networking Industry Association，SNIA）对存储

虚拟化分类给出了系统的分类方法，从实现结果、实现位置和实现方式三个层次进行界定，如图 3-3 所示。

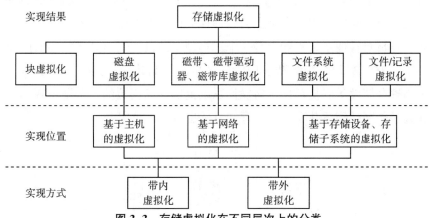

图 3-3　存储虚拟化在不同层次上的分类

在"实现结果"层次，存储虚拟化的类型包含块级虚拟化、文件虚拟化、磁盘虚拟化、磁带虚拟化或其他设备的虚拟化，其中，块级和文件虚拟化是主流的虚拟化方式。

在"实现位置"层次，存储虚拟化包含基于主机的虚拟化、基于存储设备的虚拟化和基于存储网络的虚拟化。基于主机的虚拟化是指虚拟化层放在服务器主机上实现，虚拟化层将软件模块嵌入到服务器的操作系统中，将虚拟化层作为扩展驱动模块，同时为连接服务器的各种各样的存储设备提供必需的控制功能。基于存储设备的虚拟化是指将虚拟化层放在存储设备的控制器、适配器等上来实现。基于网络的虚拟化是指在服务器和磁盘阵列之间的存储网络层引入虚拟存储管理设备，如 SAN 和 NAS 的系统结构。

在"实现方式"层次，存储虚拟化包含带内（In-Band）和带外（Out-of-Band）两种方式。带内方式，数据和控制信息共用同一传输路径；带外方式，应用服务器首先访问元数据服务器获取映射信息，然后通过数据通道直接访问存储设备。

四、存储虚拟化的实现方式

（一）基于主机的存储虚拟化

基于主机的虚拟化也称为基于服务器的虚拟化，是通过在服务器操作系统中嵌入或添加虚拟层来实现设备虚拟化的，该方法不需要添加特殊的硬件而只需安装具有虚拟化功能的软件模块，它以驱动程序的形式嵌入应用服务器的操作系统中，呈现给操作系统的是逻辑卷。逻辑卷管理（Logic Volume Management，LVM）通过逻辑卷把分布在多机上的物理存储设备映射成一个统一的逻辑虚拟存储空间，逻辑卷管理系统实际上是一个从物理存储设备映射到逻辑卷的虚拟化存储管理层，它可实现系统级和应用级的多机间存储共享，如图3-4所示。LVM隐藏了物理存储设备的复杂性，向操作系统提供存储资源的一个逻辑视图，主机可以通过多条路径到达共享存储，存储目标也可以随意组合。

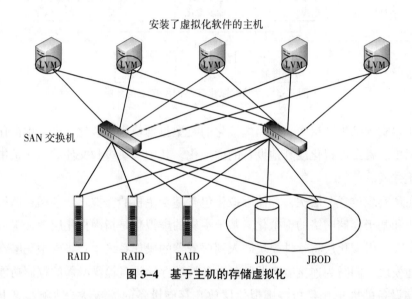

图 3-4　基于主机的存储虚拟化

运行在服务器上的虚拟化软件需要占用服务器的CUP、内存、宽带等开销，对操作系统的依赖性较大，使得虚拟化系统不能兼容不同的平台，移植性较差。但是基于主机的虚拟化最容易实现的，一般只需在应用服务器端安装卷管理驱动模块就可以完成存储虚拟化的过程，具有成本低、同构平台下性能高的特点。

（二）基于存储设备的虚拟化（存储子系统）

基于存储设备的虚拟化一般在存储设备的控制器中实现，又称为存储控制器的虚拟化。由于该虚拟化的实现方法直接面对具体的物理设备，在性能上达到最优，由于该虚拟化逻辑被集成到设备内部，存储虚拟化的管理简单方便而对用户透明。一个典型的例子是智能磁盘子系统。该系统将物理硬盘集成在一起形成虚拟盘，利用 LUN 掩盖 RAID，使用诸如小型计算机系统接口（Small Computer

System Interface，SCSI)、光纤通道或 iSCSI 这样的协议进行访问。基于存储设备的虚拟化解决方案可以提供附加功能，比如存储数据的快照、控制器内的动态存储池创建以及多个控制器之间的存储池创建。

但由于这种虚拟化技术没有统一标准，一般只适用于特定厂商的产品，异构产品间很难实现存储级联，所以这种存储虚拟化产品的可扩展性易受到限制。另外，由于厂商的限制，用户对存储设备的选择面也很窄，如果没有第三方的虚拟化软件提供底层屏蔽服务从而实现存储级联和扩展，则该系统的扩展性就很差。这就使得人们将注意力从基于存储设备的虚拟化转向上游基于网络的解决方案，以便适用于多厂商的环境。

（三）基于网络的存储虚拟化

基于网络的虚拟存储化技术是当前存储虚拟化的主流技术，它当前在商业上具有较多的成功产品。典型的网络虚拟存储技术主要包括网络附加存储 NAS 和存储区域网络 SAN（Storage Area Network）。由于这两种系统的体系结构、通信协议、数据管理的方式不同，所以 NAS 主要应用于以文件共享为基础的虚拟存储系统中，而 SAN 主要应用在以数据库应用为主的块级别的数据共享领域。存储区域网络 SAN 是当前网络存储的主流技术。虚拟化存储的实现可以分布在从主机到存储设备之间路径的不同位置上，由此可把基于网络的存储虚拟化细分为基于交换机的虚拟化、基于路由器的虚拟化、基于存储服务器端的虚拟化。

（1）基于交换机的虚拟化，是通过在交换机中嵌入固件化的虚拟化模块层来实现的，由于在交换机中集成有交换和虚拟化功能，交换机很容易成为系统的瓶颈，并可能产生单点故障。不过这种结构不需要在服务器上安装虚拟化软件，可以减少应用服务器的负载，也没有基于存储设备或者主机环境的安全性问题，在异构环境下有较好的互操作性。

（2）基于路由器的虚拟化，是将虚拟化模块集成到路由器中，使存储网络的路由器既具有交换机的交换功能，又具有路由器的协议转换功能，它把存储虚拟化的范围由局域网范围内的虚拟存储扩展到了广域虚拟存储。近年来，基于路由器的虚拟化技术得到了长足的发展和广泛的应用，例如基于 iSCSI 的虚拟存储技术等，它为广域网下的云存储夯实了底层结构。

（3）基于专用元数据服务器的虚拟化，是在存储网络中接入一台专用的元数据服务器来完成存储虚拟化工作，属于带外虚拟化方法。

元数据服务器提供基于网络虚拟存储服务，它负责映射不同的物理设备，形成整个虚拟设备存储池的全局统一数据视图，并负责与驻留在各个应用服务器上的虚拟化代理软件进行通信，各应用服务器上的虚拟代理软件负责管理存储访问视图和 I/O 通信并实现数据访问重定向；该代理软件具有实现数据高速缓存和数据预存取功能，并具有维护本地存储视图和元数据的功能，可以缓存和暂存本地存取的元数据信息，并保持与专用元数据服务器的数据一致性，通过数据访问的局部性减少访问元数据服务器的次数从而可以显著地提高存储吞吐率。

（4）基于局域网的存储虚拟化，也称为基于 IP 的存储虚拟化，它是当前在虚拟存储领域最活跃的研究热点之一。基于 IP 存储虚拟化技术产生很多成功产品，特别是 10Gb/s 以太网的出现，更是加速了局域网虚拟化的快速发展，其中支持局域网的协议包括 FCP、iFCP、SCSI、iSCSI、vSCSI、InfiniBand 等，它们都是基于 TCP/IP 的数据存储访问协议。

基于网络的大规模虚拟存储技术将是今后一段时间内虚拟存储化技术的主要研究热点，其中基于 BCSI 协议的网络存储被认为是继续推动存储区域网（SAN）快速发展的关键技术，该协议通过 IP 协议封装 SCSI 命令，把大型存储设备接入网络，使基于 iSCSI 协议的存储设备可以分布在局域网、广域网和互联网上，从而实现独立于地理位置的数据存储、数据备份和数据检索；特别是 10Gb/s 以太网的迅速普及和缩短访问延迟的远程内存直接访问技术（RDMA）的快速发展，将会加速基于 IP 的虚拟存储技术的进一步快速发展。

（5）基于互联网的存储虚拟化，是存储技术的最高形式。它采用集群技术、网格技术、覆盖网技术、P2P 技术以及分布式文件系统等技术实现将全球范围内不同类型的存储设备通过虚拟化技术整合起来，向外提供统一的虚拟内存和硬盘的功能。虽然基于互联网的虚拟化的发展还处在起步阶段，但一些研究成果已经显现，如由王军等提出的基于成熟的 TCP/P 协议的 SAN 技术，采用 iSCSI 协议及分层缓存机制实现对基于广域网的存储服务器的高速访问。基于互联网的存储虚拟化（如云存储）实际上是一种为用户提供存储服务的虚拟化技术。

五、带内和带外存储虚拟化

当虚拟化引擎分别抽象元数据视图和存储在实际位置上的数据块视图时，如果虚拟化的操作在服务器和存储设备之间交换数据的通道中执行，也就是说，控制流和数据流使用同一传输通道，那么就会呈现为带内虚拟化，也称为对称虚拟化。如果虚拟化引擎在存储数据传输通道之外的一个设备上实现，即控制流和数据流在不同的通路上传输，那么就表现为带外虚拟化，也称为非对称虚拟化。带内和带外存储虚拟化的主要区别在于它们的数据流和控制流的不同分布。数据流是在服务器和存储设备之间应用数据的传输，控制流由在虚拟化实体、存储设备和服务器之间传输的所有的元数据以及虚拟化所需要的控制信息构成。在带内存储虚拟化中，数据流和控制流在同一通路上传输；而在带外存储虚拟化中，数据流和控制流被分开传输。

（一）带内存储虚拟化

在带内存储虚拟化中，数据流和控制流沿着同样的通路传输，如图 3-5 所示。这就表明，虚拟化所需要的从物理存储到逻辑存储的抽象，必定在数据流内发生。结果元数据控制器就放置在服务器和存储设备之间的数据流中，这就是它被称为带内虚拟化的原因。

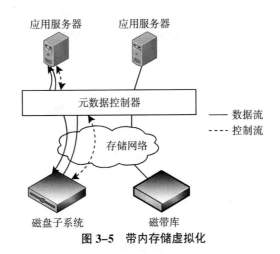

图 3-5　带内存储虚拟化

在带内存储虚拟化中，除了对虚拟化的控制，在服务器和存储设备之间的所有数据也都流过元数据控制器。因此，虚拟化在逻辑结构上可划分为两个层次：逻辑卷管理层和数据访问层，如图 3-6 所示。

逻辑卷管理层负责管理和配备可以被直接访问或通过存储网络访问的存储设备，它把这些资源聚合成逻辑盘。

数据访问层使得逻辑驱动器可提供给应用服务器使用，使用可以是块级的，也可以是文件级的。究竟是以块级形式还是以文件级形式提供使用，取决于所需要的抽象程度。因此，这些逻辑驱动器可以通过适当的协议提供给应用服务器使用。在块级虚拟化的情况下，这表现为虚拟磁盘的形式；而在文件级虚拟化的情

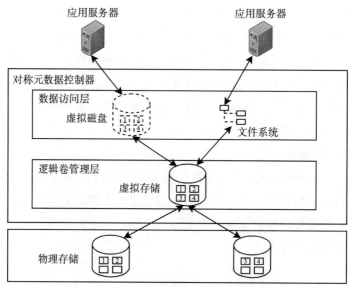

图 3-6　带内存储虚拟化的元数据管理

况下，这表现为文件系统的形式。

　　在带内存储虚拟化中，所有的数据都流过元数据控制器，这也就意味着它是一个潜在的瓶颈。因此，为了提高性能，可以通过附加缓存来升级元数据控制器。一般来说，使用缓存和带内存储虚拟化可以改善已有的存储网络的性能，只要不是使用特别强化写操作的应用程序即可。

　　（二）带外存储虚拟化

　　与带内存储虚拟化不同，在带外存储虚拟化中，数据流和控制流分开传输。这是通过把从逻辑设备到物理设备的映射操作移到数据通路之外来实现的，如图3-7所示。元数据控制器只需承担管理任务和虚拟化控制任务，数据流直接在应用服务器和存储设备之间传输，从物理存储到逻辑存储的抽象发生在数据流之外。在这种方式中，元数据控制器可以放在局域网上，也可以放在存储网络中。与带内存储虚拟化类似，带外存储虚拟化的元数据控制器在结构上也划分为两个层次，如图 3-8 所示。第一层次是管理层，它执行的功能和带内存储虚拟化中的功能相同；第二层次是控制层，它负责和运行在服务器上的代理软件通信。带外存储虚拟化通过对元数据控制器的集中管理，可以完全控制存储资源，并且通过将控制流和数据流分离，可以在服务器和存储设备之间获得最大的吞吐量。与在每个服务器上开发和管理完全功能的卷管理软件相比，移植代理软件的代价是最低的。

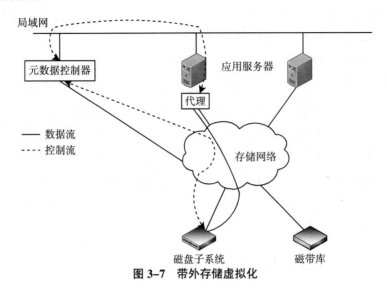

图 3-7 带外存储虚拟化

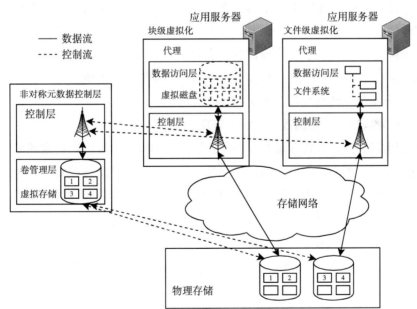

图 3-8 带外存储虚拟化的元数据管理

配置代理是为了使服务器能够直接访问物理存储资源，它由数据访问层和控制层组成。数据访问层的职责与带内存储虚拟化中的数据访问层相同，当操作系统或应用程序访问虚拟存储时，控制层从元数据控制器下载关于物理存储的位置和访问信息。这样，对物理资源的访问控制仍由元数据控制器集中管理，代理不必在服务器内存中运行，它可以被集成进主机总线适配器，这样做的优点是可以解除服务器的虚拟化处理负担。

带外存储虚拟化需要在服务器或者主机总线适配器上运行特别的代理软件，必须在每个平台上都要有这样的软件和适当的主机总线适配器。有的时候，在代理软件和应用程序之间的不兼容可能会使得带外存储虚拟化不可行。代理软件必须要绝对的稳定，以避免存储访问过程中发生错误。在支持多个不同平台的情况下，这可能是一个非常复杂的开发和测试任务。除了块级访问，如果代理软件和元数据控制器允许文件级访问，那么开发的代价将会进一步的增加。另外，带外存储虚拟化的安全性也不如带内存储虚拟化，如果有一台服务器出现安全漏洞，那么非法用户就有可能通过这台服务器访问存储系统的数据。

六、实现存储虚拟化的关键技术

实现存储虚拟化系统的关键是实现众多异构存储设备到统一虚拟存储资源的视图映射，通常在用户和存储设备路径上加入存储管理部件来实现虚拟化，它屏蔽了不同类型、不同特性的物理设备，实现大量异构存储资源的整合，向用户提供方便访问、任意划分、在线扩容、安全稳定的虚拟存储系统。

实现虚拟化存储系统需要解决的一些关键技术包括：

（一）异构存储介质的互联和统一管理

存储虚拟化的核心任务是兼容多种属性的存储设备，屏蔽它们之间不同的物理特性并向用户提供统一的虚拟逻辑设备访问方式，由网络连接的各种物理存储设备以虚拟卷的形式向用户呈现，而用户关注的是存储容量和数据安全策略，而存储容量的物理分配则对用户是透明的，存储虚拟化管理系统及其所兼容的协议屏蔽了连接到存储网络中的各类设备的差异性，简化了逻辑存储设备的管理、配置和分配，并向用户提供在线划分、扩展、配置存储和在线增加与更替存储设备的虚拟化存储管理技术。

（二）数据的共享冲突与一致性

数据共享是存储虚拟化的主要功能之一，基于网络的虚拟存储对数据共享访问提出了很高的要求，存放在不同物理存储器中的数据拷贝为操作系统间及操作系统和数据仓库间的数据共享带来便利，但同时必须仔细设计锁机制算法、备份分发算法以及缓存一致性技术来保证数据的完整性。

（三）数据的透明存储和容错容灾策略

数据的透明访问需要虚拟存储屏蔽存储设备的物理差异性，由系统按照资源的特性及用户的需求自动调度和利用存储资源，便于用户在逻辑卷的基础上对数据进行复制、镜像、备份以及实现虚拟设备级的数据快照等功能。虚拟存储系统必须按照数据的安全级别建立容错和容灾机制，以克服系统的误操作、单点失效、意外灾难等因素造成的数据损失。系统必须对用户透明地实现多种机制下的数据备份、数据系统容错和灾难预警及自动恢复等策略。

（四）性能优化和负载均衡

存储系统应该从全局的观点出发，并根据不同存储设备的特性来优化存储系统，应该根据不同存储的响应时间、吞吐率和存储容量来安排多级存储体系结构，实现数据的多级高速缓存和数据预取功能。根据用户的需求安排不同的存储策略实现对数据的按需存取，仔细设计 I/O 均衡策略，根据具体的物理设备合理分配用户的 I/O 请求，使用条带化方法、数据分块、时空负载区分、数据主动存取和数据的过预取策略来提高数据的访问效率，为了进一步提高访问效率，也可以采用基于存储对象的存储主动服务策略来提高数据的主动预测服务。

（五）数据的安全访问策略

基于网络的存储必须对访问加以控制，数据被越权访问和恶意攻击是虚拟存储系统必须要避免的，透明的存储服务所带来的数据安全性必须由虚拟化管理软件来实现，其实现安全访问的策略是多样的，如基于密钥的认证管理及数据加密策略，以及在存储体之上增加一层可信的管理层节点等都是可行的方法。

（六）高可靠性和可扩展性

高可靠性和可扩展性是虚拟存储系统必须具备的特性，系统应该采用高效的故障预测、故障检测、故障隔离和故障恢复技术来保证系统的高可靠性。虚拟存储系统应该在不中断正常存储服务的前提下实现对存储容量和存储服务进行任意扩展、透明的添加和更替存储设备，虚拟存储系统还应该具有自动发现、安装、检测和管理不同类型存储设备的能力。

七、存储虚拟化的优点

存储虚拟化可以提高存储设备的利用率，节约存储设备的成本。存储系统的一个最大的特点就是它总是在不断地增加内容。例如，银行系统每天都有新的交易，每个交易都有数据需要存储，因此很容易发生分配的存储设备资源不够的情况，这时候就需要购买新的存储设备。如果有了存储虚拟化系统，虚拟化系统集中地管理所有的存储设备，通过一定的方法把它们映射成一个逻辑的存储空间。因此，虚拟化系统可以很容易地把其他的一些没有用满的存储设备映射到所使用的虚拟化存储空间，从而提高所有存储设备的使用率，减少不必要地增加新的存储设备。

存储虚拟化具有开放性。存储虚拟化把各个存储设备的物理细节特征隐藏起来，提供一个统一的虚拟界面给应用程序或其他使用存储设备的系统。使用者只需对虚拟化后的存储空间进行操作即可，无须考虑不同的物理存储设备。一些原来需要在每个物理存储设备上运行的软件或硬件系统，可以只在统一的虚拟化存储空间上运行。例如，有的磁盘复制软件只针对一个磁盘阵列，如果有多个磁盘阵列的话，就需要买多份软件。采用存储虚拟化之后，多个存储设备被映射成一个虚拟的存储空间，因此只需要一份软件针对虚拟化以后的操作系统。同时，采用虚拟化以后，可以把存储设备上的硬件集中于一处，对虚拟化后的存储设备操作，从而使性能提高很多。

存储虚拟化还可以减少存储系统的管理复杂度，使管理员只需面对虚拟化以后统一的存储空间，而不必去考虑物理存储设备的细节。因此，每个管理人员可以管理更多的存储设备，减少所需的管理人员。管理人员的开支实际上是存储系统运行成本的一个不小的比例部分，减少管理人员可以明显地减少存储设备的日常运行成本。

第三节　系统虚拟化

一、概述

系统虚拟化是虚拟化的一种，其抽象粒度为一个计算机系统，可以说它是IaaS 的核心技术，由于系统虚拟化的对象往往是服务器，所以也经常被称为服务器虚拟化。系统虚拟化的目标是在同一台物理机上运行多个独立的操作系统，即将一个物理服务器虚拟成若干台独立的虚拟服务器使用，充分发挥服务器的硬件性能。系统虚拟化技术将 CPU、内存、I/O 设备等物理资源转化为可以统一管理的逻辑资源，为每一个虚拟服务器提供能够支持其运行的抽象资源。

面对复杂多变的商业环境，一个快速灵活的应用系统解决方案必不可少，这个应用系统通常又包括多种不同的系统，因此，在物理服务器上建设一个大的应用系统，必须承担昂贵的物理服务器费用。另外，面对运行工作中出现的峰值工作量，这些物理服务器必须提供高性能的运行表现，然而这就会导致在其他一般工作时段服务器利用率的低下和资源的浪费。为了保证应用系统的高可用性，必须建立一个能让系统在发生错误时继续运行的备用系统，而建设和维护这个在传统情况下很少用到的备用系统也需要增加费用和时间。服务器虚拟化技术的出现可以很好地解决这些问题，当在少量物理服务器上建立大量虚拟机时，所需的安装费用和时间与建立大量物理服务器相比会大大减少。另外，服务器虚拟化技术可以将物理服务器的利用率从5%~20%提高到85%~90%。总体来说，服务器虚拟化技术可以减少总体拥有成本，并且在系统使用情况发生变化时快速改变系统配置，及时分配系统所需的资源。

传统模式下，操作系统和物理裸机是耦合的，而系统虚拟化的目标是实现操作系统和物理裸机的有效隔离。系统虚拟化的实现方式是在硬件和操作系统之间引入了虚拟化层，又称虚拟机监视器，将物理资源抽象成逻辑资源，虚拟化层允许多个操作系统实例同时运行在一台物理服务器上，动态分配和共享所有可用的物理资源（CPU、内存、存储和网络设备），让一台服务器变成几台甚至上百台相互隔离的虚拟服务器。通过引入虚拟化层，使得操作系统和应用可以从硬件上分离出来，打包成独立的、可移动的虚拟机，不再受限于物理上的界限，让CPU、内存、磁盘、I/O等硬件变成可以动态管理的资源池（Resource Pool）。

虚拟机技术易于管理云计算环境中的众多资源。它们通过服务器整合让多台虚拟机复用某一物理主机上的资源，从而提高利用率。虚拟机通过高级别的资源抽象可以按需纵向横向扩展。系统虚拟化促进了高质量的、可靠的、灵活的部署机制和管理服务，提供按需克隆和动态迁移服务，进而提高可靠性。因此，拥有管理虚拟机基础设施有效的管理套件，对于任何云计算基础设施即服务（IaaS）的供应商都是至关重要的。系统虚拟化是提高资源利用率，简化系统管理，实现服务器整合的核心技术，它让IT对业务的变化更具适应力。

在系统虚拟化中，物理资源被称为宿主（Host），在其上被虚拟出的资源被称为客户（Guest）。如果一个物理服务器被虚拟化，那么它被称为宿主机，而其上运行的虚拟机则被叫作客户机。操作系统部署在物理机上被称为宿主操作系统，若部署在虚拟机上则称为客户机操作系统。

从应用程序的角度来看，虚拟机和物理机上的操作系统没有明显的差异。每台虚拟机相互隔离并独立运行自己的操作系统和应用软件，对物理资源进行复用和按需分配。在系统虚拟化中，多个虚拟机可以互不影响地在同一台物理计算机上运行，并保证安全性和性能。

目前系统虚拟化技术已经形成从硬件到软件一整套的解决方案。基于 X86 架构的硬件技术主要是由 Intel 和 AMD 提供的 Virtualization Technology（VT）和 AMD-V 虚拟化技术，该技术对处理器进行了扩展，从而实现了处理器的虚拟化。软件方面主要有 Vmware 公司的 VSphere 和 Vmware Workstation、Microsoft 公司的 Hyper-V 和 Azure 以及 Linux 系统下的 Xen 和 KVM 等。前两个软件是已经商业化的系统，Xen 也开始了商业化运作，KVM 是免费的开源系统并在迅速发展当中，是目前唯一进入 Linux 内核的虚拟化技术。

二、系统虚拟化的典型架构

系统虚拟化技术，可以扩大硬件的容量，简化软件的重新配置过程。CPU 的虚拟化技术可以单 CPU 模拟多 CPU 并行，允许一个平台同时运行多个操作系统，并且应用程序都可以在相互独立的空间内运行而互不影响，从而显著提高计算机的工作效率。

一般来说，虚拟环境由三个部分组成：硬件、虚拟机监视器（VMM）和虚拟机，如图 3-9 所示。在没有虚拟化的情况下，操作系统直接运行在硬件之上，管理着底层物理硬件，这就构成了一个完整的计算机系统，也就是下文所说的"物理机"，在虚拟环境里，VMM 抢占了操作系统的位置，变成了真实物理硬件的管理者，同时向上层的软件呈现出虚拟的硬件平台，"欺骗"着上层的操作系统。而此时操作系统运行在虚拟平台之上，仍然管理着它认为是"物理硬件"的虚拟硬件，俨然不知道下面发生了什么，这就是图 3-9 中的"虚拟机"。

它在虚拟机（VM）和硬件之间加了一个软件层（Hypervisor），或者叫作虚拟机管理程序（VMM）。

从系统架构看，虚拟机监控器（VMM）是整个虚拟机系统的核心，它承担了资源的调度、分配和管理，保证多个虚拟机能够相互隔离的同时运行多个客户操作系统。服务器虚拟化的实现主要有三个部分：CPU 虚拟化、内存虚拟化和 I/O 虚拟化。

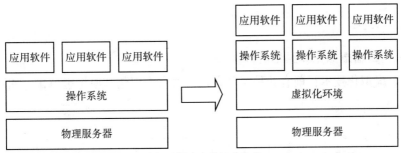

图 3-9　系统虚拟化架构

CPU 虚拟化技术是一种硬件方案，通过 CPU 虚拟化技术把单个的物理 CPU 模拟成多个 CPU 并行，允许同时运行多个操作系统，每个客户操作系统可以使用一个或多个虚拟 CPU。在这些客户操作系统之间，虚拟 CPU 的运行相互隔离，应用程序可以在相互独立的空间内运行而互不影响，从而显著提高计算机的工作效率。

服务器上的物理内存通过虚拟化后，被封装成抽象的内存资源池供部署在物理机上的虚拟机同时使用，为每个虚拟机提供各自相对独立的内存地址空间。实现内存虚拟化的核心在于引入了一层新的地址空间，即客户机物理地址空间。每个虚拟机的物理内存由 VMM 内存管理单元统一管理和分配，并且按需提供给虚拟机使用，同时保持各虚拟机之间的资源共享和有效隔离。由于系统对内存的访问具有随机性，物理机上的内存是一段连续的地址空间，因此 VMM 需要维护物理内存地址段与虚拟机内存地址段之间的对应关系，确保虚拟机的内存访问连续一致。虚拟机操作系统中看到的物理内存空间其实不是真正的物理机上物理内存，而是被 VMM 虚构出来的物理地址空间。

服务器上的 I/O 设备通常包括了以太网口，光纤通道 SAN、SAS 等。由于物理服务器上的 I/O 资源是有限的，而部署在物理服务器上虚拟机是多个的，所以需要借助 I/O 虚拟化的方式来重复利用有限的物理 I/O 资源。I/O 资源被虚拟化后，同样也被封装成抽象的虚拟 I/O 设备供部署在服务器上的虚拟机使用，由虚拟机监视器统一配监管，响应每个虚拟机的 I/O 请求。目前，I/O 虚拟化的实现方式都是基于软件的。

三、分类

（一）寄宿虚拟化和原生虚拟化

系统虚拟化技术目前有两种实现方式：寄宿虚拟化和原生虚拟化，如图 3-10 所示。

图 3-10　系统虚拟化的实现方式

虚拟化平台（Hypervisor）可以划分为两大类，首先是类型一，这种 Hypervisor 是直接运行在物理硬件之上的。其次是类型二，这种 Hypervisor 运行在另一个操作系统（运行在物理硬件之上）中。类型一 Hypervisor 的一个例子是基于内核的虚拟机（KVM——它本身是一个基于操作系统的 Hypervisor）。类型二 Hypervisor 包括 QEMU 和 WINE。

寄宿虚拟化就是利用宿主机操作系统上独立的内核模块来实现硬件资源的抽象和虚拟机的管理，其中，提供虚拟化功能的内核模块叫作虚拟机监视器（Virtual Machine Monitor，VMM），它负责对虚拟机提供硬件资源抽象，为客户机操作系统提供运行环境，而宿主机操作系统本身并不具备虚拟化功能。

原生虚拟化就是通过平台虚拟化隐藏底层物理硬件的过程，让多个虚拟机可以透明地使用和共享它。其中，提供平台虚拟化的层叫作虚拟化平台（Hypervisor），它是直接运行在硬件之上的。对于这些虚拟机而言，硬件是专门为它们而虚拟化的。通过虚拟化层的模拟，虚拟机上的操作系统认为自己仍然是独占整个系统在运行的。每个虚拟机上的操作系统可以完全不同，并且它们的执行环境也是完全独立、互不影响的。

（二）全虚拟化和半虚拟化

全虚拟化技术（Full Virtualization）又称硬件辅助虚拟化技术，最初所使用的虚拟化技术就是全虚拟化技术。运行在虚拟机上的操作系统通过 Hypervisor 层来最终分享硬件，所以虚拟机发出的指令需经过 Hypervisor 层捕获并处理。为此每个客户操作系统（Guest OS）所发出的指令都要被翻译成 CPU 能识别的指令格式，这里的客户操作系统即运行的虚拟机，所以 Hypervisor 的工作负荷会很大，因此会占用一定的资源，所以在性能方面不如裸机，但是运行速度要快于硬件模拟。

全虚拟化最大的优点就是运行在虚拟机上的操作系统没有经过任何修改，唯一的限制就是操作系统必须能够支持底层的硬件，不过目前的操作系统一般都能支持底层硬件，所以这个限制就变得微不足道了。全虚拟化技术如图 3-11 所示。

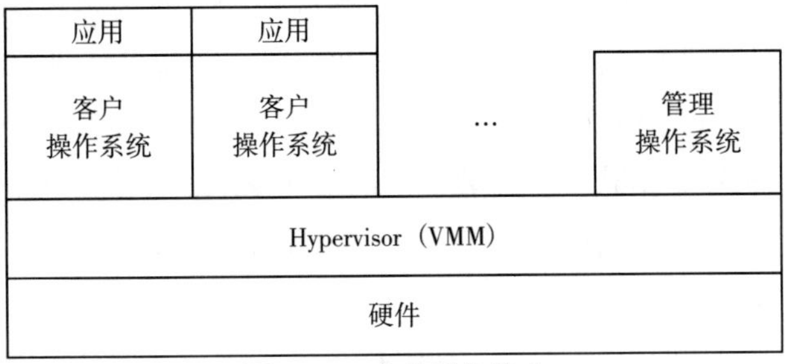

图 3-11　全虚拟化技术

半虚拟化技术（Para Virtualization）也叫作准虚拟化技术，它就是在全虚拟化的基础上，把客户操作系统进行了修改，增加了一个专门的 API，这个 API 可以将客户操作系统发出的指令进行最优化，即不需要 Hypervisor 耗费一定的资源进行翻译操作，因此 Hypervisor 的工作负担变得非常小，因此整体的性能也有很大的提高。不过缺点就是，要修改客户机操作系统以包含该 API。半/准虚拟化技术如图 3-12 所示。

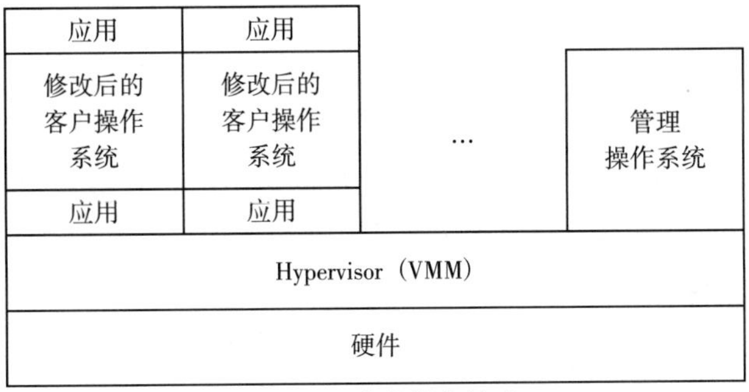

图 3-12　半虚拟化技术

随着硬件虚拟化技术的逐渐演化，运行于 X86 平台的全虚拟化的性能已经超过了准虚拟化产品，这一点在 64 位的操作系统上表现得更为明显。由于全虚拟化不需要对客户机操作系统做任何修改的固有优势，基于硬件的全虚拟化产品将是未来虚拟化技术的核心。

四、系统虚拟化的关键服务

从云计算的角度理解，虚拟化是一系列服务，其核心在于：虚拟机部署服务和迁移服务。

（一）虚拟机部署

在过去，当需要为某一工作负载安装新服务器以便为客户提供特定的服务时，需要花费 IT 管理员的许多精力。安装和部署一个新服务器花费大量的时间，因为管理员必须遵循具体的清单和流程，以执行手头上的这项任务（检查新机器的库存单，拿到机器、格式化、安装必要的操作系统，并安装服务，服务器需要大量的安全补丁和安全设备）。现在，随着虚拟化技术和云计算 IaaS 模型的出现，安装新服务器只需短短几分钟时间便可完成。

虚拟机镜像的配置要根据用户的要求进行设计，要综合考虑处理器、内存储、外存储、网络、操作系统、设备驱动、中间件等内容。一般不会手动安装操作系统，而是克隆一个虚拟机模板，或者拷贝一台现有的虚拟机进行修改。如果有现有的物理服务器的话，可以通过 P2V 工具将其虚拟化。总之，用户可以创建一个定制的虚拟机，进而将其设定为虚拟机模板，以减少新建一台虚拟机所消耗的时间。用户还可以根据不同的使用场景和需求，建立自己的模板库。

虚拟机的部署是在云计算环境下，通过源虚拟机快速部署多个虚拟机到多个选定的物理机上，部署完成的虚拟机共享相同的初始状态然后独立运行提供服务。虚拟机部署分为虚拟机部署的位置选择策略和虚拟机的快速部署机制。云服务商根据用户的需求为用户分配资源，在云平台中并创建和部署虚拟机，这些部署的虚拟机通过自己的虚拟网络连在一起，构成一个独立的虚拟集群，云平台可以根据用户需求的变动动态的调整虚拟集群的规模，当完成用户提交的任务后，可以通过云平台的管理进程撤销整个集群并释放资源。

（二）虚拟机迁移

以前，当需要执行服务器升级或执行维护任务时，会花费很多时间和精力，因为维护或升级拥有大量应用程序和用户的主服务器是一项昂贵的操作。现在，随着革命性的虚拟化技术和具有虚拟机管理程序功能的迁移服务的推进，这些任务（维护、升级、修复补丁等）变得非常容易，完成它们并不需要很多时间。

虚拟机迁移包含冷迁移和热迁移。热迁移支持物理主机到虚拟机的实时迁移，也支持通过网络从一台虚拟机到另一台虚拟机的迁移，这包括了虚拟机和内存状态的同步迁移。常见的热迁移策略有以下几种：

1. Pre-copy

Pre-copy 算法是由 Clark 等提出并实现的虚拟机动态迁移机制。首先，将虚拟机的全部内存页从源主机拷贝到目的主机，其间源虚拟机不间断运行；其次，开始迭代拷贝在上一轮拷贝过程中修改且本轮目前为止没修改过的内存脏页面，每轮迭代结束后都要判断是否满足进入停机拷贝阶段的条件，不满足则继续迭代拷贝；最后，迭代拷贝满足终止条件进入停机拷贝阶段，源虚拟机暂停运行将剩余的内存脏页拷贝到目的主机。Pre-copy 迭代拷贝的终止条件是在经过多轮拷贝之后内存脏页面总量收敛到规定的最少剩余脏页面数。

2. Post-copy

动态迁移算法是由 Hines 等提出并实现的动态迁移机制。它将内存的同步过程推迟到虚拟机在目的主机上恢复运行之后。迁移过程首先在两端主机之间同步除内存外的虚拟机运行时状态，接着立即在目的主机上恢复虚拟机运行，随后，虚拟机内存数据则通过目的主机按需取页的方式实现同步。

3. 增量压缩

增量压缩是当内存状态发生变化时，保存变化前的内存页，首先将当前的内存页与之前保存的内存页镜像进行 XOR 获得增量数据。然后进行 XBRLE 压缩得到增量压缩数据，XBREL 是开销很小的针对内存的二进制特性适合快速高效压缩增量页面的压缩算法，这样当有目的虚拟机进行内存请求的时候，如果请求的是状态改变过的内存页，则只需将增量压缩数据发送给目的虚拟机，然后在目的虚拟机中通过增量压缩数据恢复内存数据，就可以得到源虚拟机的当前内存状态，这样可以减小传输内存页过程中的网络开销。

4. 组播技术

组播是相对于单播和广播提出的一种数据传输方式，目的虚拟机初始状态部署完成之后，按需拷贝请求的内存信息都是通过组播来传输的。在源主机的守护进程上建立了组播子系统来处理目的虚拟机发送来的缺页中断请求。源主机可以通过一次操作将数据发送给加入组播组的目的虚拟机，这样可以实现目的虚拟机数据的预取。通过组播来发送数据不仅能提高数据传输效率，还能大大地减少网络负载。

第四节　桌面虚拟化

一、概述

随着云计算的持续发展，基于云的应用交付逐步成为 IT 行业发展的必然趋势。对企业来说，在预算不变的前提下提升 IT 效率的最好方法是搭建私有云架构。而最先流行的私有云就是桌面计算虚拟化。随着虚拟化技术的发展，企业的桌面管理迎来了一个新的解决方案——桌面虚拟化架构（Virtual Desktop Infrastructure，VDI），它采用"集中计算、分布显示"的原则，通过服务器虚拟化技术，将所有客户端的运算合为一体，在企业数据中心内进行集中处理，而桌面用户采用瘦客户端或专用小型终端机的方式，仅负责输入输出与界面显示，不参与任何计算和应用。

进一步概括地说，桌面虚拟化其实就是将用户的桌面环境与其使用的终端设备解耦合。服务器上存放的是每个用户的桌面环境，用户可以使用不同的具有足够处理能力和显示功能的终端设备，如 PC、瘦客户机、移动终端、云终端，这些终端设备除了与虚拟桌面系统连接外并不承担其他任务或者承担得很少，它们通过远程显示协议访问该桌面环境，每个用户都有一个在服务器管理程序上运行的桌面系统虚拟机，每次登录时都能获得一个干净的、个性化的全新桌面。一个完整的 VDI 架构组成通常包含如下几个部分：

1. 虚拟桌面服务器端

虚拟桌面服务器端需采用中高端配置服务器，安装虚拟化软件，通过服务器虚拟化技术，在宿主机系统上创建多个虚拟机（虚拟分区），每个虚拟机对应一个终端桌面用户。同时，每个虚拟机都被分配了随机存储器、硬盘和 I/O 资源。

2. 终端用户桌面端

面向终端用户的桌面客户端，采用瘦客户端或专用云终端，每个桌面用户需配置显示器、键盘、鼠标各一个，并安装专用云终端一台。

3. 连接管理中间件组件

连接管理中间件是一个用户连接和调度的资源池。在整个 VDI 架构中,位于数据中心的虚拟桌面服务器使用虚拟化技术可提供数百个乃至数千个虚拟桌面客户端。在如此高密度的应用中,如何调度和管理资源就成了主要的问题。通常,不是所有的客户端都在同一时间启动,并且不同部门的客户端所需的磁盘吞吐和网络带宽也各不相同,因此,在 VDI 网络架构中,需要一个连接中间件用于认证、连接、转发、管理、协调资源,负责管理对应的虚拟桌面启动、调整数量和负载,分配桌面等操作。该中间件即为 Broker 中间件。

二、桌面显示协议

桌面显示协议是影响虚拟桌面用户体验的关键,在 VDI 架构中需要利用虚拟桌面通信协议来连接用户云终端和虚拟桌面,将用户云终端的录入信息打包、压缩、加密后传输送至虚拟机进行运算,运算结果通过打包、压缩、加密、传输、解析再呈现给用户。当前主流的显示协议包括 PCoIP、RDP、SPICE、ICA 等,并被不同的厂商所支持,表 3-1 对各主流虚拟桌面显示协议的特性做了分析比较。

表 3-1 主流虚拟桌面显示协议比较

特性	PCoIP	RDP	SPICE	ICA
传输带宽要求	高	高	中	低
图像展示体验	高	低	高	中
双向音频支持	低	中	高	高
视频播放支持	低	中	高	中
用户外设支持	低	高	中	高
传输安全性	高	中	高	高
支持厂商	VMware	Microsoft	Red Hat	Citrix

传输带宽要求的高低直接影响了远程服务访问的流畅性。ICA 采用具有极高的处理性能和数据压缩比的压缩算法,极大地降低了对网络带宽的需求。图像展示体验反映了虚拟桌面视图的图像数据的组织形式和传输顺序,其中 PCoIP 采用了分层渐进的方式在用户端显示桌面图像,即首先传送给用户一个完整但又比较模糊的图像,进而在此基础上进行逐步精化,相比较其他厂商采用的分行扫描等方式,PCoIP 具有更好的视觉体验。

双向音频支持需要协议能够同时传输上下行的用户音频数据（例如语音聊天），而当前的 PCoIP 对于用户侧语音上传的支持尚存缺陷。视频播放也是检测传输协议的重要指标之一，因为虚拟桌面视图内容以图片方式进行传输，所以视频播放时的每一帧画面在解码后都将转为图片从而导致数据量的剧增。为了避免网络拥塞，ICA 采用了压缩协议缩减数据规模但是这样会造成画面质量的损失，而 SPICE 则能够自适应地感知用户端设备的处理能力，进而将视频解码工作放在用户端进行。

用户外设支持是考量显示协议是否具备有效支持服务器端与各类用户端外设实现交互的能力，RDP 和 ICA 对外设的支持都比较齐备（例如支持串口、并口等设备），而 PCoIP 和 SPICE 在现阶段只是实现了对 USB 设备的支持。传输安全性是各个协议都很关注的问题，早期的 RDP 不支持传输加密，但在新的版本中有了改进。桌面显示协议历来都是各厂商虚拟桌面产品竞争的焦点，其中，RDP 和 ICA 拥有较长的研发历史，PCoIP 和 SPICE 相对较新但也日渐成熟，特别是 SPICE 作为一个开源协议，在社区的推动下其发展尤其迅速。

三、桌面虚拟化架构的应用场景

由于计算发生在数据中心，所有桌面的管理和配置都在数据中心进行，管理员可以在数据中心对所有桌面和应用进行统一配置和管理，如系统升级、应用软件安装等，从而避免了传统上由于终端分布造成的管理困难和成本高昂的问题。桌面虚拟化架构具有灵活多变的组织形式，尤其适合学校机房、教学中心、呼叫中心等大规模的、多变需求的应用场景（频繁更换操作系统）。

1. 统一集中办公

大部分企业在日常工作中，其内部 IT 系统如 CRM、ERP 多为 WEB 界面，WEB 方式本身就是一种"瘦客户端"的设计理念，即任何网络浏览器在任何位置都可以访问本应用。但是 WEB 方式功能上有较大的局限性，相当部分的 ERP 软件是需要安装客户端软件并登录的。无论是 B/S 架构还是 C/S 架构，一台传统的 PC 都是必不可少的。

部署 VDI 方案，可以帮助拥有数百台、数千工位且位于同一地点办公的大型企业解决桌面系统管理问题。数百个座席可完成完全标准化的部署，无须配置 PC，无须关心数据存储安全，全部采用瘦客户端方式远程连接到位于数据中心的虚拟桌面服务器上，借助 VDI 还可以实现非固定座席的工作场景，进一步对 IT

架构进行规范化管理。

2. 网络教学

在典型的网络教学环境中，教师除了授课之外，还需要为每一个参加的学生准备相应的操作环境用于上机操作。在日常管理中，最大的困难在于为数十台或上百台学生机部署上机环境。同时，因为使用频率和密度较高，学生机还经常出现硬件故障导致多个学生只能合用一台计算机的情况。

使用 VDI 解决方案，可将传统网络教学环境下的学生机转换为瘦客户端，其所有软件环境全部部署在后端数据中心虚拟桌面服务器上。当教师需要初始化学生机之时，只需在操作界面上简单地点击几下鼠标，即可快速地为上百个学生初始化实验环境。通过 VDI 系统，生成一个桌面环境仅需 5 秒钟，而借助应用程序模板技术，更可以批量为学生机部署每次授课的实验环境，大大简化教师在授课前的备课工作量，让教师更加专心地投入到教学内容的准备上。使用 VDI 方案，为教师和授课学生实现快速的实验环境模拟、重建，且使用瘦客户端避免了学生机的硬件损坏，提高了授课中的设备正常使用率。

第五节　应用虚拟化

一般地，每一个应用程序的运行都依赖于它所在的操作系统，如 CPU、内存分配、设备驱动程序等。运行在同一操作系统上的不同应用通常都会包含大量共同的系统信息，可能导致应用程序之间的冲突。例如，一个应用程序需要某个特定版本的动态链接库，而另一个应用程序需要相同却是另一个版本的动态特征库，两个应用同时运行时，将会导致动态链接库故障，企业通常通过安装大量的应用进行测试，部署可用应用程序的方法来避免这个问题，虽然有效，但无法集中地对应用进行更新和维护，且代价巨大，极大增加了管理的难度。应用虚拟化技术可以很好地解决上述的问题，使云中的应用体现出极大的自由性和独立性。应用虚拟化是 SaaS 的基础，它提供了一个虚拟层，即一个所有应用都可以在其上运行的虚拟化平台，能够提供所有与应用有关的注册表信息、配置文件等，同时应用被重新定位到一个虚拟的位置，与只跟本身有关的运行环境打包，形成一个单一文件。在运行时，由于应用只依赖与之对应的单一文件，这样就可以在不同的环境下运行，在同一环境下不兼容的应用也可以同时运行。打包的虚拟应用在数据中心上集中管理，当需要新的应用部署（如安装、更新、维护等）时，无须重新安装应用程序，只需要通过在数据中心下载即可完成。

第六节　典型虚拟化产品：VMware vSphere

虚拟化技术经过多年的发展，已经出现了很多成熟的产品，从本节开始陆续向读者介绍几种典型的虚拟化产品及其特点，它们分别是 VMware vSphere、Windows Azur、Xen 和 KVM。

一、VMware vSphere 介绍

VMware 在虚拟化领域举足轻重，是 X86 虚拟化软件的主流厂商之一。VMware 产品线主要分为两个系列：数据中心虚拟化和桌面虚拟化。基于 Hypervisor 架构的产品直接运行在物理硬件之上，无须操作系统，如 vSphere。而桌面产品则可以运行在 Windows、Linux 和 Mac OS 之上，如 VMware Workstation、VMware Fusion 和 VMware View。

vSphere 是 VMware 公司推出的数据中心虚拟化解决方案，是目前部署范围最广泛的企业级虚拟化平台套件。据 IDC 2012 年统计数据显示，VMware vSphere 虚拟化解决方案占据全球虚拟化市场 70%左右的份额，世界 500 强企业中有一半以上在使用或者测试 VMware vSphere。VMware vSphere 可提供虚拟化基础架构、集中管理、监控、高可用性等一整套解决方案。

VMware vSphere 是一组完整的基础架构虚拟套件，此套件可提供全面的综合管理、虚拟化、资源优化、操作自动化和应用程序可用性，能够出色地做到节约转化成本，有效提高管理效率、业务灵活性和 IT 服务保障水平。

二、vSphere 的拓扑结构

基于 VMware vSphere 的虚拟数据中心由基本物理构建块（如 X86 虚拟化服务器、存储器网络和阵列、IP 网络、管理服务器和桌面客户端）组成。

如图 3-13 所示，vSphere 数据中心物理拓扑包括下列组件：

（一）计算服务器

在裸机上运行 ESXi 的业界标准 X86 服务器。ESXi 软件为虚拟机提供资源，并运行虚拟机。每台计算服务器在虚拟环境中均称为独立主机。可以将许多配置相似的 X86 服务器组合在一起，并与相同的网络和存储子系统连接，以便提供虚拟环境中的资源集合（称为群集）。

（二）存储网络和阵列光纤通道

SAN 阵列、iSCSI SAN 阵列和 NAS 阵列是广泛应用的存储技术，VMware vSphere 支持这些技术以满足不同数据中心的存储需求。存储阵列通过存储区域网络连接到服务器组并在服务器组之间共享。此安排可实现存储资源的聚合，并在将这些资源置备给虚拟机时使资源存储更具灵活性。

（三）IP 网络

每台计算服务器都可以有多个物理网络适配器，为整个 VMware vSphere 数据中心提供高带宽和可靠的网络连接。

（四）vCenter Server

vCenter Server 为数据中心提供一个单一控制点。它提供基本的数据中心服务，如访问控制、性能监控和配置功能。它将各台计算服务器中的资源统一在一起，使这些资源实现在整个数据中心虚拟机之间共享。其原理是：根据系统管理员设置的策略，管理虚拟机到计算服务器的分配，以及资源到给定计算服务器内虚拟机的分配。

在 vCenter Server 无法访问（如网络断开）的情况下（这种情况极少出现），计算服务器仍能继续工作。服务器可单独管理，并根据上次设置的资源分配继续运行分配给它们的虚拟机。在 vCenter Server 的连接恢复后，它就能重新管理整个数据中心。

（五）管理客户端

VMware vSphere 为数据中心管理和虚拟机访问提供多种界面。这些界面包括 VMware vSphere Client（vSphere Client）、vSphere Web Client（用于通过 Web 浏览器访问）或 vSphere Command-Line Interface（vSphere CLI）。

三、vSphere 的软件组件

如图 3-14 所示，vSphere 是一个完整的 IT 架构而非单个产品，本节介绍它的整体架构。

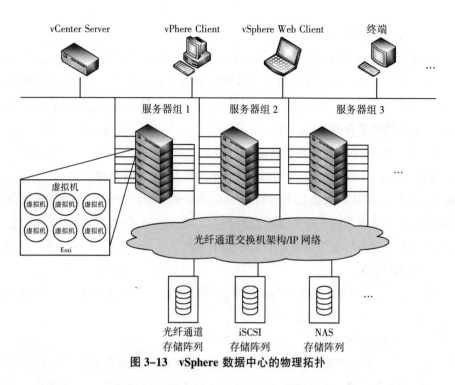

图 3–13　vSphere 数据中心的物理拓扑

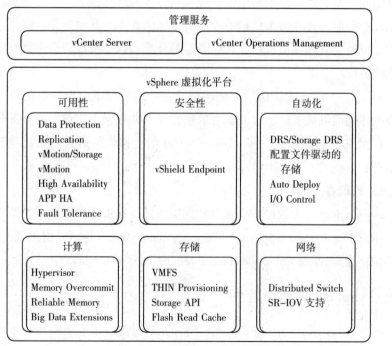

图 3–14　vSphere 的整体架构

vSphere 提供的是除了硬件及应用软件之外的内容。硬件资源由云提供 (PaaS 和 IaaS)，分为内部云和外部云。内部云由 vSphere 负责整合资源池，外部云为第三方厂家提供的资源池，包括 Amazon 提供的 EC2 等，代表性的软件组件包括 VMware ESX/ESXi、vSphere Client 和 VMware vCenter Server，它们分别是 VMware vSphere 的虚拟化层、管理层和接口层。

(一) ESX 和 ESXi

硬件资源 (处理器、存储器、外存) 由 Hypervisor 进行资源集成，提供给上层的 VM。ESX 和 ESXi 负责服务器硬件的虚拟化，主要包含 vCompute、vStorage 和 vNetwork。VMware ESX 和 VMware ESXi 运行在物理服务器上，能够提供功能强大、经生产验证的高性能虚拟化层，它将内存、处理器、存储器等所有资源虚拟化为多个虚拟机。VMware ESX 和 VMware ESXi 都是直接安装在物理服务器上的裸机管理程序，通过它们，用户可以安装操作系统，运行虚拟机，运行应用程序以及修改虚拟机配置。

两者的不同之处在于 VMware ESX 依靠服务控制台提供的管理界面来执行管理功能，在服务控制台中部署了 VMware 管理代理及各种第三方的服务代理以实现一些特定的功能，例如，硬件监控、硬件驱动、系统备份和管理等。而 VMware ESXi 则去除了服务控制台，所有 VMware 管理代理均直接运行在虚拟化内核之上，这样使得系统体积大大减小，代码减少，安全漏洞也减少，缩小了恶意软件和网络威胁的攻击面，同时通过数字签名的方式防止任意代码在 ESXi 主机上运行，从而使系统具有更好安全性和可靠性。从 VMware vSphere5 开始，ESXi 是部署 vSphere 虚拟化环境唯一可用的程序体系结构。

(二) VMware vCenter Server

VMware vCenter Server 是一个可伸缩、可扩展的虚拟化管理平台，是所有联网的 VMware ESXi 主机的中心管理员，协调虚拟机和 ESXi 主机的操作。vCenter Server 是一种系统服务，在后台持续运行，对虚拟化服务器进行集中监控和管理，通过 vSphere Client 用户可以利用 vCenter Server 的管理窗口对所有 JESXi 主机和其上的虚拟机进行统一管理，修改配置等，大大简化操作，减轻系统管理的工作量，提高管理员的工作效率。

(三) VMware vSphere Client

VMware vSphere Client 是一个允许用户通过 Windows PC 远程访问 ESX/ESXi 主机或 vCenter Server 的图形管理界面，在 ESX/ESXi 主机和 vCenter Server 中都

集成了这个软件。

（四）VMware HA

VMware HA（High Availability）能够为虚拟机提供高可用性的功能。针对物理服务器发生停机或故障，需要维护时，VMware HA 通过共享存储，可以快速地在群集内的其他物理服务器上自动重启虚拟机。通过 HA 可以对所有的应用实现高可用性，并且成本很低，同时易于使用和操作。

VMware HA 监控群集内的所有物理主机并检测主机故障。其原理是在每个物理主机放置一个 HA 代理，该代理负责维护资源池中其他主机的检测信号。一旦其检测的信号发生丢失，将会重启其他主机上所有受影响的虚拟机。如图 3-15 所示。

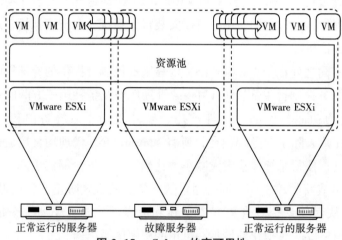

图 3-15　vSphere 的高可用性

（五）VMware vMotion 和 Storage vMotion

VMware vMotion 能够做到在保持零停机时间的情况下完成运行着的虚拟机的实时迁移，即从一台物理服务器实时迁移到另一台物理服务器，在迁移的同时能够保证连续的服务可用性和事务处理完整性。在不中断服务的情况下，Storage vMotion 可以在数据存储之间完成迁移虚拟机文件。有两种方式，既可以将虚拟机及其所有磁盘放置在同一位置，也可以将虚拟机配置文件和每个虚拟磁盘选择单独的位置。但无论哪种方式，虚拟机在 Storage vMotion 期间都保留在同一主机上。

需要注意的是，vMotion 迁移功能能够做到在保持零停机时间的情况下完成运行着的虚拟机的实时迁移至新的主机，同时保证不破坏虚拟机可用性，如图 3-16 所示，其缺点是不能将虚拟机从一个数据中心移至另一个数据中心。而 Storage vMotion 迁移的功能能够在不中断虚拟机可用性的情况下，将已启动虚拟机的虚拟磁盘或配置文件移到新数据存储，这种移动虚拟机的存储器，非常便于管理员维护，使得虚拟机负载从一个存储阵列迁移到另一阵列成为可能，以便重新配置 LUN、解决空间不足问题和升级 VMFS 卷。

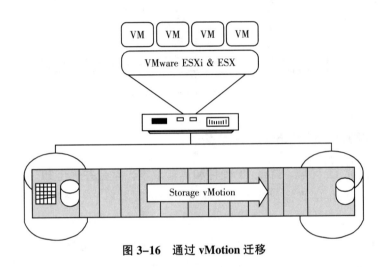

图 3-16 通过 vMotion 迁移

（六）VMware DRS

计算资源的动态调度又称为分布式资源调度（Distributed Resource Scheduler，DRS）技术，该技术借助为虚拟机收集硬件资源，达到动态分配和平衡计算容量的功能，可以实现跨资源池动态平衡计算资源和基于预先设定的规则智能分配资源。VMware DRS 将虚拟机分配到群集，并且能够找到运行该虚拟机的相应主机。其拥有的最大的优势是可以将物理主机的群集作为单个计算资源进行管理。为了确保群集中的负载保持平衡，DRS 放置的虚拟机的强制执行群集范围内的资源分配策略（例如，预留、优先级和限制）。虚拟机开始运行时，DRS 执行虚拟机的初始放置，这些初始放置位于主机上，随着群集条件的更改（如可用资源和负载），DRS 根据需要将虚拟机迁移（使用 vMotion）到其他主机，如图 3-17 所示。

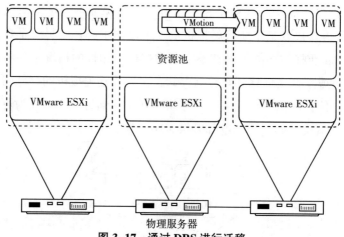

图 3-17　通过 DRS 进行迁移

四、VMware vSphere 的优点

（一）简化 IT 环境，降低 IT 硬件和运营成本，整合并优化 IT 投资

VMware vSphere 虚拟化技术可以在每个物理服务器上整合几个、十几个甚至更多的虚拟机，实现 10∶1 或更高的整合率，将硬件利用率从 5%~15%提高到80%甚至更高，而无须牺牲应用程序性能，大大提高了服务器的利用率，减少了硬件需求，简化了 IT 环境基础架构，节约了硬件购置、维护成本以及数据中心的运营成本。

（二）简化管理和提高工作效率

VMware vSphere 可以在数分钟（而不是数日或数周）内部署新的应用程序，监控虚拟机性能，并实现修补程序和更新管理的自动化。

（三）提高服务级别和应用程序质量

VMware vSphere 虚拟化技术减少了对虚拟服务器进行烦琐的软件安装和配置，采用模板部署的方式缩短了部署周期，vSphere 高可用性、实时迁移和分布式资源调度为客户提供了最佳保护，实现了应用程序的业务连续性和可靠性。通过 VMware vSphere 坚实的可靠性以及集成的快照、备份、恢复和故障切换功能，大大增强了业务的安全性及保障水平。

（四）优化软件开发过程

VMware vSphere 允许测试和开发团队在共享服务器、网络和存储基础架构的同时，在安全、隔离的沙箱环境中安全地测试复杂的多层配置，而不会对现有业务造成不利影响。

第七节　典型虚拟化产品：Microsoft Azure

Windows Azure 采用了基于虚拟机管理程序（Hypervisor）方式的硬件虚拟化技术来构建其计算服务平台。通过采用虚拟化技术降低不同资源之间的耦合度，提供资源的动态分配能力。其资源分配是通过虚拟机来实现的，每个虚拟机即为一个计算实例。通过这种基于 Hypervisor 的虚拟化方式，Windows Azure 云计算平台能够实现计算资源的划分、动态部署以及工作负载的动态迁移等。Windows Azure 平台如图 3–18 所示。

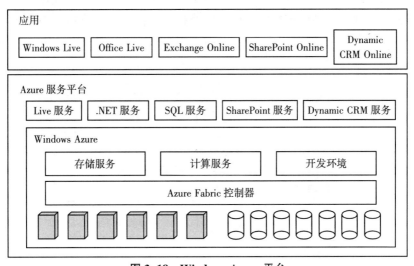

图 3–18　Windows Azure 平台

一、Windows Azure Hypervisor

Windows Azure 云计算平台的一个核心技术是虚拟机监视器 Hypervisor。Windows Azure Hypervisor 的基本思想是：在操作系统与底层硬件设备之间建立一个能够独立控制、分配底层硬件资源的软件层，目的是实现系统 IT 资源的虚拟化。支持实现轻量、高效的虚拟化资源管理是其核心任务。

二、指令权限级别

传统 X86/X64 处理器上的代码运行优先级分为四个层级：Ring 0、Ring 1、Ring 2 和 Ring 3。Ring 0 优先级最高，因此操作系统内核都处于 Ring 0 层；Ring 1 和 Ring 2 主要用于操作系统服务，优先级次之；Ring 3 主要用于应用程序，优先级最低。目前主流操作系统只支持两种操作模式，即操作系统内核运行在 Ring 0 级，所有用户模式应用代码运行在 Ring 3 级。硬件虚拟化技术的出现对上述工作模式提出了挑战。操作系统内核运行在 Ring 0 级，取得最高优先权。在 Windows Azure 云计算平台下，操作系统和硬件设备之间加入了虚拟机管理器 Hypervisor，那么运行在硬件设备和操作系统之间的 Hypervisor 处于一个什么级别呢？这就是 Windows Azure 云计算平台必须考虑的问题。为了解决这个问题，两大芯片厂商 Intel 和 AMD 在推出的支持虚拟化技术的芯片中增加了一种新的指令级别根模式（root mode），通常称为 Ring-1 级。基于这种根模式设计，所有虚拟机操作系统及其上面的应用程序可以不需要任何更改就可以运行在原先对应的级别上，并且让 Hypervisor 的优先级高于操作系统。虚拟化环境下代码运行级别如图 3-19 所示。

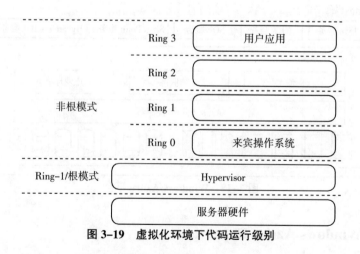

图 3-19　虚拟化环境下代码运行级别

那在虚拟化环境下应用代码是如何执行的呢？在执行普通代码（不需要特权的普通 X86 指令）时，应用程序与原来环境没有任何区别。但是，当应用需要执行像前面例子中的直接访问某个 I/O 端口时，应用需要从用户模式（Ring 3）提升到内核模式（Ring 0）。然而由于在同一个 Hypervisor 上面可能会有多个虚拟机，因此需要保证不同虚拟机之间的这些特权指令之间不会产生干扰。这就需要 Hypervisor 起到中间协调的作用。支持虚拟化指令的处理器能够认识到一个特权指令的调用，并把调用从虚拟机中操作系统的内核级别（Ring 0）进一步提升到 Hypervisor 的根模式（Ring-1）。由于所有的虚拟机都运行在 Hypervisor 之上，因此它可以综合调配不同虚拟机之间的资源调用请求。当特权指令执行结束后，应用程序的执行就返回到虚拟机操作系统即来宾操作系统（Quest OS）。

三、Windows Azure Hypervisor 架构

在 Windows Azure 云计算平台中，每一个计算服务器都运行一个 Windows Azure Hypervisor 来管理运行在该服务器上的多个虚拟机。每个 Windows Azure 计算节点都运行一个 Windows Azure Hypervisor、一个 Host OS 和多个 Guest OS。Host OS 称为主分区或根分区，Guest OS 称为子分区或来宾分区。Windows Azure Hypervisor 提供 Windows Azure 管理服务所需要的 Metadata 交换功能以及针对不同虚拟机通信所必需的负载均衡与容错功能。Windows Azure Hypervisor 负责虚拟机资源分配，安排 CPU 处理时间和 I/O 处理请求等操作。此外，Windows Azure Hypervisor 还保证虚拟机之间的相互隔离，为 Guest OS 的安全性提供技术支持。

Windows Azure Guest OS 是专门应用于 Windows Azure 中，针对 Windows Azure Hypervisor 进行改良优化的，用来托管运行 Web Role、Worker Role 和 VM Role 的操作系统。这些改良优化操作主要是为了提高性能。Guest OS 还可以通过精简一些不用的功能来减少攻击面，提高系统的安全性。用户的应用程序部署在 Guest OS 上，Guest OS 之间的隔离通过虚拟机之间的隔离来实现。另外，Windows Azure 也为 Windows Azure Guest OS 提供了一些超级调用功能。当用户代码需要调用系统内核代码时，Guest OS 就通过超级调用的方式让底层 Hypervisor 执行相关底层操作，完成必要的功能需求。

Windows Azure 平台下的 Host OS 拥有所有内存、I/O 端口和物理硬件的访问权限。所有硬件的驱动程序都在 Host OS 中，Guest OS 中只有虚拟的驱动程序。另外，Host OS 有一个重要的任务就是在应用程序部署时，读取应用程序的服务定义文件，从而决定 Windows Azure Guest OS 的版本。Windows Azure Fabric Controller 是管理微软数据中心的 Windows Azure 计算资源的中控管理系统，它负责自动化管理数据中心内所有实体服务器，包括用户要求的 Windows Azure Guest OS 的部署工作、定时 Hotfix 修补、机器状态回报以及管理不同版本的 VM 部署

图像的复制等重要核心工作。Fabric Controller 本身也具有高可用性，并且有一个管理 Fabric Controller 的子系统来管理与监控 Fabric Controller 的运作。

Windows Azure AppFabric 是一套全面的云端中间件，服务于开发、部署和管理 Windows Azure 平台应用。通过在更高层次上抽象端对端应用，使得开发更加高效，并且通过利用底层硬件功能和软件基础设施，使得应用与维护变得更加轻松。通过提供高层面的中间件服务，提高了云端的抽象层次，并且减少了开发复杂度。

四、Windows Azure 基础架构虚拟化

Hyper-V 是微软第一款采用类似于 Vmware、Citrix 和 Xen 的 Hypervisor 技术的虚拟化产品。Windows Azure 虚拟化技术虽然不完全等同于 Hyper-V 虚拟化技术，但本质还是以 Hyper-V 中的 Hypervisor 为核心的。Windows Azure 虚拟化基础架构原理如图 3-20 所示。

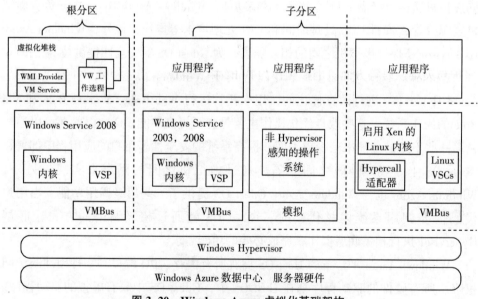

图 3-20　Windows Azure 虚拟化基础架构

图 3-20 中最底层为微软数据中心服务器硬件架构，它包含 AMD-V、Intel VT、DEP 等硬件技术支持。上层是微软的 Windows Azure Hypervisor，在每一个虚拟的子系统之间都是通过 VMBus 进行通信，包括主系统 Windows Server 2008/2012 在内，所有操作系统都是通过 VMBus 机制与 Hypervisor 进行通信，其中

Host OS 可简单理解为 Windows Server 2008/2012 宿主系统所在的分区，它与 Hypervisor 的通信是通过 VSP 传送给 VMBus，再通过 VMBus 与 Hypervisor 的通信到达底层服务器硬件。Guest OS 是由 VSC 将请求发送给自己的 VMBus，VMBus 再与 Host OS 的 VMBus 进行沟通，最后由 Host OS 的 VSP 将请求传送给 Hypervisor。

Windows Azure Hypervisor 作为 Windows Azure 平台的关键虚拟化技术，其架构的设计优点在于：

（1）只需要在 Host OS 中添加硬件设备的驱动程序，而不需要在 Hypervisor 中添加驱动程序。由于这种构造方式，一方面使得 Windows Azure Hypervisor 在代码级别上有很大程度的降低；另一方面依旧可以在 Host OS 中使用传统的 Windows 设备驱动程序管理底层的硬件设备。

（2）Guest OS 不与 Hypervisor 层直接进行通信。由于这种构造方式，使得 Hypervisor 与 Guest OS 中的应用隔离性更好，保证了 Ring-1 级的 Hypervisor 的安全性。

Windows Azure 虚拟化技术的使用对微软整个数据中心的 IT 基础架构产生了非常大的影响，特别是在数据存储管理、网络结构设计、安全策略与实现、数据保护与灾难恢复等方面。虚拟化作为 Windows Azure 平台的基础，架起了硬件资源（主机、存储设备、网络设备以及其他硬件）和基础服务之间的桥梁，PaaS 通过基础服务和虚拟化来使用资源层的资源。虚拟化对用户来说是透明的，同时虚拟化也是动态数据中心的基础核心层。可以说，没有虚拟化技术，想要实现动态数据中心几乎是不可能的。

五、Windows Azure 安全性

Windows Azure 虚拟化技术的安全性主要表现在：保障了虚拟化物理设施的安全；实现了虚拟机主机和虚拟机操作系统级别的加固；使用了 Bitlocker 加密保护磁盘文件；实现了虚拟服务器管理网络与虚拟机网络之间的隔离；审计了虚拟化环境的操作和管理事件。

虚拟化技术解决了 Windows Azure 云计算平台许多的技术难题，但是虚拟化技术也给 Windows Azure 云计算平台带来很多安全性的问题。Windows Azure 云计算平台必须保证客户数据的保密性、完整性和可用性，同时还必须提供透明的问责机制，让用户能够跟踪、记录自己或微软对托管应用实施的管理操作。本章

主要从访问控制和隔离机制两个方面介绍 Windows Azure 云计算平台的安全性防护设计。

（一）访问控制

认证和密钥管理是 Windows Azure 安全性的重要组成部分。Windows Azure 在多个层面和技术上提供访问控制，保障 Windows Azure 平台的安全性，具体如表 3-2 所示。

表 3-2　Windows Azure 云计算访问控制措施

访问控制	具体描述
SMAPI	SMAPI 是基于 REST 协议的网络服务，主要由用户自生成的 Windows Azure 开发工具所使用。该服务通过 SSL 协议运行，通过用户生成的证书和私钥，保证只有用户得到验证授权后才可以访问管理服务
最小权限用户程序	最小权限用户程序是保证信息安全最好的一种方式，Windows Azure 在默认情况下，用户程序都运行在一个低权限账户下
基于 SSL 相互验证的内部流量控制	Windows Azure 内部组件之间的所有通信都使用 SSL 保护。微软的开发工具使用 Fabric Controller 的公共密钥加密开发者提交的新的应用程序镜像，保证应用程序镜像不被无授权更改
Fabric Controller 的硬件设备验证	Fabric Controller 必须控制其下的所有硬件设备，以确保各种硬件设备的验证信息
SQL Azure 数据库的访问控制	SQL Azure 内设防火墙，仅允许指定的 IP 或者 Windows Azure 连接，保证数据库的安全性

（二）隔离机制

Windows Azure 除了对云数据进行访问控制外，还在多个层面提供隔离机制，保障 Windows Azure 平台的安全性，具体措施如表 3-3 所示。

表 3-3　Windows Azure 云计算隔离机制措施

隔离机制	具体描述
Hypervisor	Hypervisor 实现了操作系统和客户虚拟机的隔离。该隔离方式也是 Windows Azure 最为关键的隔离技术，实现了 Root VM 和 Cuest VM 以及 Guest VM 和 Cuest VM 之间的隔离
数据包过滤	Windows Azure Hypervisor 和根操作系统提供了数据包过滤功能，保证不可信的虚拟机不能发送欺骗性信息，不能接收不是发送给它的通信，不能将信息发送到受保护的基础设施上，不能发送和接收不适当的广播
Fabric Controller	在很大程度上，Windows Azure Fabric 的中央控制台发挥着中央控制台的作用。这可以减轻对 Fabric Controller 的威胁，尤其是来自客户应用程序中可能已经受到危害的 Fabric Agent 的攻击。从 Fabric Controller 到 Fabric Agent 的通信是单向的：Fabric Agent 实施受 SSL 保护的服务，并且仅回复请求；它无法启动至 Fabric Controller 或其他特殊内部节点的连接。Fabric Controller 具有强大的功能来分析所有响应，就像这些响应是不受信任的通信一样。此外，Fabric Controller 和无法实施 SSL 的设备位于不同的 VLAN 上，这就限制了它们的身份验证接口向托管虚拟机的受危害节点公开

续表

隔离机制	具体描述
VLAN 隔离	VLAN 用于隔离 Fabric Controller 和其他设备。VLAN 对网络进行分区，使得在不经过路由器传递的情况下，VLAN 之间无法进行通信，这样可以防止受危害的节点伪造从其 VLAN 外部到其 VLAN 上的其他节点的通信，并且也无法窃听并非指向或来自其 VLAN 的通信
客户访问隔离	管理对客户环境（Windows Azure 门户、SMAPI 等）的访问的系统在微软运行的 Windows Azure 应用程序中被隔离。这从逻辑上将客户访问基础结构与客户应用程序和存储隔离开来

第八节　典型虚拟化产品：Xen

　　Xen 是一款基于 GPL 授权方式的开源虚拟机软件。Xen 起源于英国剑桥大学的一个研究项目，并逐步独立出来成为一个由社区驱动的开源软件项目。该社区吸引了很多公司和科研院所的开发者加入，发展非常迅速。之后 Ian 成立了 XenSource 公司进行 Xen 的商业化应用，并且推出了产品 Xen Server。2007 年，该公司被 Citrix 收购，Xen 的商业化应用得到更进一步的推广。Xen 目前已经比较成熟，基于 Xen 的虚拟化产品也很多，如 Citrix、Redhat 和 Novell 等都有相应的产品。

一、Xen 分层模型

　　一个 Xen 虚拟化环境由以下相互配合的元素构成：物理硬件、Xen 虚拟机管理器、Domain 0 和 Domain U，其分层模型如图 3-21 所示。

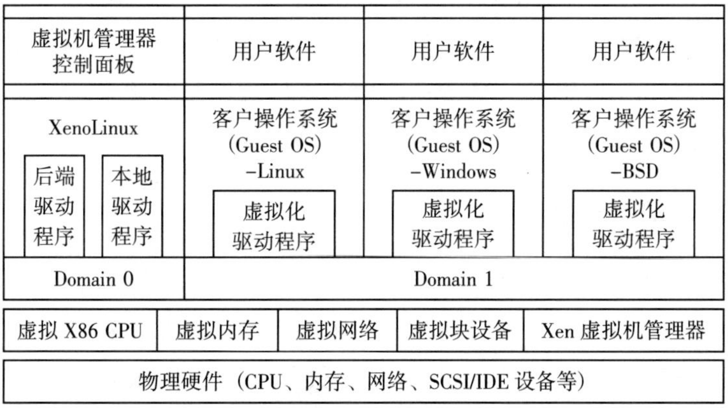

图 3-21　Xen 分层模型

物理硬件即物理服务器，包括 CPU、物理内存、物理网络、SCSI/IDE 设备等。

Xen 虚拟机管理器又叫 Xen Hypervisor，是 Xen 虚拟化环境中最底层的抽象层，位于硬件和操作系统之间，它主要负责对运行在硬件层上的所有虚拟机进行 CPU 调度和内存划分。Xen Hypervisor 不仅对底层硬件进行抽象，同时还控制着虚拟机的运行状态。但 Xen Hypervisor 并不负责对网络设备、存储设备、显示设备和其他 I/O 请求进行处理。

Domain 0 是一个修改过的 Linux 内核，相当于运行在 Xen Hypervisor 上一个独特的虚拟机，它可以访问物理 I/O 资源，并能同时与运行在该系统上的其他虚拟机进行交互。Xen 虚拟化环境中所有的虚拟机都只能由 Domain 0 启动，因此它必须在其他虚拟机启动之前启动。Domain 0 中有两个后端驱动用来响应和处理其他虚拟机的网络和本地磁盘请求：Network Backend Driver 和 Block Backend Driver。前者直接和本地网络硬件的驱动程序进行交互分来处理所有 Domain U 的网络请求，而后者则直接和本地存储设备的驱动程序进行交互并根据 Domain U 的读写请求从驱动器读写数据。

Domain U 是运行在 Xen Hypervisor 上的普通虚拟机，即除了 Domain 0 外的所有虚拟机。Domain U 又分为半虚拟化虚拟机（PV Guests）和全虚拟化虚拟机（HVM Guests）。PVGuests 上运行的是内核被修改过的 Linux、Solaris、FreeBSD 和其他 UNIX 操作系统。因为被修改过内核，PV Guests 明确知道自己不能直接访问物理硬件，也知道还有其他虚拟机同时运行在与自己相同的环境中。PV Guests 上装有 PV Network Driver 和 PV Block Driver 这两个处理网络和磁盘请求的驱动。HVM Guests 上则运行着内核没有被修改的操作系统，如标准的 Windows 类系统。因为毫无修改，HVM Guests 并不知晓其他虚拟机的存在，它认为自己独享一个处理环境和一套物理硬件。HVM Guests 并没有安装任何驱动，但每一个 HVM Guests 都有一个特殊的模块来处理网络和磁盘请求。总体来说，PV Guests 的性能要高于 HVM Guests，而且 PV Guests 对 CPU 没有特别要求。

二、Xen I/O 模型

Xen I/O 模型如图 3-22 所示，Xen 虚拟机（Domain U）的 I/O 操作不能直接通过自身的驱动程序访问硬件，而是必须通过两个驱动模块来完成，即前端驱动和后端驱动。前端驱动位于 Domain U 中，负责接收 Domain U 的 I/O 请求，并把请求交给位于 Domain 0 的后端驱动，随后由后端驱动调用 Domain 0 中的本地设备驱动程序来与实际物理硬件进行通信，并把处理结果返回给 Domain U 中的前端驱动，从而完成 Domain U 的一次 I/O 操作。

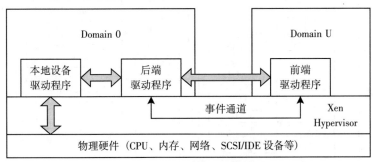

图 3-22 Xen 的 I/O 模型

由于前端驱动和后端驱动位于不同的操作系统中，它们之间的通信要依赖共享内存环和事件通道来进行。通过共享内存环，前端驱动和后端驱动可以把 I/O 请求放入环中和从环中读取，而 I/O 请求的处理结果也可以通过环进行传递。而事件通道则允许前端驱动和后端驱动给对方发送一个确认事件来同步状态。

三、Xen 控制面板模型

Xen 中的控制面板用于控制 Xen 环境下所有虚拟机的运行状态，包括虚拟机的配置、创建、迁移和销毁等。这些操作命令首先通过控制面板下达，然后调用底层的具体函数进行实现。Xen 控制面板相当于虚拟机的用户接口，用户通过向控制面板输入指令来同 Hypervisor 以及设备模型通信。控制面板在 Xen 中的架构如图 3-23 所示。

由图 3-23 可知，控制面板位于 Domain 0 中，Domain 管理、设备管理、Guest 管理、调度管理等都通过控制面板中的 Xend 实现。Xend 是控制面板中的核心部件，是 Xen 的核心进程。

Xend 运行在具有特殊优先级的 Domain 0 中，通过 Domain 0 的内核调用底层 API 来与 Xen Hypervisor 通信。Xend 使用多种协议来包装其控制面板的对外 API，包括 HTTP、UNIX Domain Socket、XML RPC 和 XML RPC over SSL。其中最常用的就是 xm 和 xl 指令集，Xend 提供的大多功能都能通过这些指令集实现。

Xend 的用户接口提供对 Domain 的各种管理操作，包括 Domain 的创建、开启、关闭、暂停、重启、快照、迁移等常用功能。Domain 创建时，其内存映象

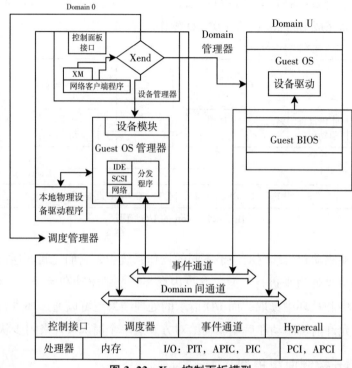

图 3-23　Xen 控制面板模型

首先创建，设备模块则为该 Domain 提供虚拟设备，并在 Domain 0 中为其新建一个设备模块的实例。关闭 Domain 时，只有当设备模块为其在 Domain 0 中新建的实例先被释放，其内存映象才会被完全释放。当 Domain 停止或重启时，Domain 的配置信息有丢失的危险，Xend 为每个 Domain 创建和维护了一个数据库用于保存配置信息，从而有效防止其遗失。这样，当 Xend 升级的时候 Domain 的配置信息也不会丢失和改变，升级前后仍然可以保持一致。

第九节　典型虚拟化产品：KVM

KVM（Kernel-based Virtual Machine）是一款基于 GPL 授权方式的开源虚拟机软件。它是基于 X86 架构且基于硬件虚拟化的 Linux 全虚拟化解决方案。KVM 是第一个成为原生 Linux 内核（2.6.20）一部分的 Hypervisor，由 Avi Kivity 开发和维护的，现在归红帽公司所有。

KVM 采用的是基于 Intel VT 技术的硬件虚拟化方法，同时结合 QEMU 来提供设备虚拟化，其架构如图 3-24 所示。从其架构来看，有说法认为 KVM 是寄宿虚拟化模型，那是因为 Linux 在设计之初并没有针对虚拟化方面的支持，所以 KVM 是以内核模块的形式而存在的。但是，随着越来越多的虚拟化功能被加入到 Linux 内核中来，也有说法认为 Linux 已经是一个 Hypervisor，因此 KVM 是原生虚拟化模型。KVM 项目的发起人和维护人倾向于认为 KVM 是原生虚拟化模型。

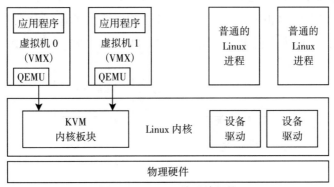

图 3-24　KVM 的系统架构

KVM 虚拟化技术具有较强的灵活性，能较好地将不同的操作系统和特殊硬件设备加以利用，从而能够降低不同系统间维护的复杂度。KVM 支持的客户机操作系统种类较多，常见的基于 X86 架构的 Windows、Linux、UNIX 操作系统绝大部分可以稳定地运行。

KVM 在 Linux 系统中使用底层硬件的虚拟化支持来提供完整的原生虚拟化，只要底层硬件虚拟化支持，它就能够支持大量的客户机操作系统。基于 KVM 的硬件辅助虚拟化技术的实现原理如下：

CPU 虚拟化。当新虚拟机在 KVM 上启动时，它就被看作宿主机操作系统的一个进程，因此宿主机操作系统就可以像其他进程一样调度这个新客户机操作系统。但与传统的 Linux 进程不一样的是虚拟机此时被 KVM 标识为处于客户模式，该模式独立于内核和用户模式。Intel VT-x 技术为这种客户模式引入了两种虚拟机功能扩展指令（Virtual Machine eXtensions instructions，VMX）操作模式，即 VMX 根操作和 VMX 非根操作，统称为 VMX 操作模式，如图 3-25 所示。KVM 运行在根模式，而虚拟机运行在非根模式。在 VMX 操作模式中，包括了开启/关闭 VMX 的过程，以及 VMX 开启情况下，KVM 和虚拟机软件的交互操作，其操作步骤如下：

（1）KVM 首先执行 VMXON 指令进入到 VMX 操作模式，CPU 此时处于 VMX 根操作模式下，KVM 软件开始执行。

（2）KVM 执行 VMLAUNCH 或 VMRESUME 指令产生虚拟机进入（VM Entry），虚拟机软件开始执行，CPU 此时进入到非根模式。

（3）当虚拟机执行特权指令时，或者当虚拟机运行时发生中断或异常时，虚拟机退出（VM Exit）被触发而陷入到 KVM，CPU 切换到根模式。KVM 根据 VM Exit 的原因会做出相应处理，然后转到步骤（2）继续运行虚拟机。

（4）如果 KVM 决定退出，则执行 VMXOFF 关闭 VMX 操作模式。

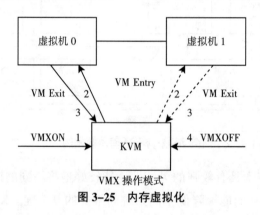

图 3-25　内存虚拟化

每个客户机操作系统都是通过/dev/kvm 设备映射的，它们拥有各自的虚拟地址空间，该空间再次映射到宿主机内核的物理地址空间。KVM 内存虚拟化的扩展页表（Extended Page Tables，EPT）技术的实现原理，如图 3-26 所示。在原有的 CR3 页表地址映射的基础上，EPT 引入了 EPT 页表来实现另一次映射。这样，客户机虚拟地址（Guest Virtual Adress，GVA）➡ 客户机物理地址（Guest Physical Adress，GPA）➡ 宿主机物理地址（Host Physical Adress，HPA）两次地址转换都由 CPU 硬件自动完成。这里假设客户机页表和 EPT 页表都是 4 级页表，CPU 完成一次地址转换的基本过程如下：

首先 CPU 会查找客户机 CR3 指向的 L4 页表。由于客户机 CR3 给出的 GPA，因此 CPU 需要通过 EPT 页表来实现客户机 CR3 GPA ➡ HPA 的转换。CPU 首先会查看硬件的 EPT TLB，如果没有对应的转换，CPU 会进一步查找 EPT 页表，如果还没有，CPU 则抛出 EPT Violation 异常由 KVM 来处理。

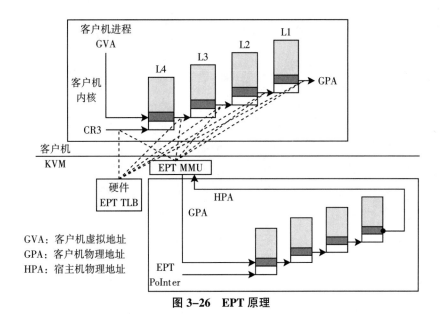

图 3-26　EPT 原理

获得 L4 页表地址后，CPU 根据 GVA 和 L4 页表项的内容，来获取 L3 页表项的 GPA。如果 L4 页表中 GVA 对应的表项显示为"缺页"，那么 CPU 产生页故障（Page Fault），直接交由客户机内核处理。注意，这里不会产生 VM Exit。获得 L3 页表项的 GPA 后，CPU 同样要通过查询 EPT 页表来实现 L3 GPA ➡ HPA 的转换，过程和上面一样。

同样地，CPU 会依次查找 L2、L1 页表，最后获得 GVA 对应的 GPA，然后通过查询 EPT 页表获得 HPA。从上面的过程可以看出，CPU 需要 5 次查询 EPT 页表，每次查询都需要 4 次内存访问，因此最坏情况下总共需要 20 次访问。EPT 硬件通过增大 EPT 页表缓冲（Translation Lookaside Buffer，TLB）来尽量减少内存访问。

KVM 运行在 Linux 系统内核当中，属于瘦虚拟化方案，KVM 本身体积很小，其支持硬件取决于 Linux 系统本身对硬件的支持。目前主流硬件设备均有对应的 Linux 驱动，这也就决定了 KVM 可以在最广泛的硬件系统之上运行。同时 KVM 具有优良的系统性能和稳定性，系统更新十分便捷。

第四章　分布式存储系统

【本章导读】

随着互联网数据规模越来越大，并发请求越来越高，传统的关系数据库系统在性能、价格、可扩展性方面已经不能很好地满足需求。谷歌、亚马逊等互联网公司率先在后台基础设施中引入超大规模分布式存储系统，用来解决海量数据的存储问题。与传统的集中式存储技术不同，分布式存储没有将数据存储在某个或特定节点上，而是通过网络将各个节点分散的存储资源汇聚成一个虚拟的存储设备，将数据分散在各处。相较于集中存储，分布式存储成本低，扩展性好，弱化了关系数据模型，可以得到高并发和高性能。

本章首先对分布式存储系统进行介绍，对其进行归类。继而，介绍以 HDFS、TFS 和 Lustre 为代表的分布式文件系统；以 Dynamo 为代表的分布式键值系统；以 Bigtable 和 Hbase 为代表的分布式表格系统；以 MongoDB 为代表的分布式数据库系统。

第一节　海量数据的分类

一、数据分类

海量的数据按照结构化程度大致可以分为结构化数据、非结构化数据、半结构化数据。

（一）结构化数据（Unstructured Data）

结构化数据即行数据，存储在数据库里，是可以用二维表结构来逻辑表达实现的数据。直观来说，在开发一个信息系统设计时会涉及数据的存储，一般都会将系统信息保存在某个指定的关系数据库中。开发者会将数据按业务分类，并设计相应的表，然后将对应的信息保存到相应的表中。例如，在一个业务系统，要存储员工的基本信息，包括工号、姓名、性别、出生日期等，就需要建立一个对应的二维表。

（二）非结构化数据（Structured Data）

在传统数据库的结构化数据之外，那些不适宜用数据库存储和操作的数据为非结构化数据。相较于记录了生产、业务、交易和客户信息等的结构化数据，非结构化的信息涵盖了更为广泛的内容，如合约、发票、书信与采购记录等营运内容；文字处理、电子表格、简报档案与电子邮件等部门内容；HTML 与 XML 等格式信息的 Web 内容；声音、影片、图形等媒体内容。

目前，非结构化数据的内容占据了当前数据海洋的 80%，并将在 2020 年之前以 44 倍的速度迅猛增长。同时，因为非结构化数据的信息量和信息的重要程度很难被界定，分析成为难点。如果说结构化数据用翔实的方式记录了企业的生产交易活动，那么非结构化数据则是掌握企业命脉的关键内容，所反映的信息蕴含着诸多企业效益提高的机会。因此，只有解决非结构化数据的分析困难，才能有效挖掘这些数据背后的价值，克服逐渐攀升的数据量和复杂性对企业生产发展的重大阻碍，驱动企业价值提升。

（三）半结构化数据（Semi-structured Data）

半结构化数据是介于完全结构化数据（如关系型数据库、面向对象数据库中的数据）和完全无结构的数据（如声音、图像文件等）之间的数据类型，HTML 和 XML 文档就属于半结构化数据。它一般是自描述的，数据的结构和内容混在一起，没有明显的区分。这样的数据和上面两种类别都不一样，它是结构变化很大的数据。举例来说，若设计者要描述企业员工的简历，就会面临不确定性的困难。原因在于一些员工的简历很简单，比如只包括教育情况，而一些员工的简历却很复杂，比如包括工作情况、婚姻情况、出入境情况、户口迁移情况、党籍情况、技术技能等，还有可能有一些开发者无法预料的信息。在这种情况下，使用数据库描述这些信息并不合适，因为设计者不希望在运行中变更表结构。

一般来讲，结构化数据只占 10%以内的比例，但就是这 10%以内的数据浓缩了过去很久以来的企业各个方面的数据需求，发展也已经成熟。但是随着大数据需求处理的大态势，对于结构化以外数据的处理越来越有市场，所以处理非结构化、半结构化的数据库，会慢慢成为数据处理的主流。

二、数据模型

目前的大数据分布式存储系统中采用的数据分布方法可以根据是否使用元数据（Meta Data）来记录用户数据和其存放位置之间的映射关系分成两类。引入元数据机制的一类往往是先通过统一的元数据服务器或用户指定来对用户数据的存放位置进行分配，然后将数据与存储位置的映射关系保存在元数据中，并由元数据服务器来管理。这种方式的优点是可以更好地根据需求控制数据各副本的分布，如用户可以精确指定数据的某个副本存放在某台特定设备上。但同时由于整个系统的存储空间使用同一份元数据，集中式的元数据管理机制容易带来系统瓶颈，还会造成单点故障等问题。这种现象在存储大量小文件的系统中特别突出，因为这类系统中的元数据往往非常庞大，直接对系统的可扩展性造成影响。此外，大量对于元数据的集中式访问不仅会使系统整体性能受限于元数据服务器的带宽和计算资源，查找元数据这一操作本身的效率也会下降。而如果采取分布式的解决方法，通过将元数据进行备份来避免上述问题，则又会带来元数据不同副本间同步等复杂的管理开销。

对于另一种不采用元数据来记录映射关系的方法，其中很典型的一种方式是使用确定性的分布算法来计算用户数据副本的存储位置。只要算法的输入（通常包括表示数据的唯一键值，确定的数据存放规则，系统的拓扑结构）不变，则系统的任何节点都可以根据该算法得到同样的存储位置结果。相较前一种方法，减少了管理和检索元数据的资源需求，并且可以将计算分散到各个节点上，充分利用这些节点的计算资源，使系统更容易扩展。但是，如何保证由算法自动生成的数据分布更为均衡，以及更好地满足用户所需的存放规则，则又是一个难题。

三、数据类型和分布式存储系统的分类

不同类型的数据需要用不同的分布式存储系统去处理。例如，对于图片、照片、视频等非结构化数据，由于个体相互之间没有关联，体积大，采用二进制，通常使用分布式文件系统进行存储。同时分布式文件系统也可以作为其他分布式存储系统的底层存储。分布式键值系统用来存储简单的半结构化数据，分布式表格系统用来存储较为复杂的半结构化数据，而结构化数据由分布式数据库存储。

第二节　分布式文件系统

一、引言

文件系统是操作系统的重要组成部分，主要负责操作系统中文件信息的管理和存储，并且向用户提供统一、抽象的接口，用户通过文件系统提供的接口可以很方便地访问到存储在本地磁盘的数据。通常情况下，这种本地存储的技术管理的磁盘是快速、廉价而可靠的。但是数据保存在本地也有其缺点，主要缺点就是数据的安全性与完整性得不到保证，一旦磁盘里的数据损坏将会导致文件的不可用。另一个缺点就是不便于共享，特别是在多台个人机之间共享文件经常要交换磁盘或者通过拷贝副本的方式来传送文件，随着副本数增加，很难判断哪个副本是最新的版本。还有就是这种传统的存储方式容量有限、效率无法保证，很难满足当今世界日益增长的海量数据的存储需求。

随着云计算的发展，从云计算的概念上延伸和发展出了云存储的概念。所谓云存储，就是通过网络技术、集群应用或者分布式文件系统等应用软件，将不同类型的存储设备集合起来协同工作，共同对外提供数据存储。云存储可以很好地克服传统存储方式的不足，并且很好地和云计算相结合，具有较高的可扩展性和容错性，并且很快地成为研究热点。分布式文件系统作为云存储的核心基础，也成为云存储研究的重点内容。分布式文件系统抽象原理如图 4-1 所示，它管辖很

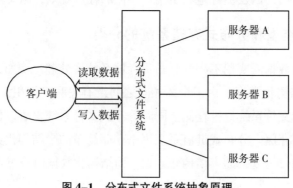

图 4-1　分布式文件系统抽象原理

多的服务器用于存储数据，但对用户是透明的，也就是说用户通过这个文件系统存储数据时感觉不到是存储在不同的服务器上的，读取时也感觉不到数据是从不同的服务器读取的。

分布式文件系统是云平台的关键组成部分，负责云计算系统里海量数据的存储。分布式文件系统将数据分散存储在不同的存储节点上，并且对这些节点上的存储资源进行统一的分配和管理，有效地解决了本地文件系统所支持的文件大小、数量上的不足，同时数据分散的存储模型，能够很好地与 MapReduce 并行计算框架相配合，为海量数据处理问题提供了一种有效的解决方案。

云计算环境下的分布式文件系统与传统的网络文件系统（如 NFS、AFS、DCE/DFS）相比，其体系结构、系统规模、可扩展性、可用性等都有着很大的变化。在云环境下，越来越多的分布式应用被开发出来，不同的应用对应着不同的应用特征，也有着不同的 I/O 需求，因此，现有的分布式文件系统一般都是针对特定类型的应用而设计出来的。例如，Google 设计的分布式文件系统 GFS，就是专门为了满足搜索引擎的应用需求而设计出来的，为了满足上层的 MapReduce 分布式计算，专门对大文件的存储做了优化；而 Hadoop 所采用的文件系统 HDFS 是 GFS 的开源实现，基本上也是针对大文件的存储，在处理海量小文件的时候性能会受到限制；淘宝文件系统 TFS，是淘宝网为了存储海量的商品图片和描述等小文件而设计出来的，因此其内部专门对小文件的存储做了优化。

分布式文件系统的提出，极大地推动了云计算产业的发展，但同时也带来了数据存储的可靠性和一致性问题。为了解决数据的可靠性和一致性，Google 提出了 GFS（Google Fie System）分布式文件系统，受 GFS 的启发，很多类似的分布式文件系统相继出现，比如 HDFS、TFS、LustreFS 等，尽管这些分布式文件系统有很多相似之处，但是也都各具特色。

HDFS 分布式文件系统主要是针对大文件的存储、适用于一次写入多次读取的存储模型；TFS 分布式文件系统则针对海量小文件的存储与处理做了优化、支持多次写入；Lustre 分布式文件系统则适合众多客户端并发进行大文件读写的场合。

二、HDFS 分布式文件系统

HDFS 是 Hadoop 自己实现的分布式文件系统（Hadoop Distributed File System），是 Google 分布式文件系统 GFS 的开源实现。设计初衷就是要在大量通用的廉价机器上搭建一个高度容错性的分布式文件系统。

（一）HDFS 文件系统体系架构

HDFS 采用主从式架构，一个 HDFS 集群一般由一个 Name Node 和多个 Data Node 组成，其体系架构如图 4-2 所示。Name Node 节点是一个 Master 节点，负责管理整个 HDFS 的元数据信息、文件系统的名字空间、客户端对文件的访问、数据块到具体 Data Node 的映射。Name Node 负责执行文件系统的名字空间操作（如打开文件、关闭文件、重命名文件或者目录）。

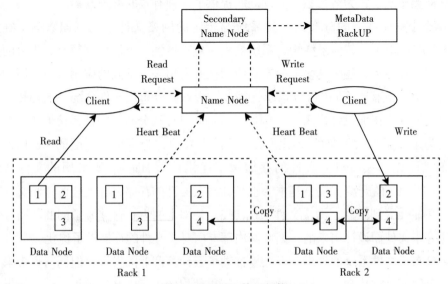

图 4-2 HDFS 体系架构

Data Node 节点则是 Salve 节点，负责管理它所在节点上的数据存储。在 HDFS 内部，每一个文件都会被分割成一个或者多个数据块，这些数据块就分别存储在各个 Data Node 上。Data Node 负责实际的客户端读写请求。Secondary Name Node 是负责备份元数据信息的，Name Node 中的元数据信息保存在 FSImage 和 Edit Log 这两个文件中，Secondary Name Node 只不过是定期的从 Name Node 拷贝这两个文件到本地目录，确保在 Name Node 宕机时可以将 HDFS 恢复到宕机之前的状态，并不能替代 Name Node 提供服务。

Data Node 与 Name Node 之间的通信是通过心跳（Heart Beat）机制来实现的，Data Node 定期向 Name Node 发送 Heart Beat，如果 Name Node 长时间没有收到来自某一节点发送过来的 Heart Beat，就判断该 Data Node 的连接已经中断，不能继续提供服务，并将该节点标记"Dead Node"。同理，当新增加一个 Data Node 节点时，Name Node 收到来自新节点的 Heart Beat，则可以根据 Heart Beat 中所包含的信息，将新的节点加入到可用节点中，方便了 HDFS 的扩展。

（二）HDFS 写数据流程

HDFS 写数据流程如图 4-3 所示，写入数据的步骤如下：

（1）客户端首先向 Name Node 发出创建文件请求。

（2）Name Node 节点首先要确认新文件原来并不存在，其次在文件系统的命名空间中添加新文件的信息，最后授权给客户端创建新文件。

（3）客户端开始写入文件，文件的写入是分块进行的，对每一个数据块的写入，Data Node 都需要向 Name Node 申请分配数据节点。

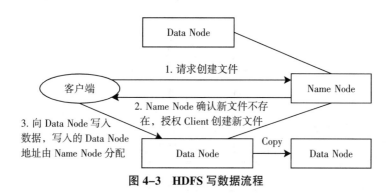

图 4-3 HDFS 写数据流程

在写入文件时，默认每个数据块需要保存三个副本，因此 Name Node 会返回三个 Data Node 节点地址给客户端，然后客户端将文件写入到第一个 Data Node 节点，第一个 Data Node 节点写入完成后发送给第二个 Data Node 节点，第二个 Data Node 节点写完后再发送给第三个 Data Node 节点。只有当所有的数据块都写入完成后，客户端才会告知 Name Node 文件写入完毕。

HDFS 为了简化数据一致性问题，支持高吞吐量的数据并发访问，被设计成"一次写入多次读取"的文件访问模型。也就是说，一个文件一旦创建，写入和关闭以后就不能再改变，除非修改以后重新上传。这种文件访问模型非常适合搜索引擎、网络爬虫、Map/Reduce 类的应用。

（三）HDFS 读数据流程

HDFS 读数据流程如图 4-4 所示，读取数据的步骤如下：

（1）客户端首先向 Name Node 发出读数据请求。

（2）Name Node 中保存了所有文件的元数据信息，以及每个数据块到具体 Data Node 的映射。当 Name Node 接收到客户端的读数据请求时，将实际存储该文件 Data Node 的地址返回给客户端。

（3）客户端通过 Name Node 返回的一系列 Data Node 地址，到相应的 Data Node 去读取数据。在读取文件时，HDFS 客户端是直接与 Data Node 进行数据交互的，Name Node 只是处理地址请求，并不提供数据服务。由于数据只是在各个 Data Node 之间流动，使得 HDFS 可以同时处理大量并发的客户端读请求。因 Name Node 需要将所有文件的元数据信息都加载到内存中去，每个文件、目录和块的元数据信息约占 150 字节，因此 Name Node 所在节点内存的大小直接限制了 HDFS 文件系统所支持的文件数量。这也是 HDFS 在处理海量小文件时性能欠佳的原因。

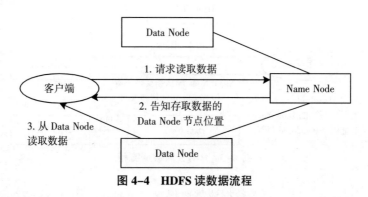

图 4-4 HDFS 读数据流程

（四）HDFS 文件系统容错机制分析

HDFS 在实现的时候，为了保证文件系统的可用性和可靠性，实现了多种有效的容错机制，具体包括如下几个方面：

1. 元数据备份机制

HDFS 在运行时，会将所有元数据信息都加载到 Name Node 的内存，一旦 Name Node 发生意外宕机，内存中的数据将全部丢失，HDFS 文件系统数据的一致性得不到保证。

为了保证元数据的可靠性，HDFS 采用了检查点日志的技术，将元数据信息保存到 Name Node 的本地磁盘进行持久化存储，具体实现时涉及两个重要的文件：FsImage 和 Edit Log 文件。其中 FsImage 文件是内存中的元数据在磁盘上的检查点（Check Point），而 Edit Log 文件则保存了自检查点之后所有对元数据进行的操作日志，一旦 Name Node 宕机，重新启动时，只需将 Check Point 的元数据信息从 Fslmage 文件加载到内存，然后将 Edit Log 文件中所有的操作重新执行（Replay）一遍，就能将 HDFS 文件系统恢复到系统宕机之前的状态。

Secondary Name Node 负责元数据镜像的备份，在 Name Node 宕机或者 Name Node 进程出问题时，Name Node 的 daemon 进程可以通过人工的方式从 Name Node 进程所在的节点上拷贝一份 metadata（Fslmage+Edit Log）来恢复 HDFS 文件系统。

为了验证 HDFS 分布式文件系统对元数据损坏的容错能力，可以针对 HDFS 保存元数据的本地文件和目录注入读或写失效故障，模拟元数据损坏的故障，观察 HDFS 对元数据文件损坏的容错处理能力。

2. 多副本冗余备份机制

HDFS 集群是部署在大量廉价的 PC 机器上的，因此 HDFS 在设计时就认定单节点故障是常发事件。在这种情况下，为了保证数据的可靠性，HDFS 采用了多副本冗余备份的机制，将每一个数据块保存多个副本（副本数可配置，默认每个数据块保存三个副本）。这样当一个 Data Node 节点上的数据丢失或者损坏以后，其他的节点上还有副本，有效地防止数据的丢失，确保文件系统数据的可靠性。

HDFS 在选择数据节点存放数据块副本时，默认对每一个数据块保存三个副本。这种多副本冗余备份机制的实现，使得 HDFS 集群在 Data Node 节点发生意外断电、磁盘扇区损坏或其他软件错误导致的数据块副本失效等故障时，系统仍然能够正常对外提供可靠的存储服务。

为了验证 HDFS 分布式文件系统多副本冗余机制的有效性，可以针对 Data Node 节点、数据块保存在本地的文件或目录进行相应的故障注入，观察在 HDFS 分布式文件系统出现数据块读写失效故障、Data Node 节点宕机故障或者 Data Node 进程失效故障等时，HDFS 是否仍然能够保证数据的可靠性和一致性。

3. 心跳检测机制

HDFS 是由 Name Node、Data Node 和 Secondary Name Node 等节点组成，为了保证系统的正常运行，HDFS 的 Master（Name Node）节点需要对各个 Slave（Data Node）节点的状态进行检测。Data Node 与 Name Node 之间的通信是通过心跳（Heart Beat）机制来实现的，Name Node 启动的时候会开一个 ipc server 用于等待 Data Node 的心跳，每一个 Data Node 启动时都会连接 Name Server，并且

每隔三秒钟就会主动向 Name Server 发送一个 Heart Beat（这个时间用户可配置），将自己的状态信息告诉给 Name Node。

Data Node 通过心跳信息向 Name Node 汇报的内容主要包括 Data Node 的容量、已用空间、剩余空间、传输的 Block 数等。同时，Name Node 通过心跳的返回值，向 Data Node 传送各种指令。当 Name Node 长时间没有收到某一 Data Node 的心跳信息时，就判断该 Data Node 已经不可用，并将该节点标记"Dead Node"；当新增加一个 Data Node 节点，新节点启动之后会通过心跳信息向 Name Node 汇报自己的信息，Name Node 根据此心跳信息所包含的内容将此节点加入到系统的可用节点中，方便了 HDFS 的扩展。Name Node 通过心跳机制对各 Data Node 进行监控，一旦某一 Data Node 节点宕机或者出现网络故障，导致无法向 Name Node 发送心跳信息，会导致该 Data Node 上的数据块在系统中备份数少于设定值，Name Node 检测到副本数不足的数据块时会通知其他拥有该数据块的节点对该数据块进行复制，并传送到另外一台正常工作的 Data Node 节点上。

心跳机制的实现，在本质上还是依赖于网络，这里可以通过模拟各种网络故障，对 HDFS 进行网络故障注入，观察 HDFS 对于网络故障的容错能力。

4. 数据校验机制

通过网络进行操作的过程中，难免会出现数据丢失，数据传输量越大，出错的概率越高。为了保证数据传输过程中内容的一致性，需要对文件内容进行校验，常见的校验错误的办法是在传输前计算一个校验和，传输完成后，重新计算校验和，如果两次校验和不同，则说明数据在传输过程中出现错误。

HDFS 为了保证数据的完整性和一致性，采用了多种校验机制。首先，当客户端向 Data Node 写入数据时，每一个要传输的数据包都会切分出 512 字节大小的段作为校验的基本单位。即 HDFS 每 512 个字节就会计算一次校验和，目前校验和采用的是 JavaSDK 提供的 CRC 算法计算得到的，本质上是一个奇偶校验。当数据包传输到流水线的最后一级，Data Node 会对数据包中的校验和进行验证，一旦发现错误，就会抛出 ChecksumException 到客户端，整个数据包的写入无效。

其次，HDFS 在写入新文件时，会针对每一个 Block 计算校验和，保存在.meta 文件中，每一个数据块对应一个后缀为.meta 的文件，该文件里保存了数据块的属性信息（包括版本信息、类型信息和 Checksum）。当客户端从 Data Node 读数据的时候，也要进行校验和检验，如果客户端发现某一个 Block 的校验和失败，则 Name Node 会将该 Block 标记为已损坏，并且不会将客户端指向这个 Block，也不会复制该 Block 到其他的 Data Node。Name Node 还会把一个好的 Block 复制到另一个 Data Node，同时把坏的 Block 删除掉。

除了对数据的读写操作会发生数据错误，硬件本身也会发生数据错误（比如说位衰减 bit rot），因此 Data Node 节点上还运行着一个名为 Data Block Scanner 的后台线程，该线程定期的对保存在 Data Node 上的所有 Block 进行校验操作，如果发现数据块损坏，Data Node 会通知 Name Node，然后 Name Node 会标记该 Block 为已损坏，并进行一系列的故障恢复处理。

数据校验机制是 HDFS 分布式文件系统确保数据可靠性和一致性的重要手段，这里可以针对校验文件进行故障注入，观察在校验文件失效的情况下，HDFS 是否仍然能够保证数据的一致性和可靠性以及 HDFS 能否从故障中恢复过来。

三、TFS 分布式文件系统

TFS（Taobao File System）是淘宝内部使用的分布式文件系统，承载着淘宝主站上所有的图片、商品描述等数据存储。TFS 的设计初衷就是要面向海量小文件的，故而在设计上对海量小文件的随机读写访问性能做了特殊优化。与 HDFS 类似，TFS 也是采用的主从式架构，包含一个 Master 节点和多个 Slave 节点。为了保证数据的可靠性，也是以 Block 的形式复制多份，并且分别保存在不同的数据节点上。

但是 TFS 内部的存储机制与 HDFS 有很大的不同，TFS 的每个 Block 是由大量的小文件组成的，每一个 Block 在集群内都有唯一的逻辑块号（Blockid），实际 Block 都是保存在数据节点上的，逻辑块号到物理块的映射由主节点负责完成。每个 Block 又分为"主块+扩展块"的形式（一个主块+多个扩展块）。在 Block 内部，每个小文件都会用 Fileid 来标识，通过 Blockid+Fileid 的形式就能访问到文件内容。

（一）TFS 文件系统体系架构

TFS 采用主从式架构，一个 TFS 集群由两个主节点（Name Server，一主一备）和多个从节点（Data Server）组成。其体系架构如图 4-5 所示。

Name Server 节点负责管理和维护 Block 和 Data Server 的相关信息，包括 Data Server 加入、退出、心跳信息，Block 和 Data Server 对应关系的建立和解除。同时也负责 Block 的创建、删除、复制、整理、均衡，并不负责实际数据的存储和读写。

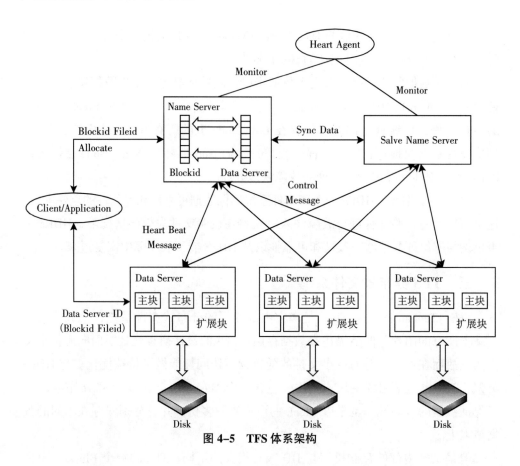

图 4-5　TFS 体系架构

Data Server 节点负责实际数据的存储和读写，正常情况下，每一个 Block 都会在多个 Data Server 节点上存在，也就是说每一个文件都有多个备份，确保了数据的可靠性。在 Data Server 节点上，Block 都是以"主块+扩展块"的形式存在的，一个 Block 对应一个主块和多个扩展块。扩展块的应用是为了在文件大小发生变化时，如果主块的存储空间不够的话可以将数据放到扩展块里面。Data Server 内部为每一个 Block 保存了一个与该 Block 对应的索引文件（Index），在 Data Server 启动时会把自身所拥有的 Block 和对应的 Index 加载到内存。

Slave Name Server 是 Name Server 的备份节点，它与 Name Server 互为热备，同时运行，并且 Name Server 上所有的操作，都会在 Slave Name Server 上重新执行一遍，这样当 Name Server 宕机后，Heart Agent 可以迅速地切换至备份主节点，仍然能够正常对外提供服务。

一个 Data Server 服务器上一般会有多个 Data Server 进程存在，每个 Data

Server 进程负责管理一个挂载点（一般是一个独立磁盘上的文件目录），降低磁盘损坏带来的影响。

（二）TFS 写数据流程

TFS 写数据流程如图 4-6 所示，写入数据的步骤如下：

（1）客户端首先向 Name Server 发出创建文件请求。

（2）Name Server 收到请求后，根据各 Data Server 上的可写块的容量和负载加权平均来选择一个可写的 Block，并将 Blockid 和包含该 Block 的 Data Server 列表返回给客户端。

（3）客户端从 Name Server 返回的 Data Server 列表中选择一个 Data Server 作为 Master，负责数据的写入。

（4）Master Server 写入完成后，同时将数据传输到其他的 Data Server 节点。

（5）所有的 Data Server 节点都写入成功时，负责写数据的 Master 节点才会向 Name Server 提交写请求。

（6）Name Server 更新 Block 版本，确认写操作完成。

（7）Master 节点向客户端返回写结果。

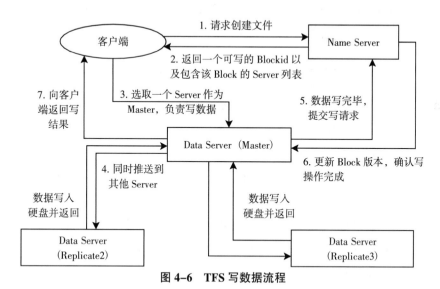

图 4-6　TFS 写数据流程

在写入文件时，客户端需要从 Name Server 返回的 Data Server 列表中选择一个 Data Server 作为 Master 节点，这个选择过程需要根据 Data Server 的负载以及当前作为 Master 的次数来计算，使得每个 Data Server 作为 Master 的机会均等，

Master 一旦选定，则直到数据写入完成都不会再更换，除非 Master 宕机，一旦 Master 宕机则需要从剩余的 Data Server 中选择一个新的节点作为 Master，重新执行写操作。

（三）TFS 读数据流程

TFS 的读数据流程如图 4-7 所示，需要注意的是，TFS 抛弃了传统文件系统的目录结构，也就是说在 TFS 文件系统内，没有目录和路径一说，根据文件的块号（Blockid）和文件号（Fileid）就能定位到具体的文件。TFS 的文件名由 Blockid 和 Fileid 通过某种对应关系编码组成，解码的时候，根据文件名就能解析出 Blockid 和 Fileid。

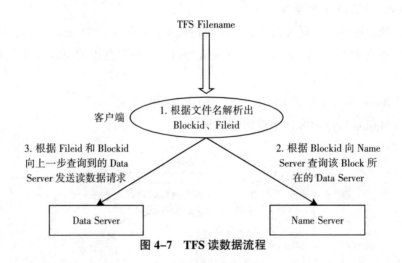

图 4-7　TFS 读数据流程

TFS 读取数据的步骤如下：

（1）客户端根据 TFS 文件名，解析出该文件的块号（Blockid）和文件号（Fileid）。

（2）根据 Blockid 向 Name Server 查询该 Block 所在的 Data Server。

（3）根据 Fileid 和 Blockid 向上一步所查询的 Data Server 节点发送读文件请求。

由于 TFS 是把大量的小文件放在一个 Block 里面的，Data Server 内部为每一个 Block 维护了一个与该 Block 对应的索引文件，通过 Fileid 可以在索引文件中查到该文件在 Block 中的偏移量，从而准确地读出文件内容。

（四）TFS 文件系统容错机制分析

TFS 为了保证文件系统的可用性和可靠性，也实现了自己的一套容错机制，具体包括如下几个方面：

1. Name Server 备份机制

Name Server 采用了 HA 结构，一主一备，TFS 运行时会同时启动两台服务器作为 Name Server，这两台互为主备，其中主 Name Server 绑定对外服务 IP，当主 Name Server 发生故障宕机，Heart Agent 可以迅速将 IP 绑定到备 Name Server，同时将备 Name Server 切换为主 Name Server 继续对外提供服务。

备 Name Server 在启动之后，会进入等待循环，开始接收主 Name Server 发送过来的元数据同步信息和心跳，但是并不对外提供任何信息，也不接收其他任何消息。

2. 多副本冗余备份机制

与 HDFS 类似，TFS 也采用了多副本冗余备份的机制，即每一个数据块在 TFS 中存在多份（一般为三份），并且分布在不同网段的 Data Server 上。需要注意的是，TFS 是以 Block 的方式组织文件的存储，且一个 Block 里包含很多个文件。因此，TFS 文件的复制也是基于 Block 的，不存在文件的复制，复制出来的 Block 的 Blockid 与原 Block 的 Blockid 应该是一致的。

写文件时，对客户端的每一个写入请求，必须在所有的 Block 里都写入成功才算写成功。读文件时，如果出现磁盘损坏或者 Data Server 宕机的情况，Name Server 会通知客户端从具有该 Block 的其他 Data Server 上读取数据。

3. 心跳检测机制

TFS 中 Data Server 与 Name Server 之间的通信也是通过心跳机制实现的，Name Server 通过 Data Server 发送过来的心跳信息，对 Data Server 的加入或者退出进行监控，维护所在集群的 Data Server 信息列表（包括每个 Data Server 的总容量、已用容量、Block 数量、当前负载等信息）。同时通过心跳的返回值向 Data Server 发起对 Block 的创建、删除、读取、复制等操作指令。

当有服务器发生故障或者下线退出时，Name Server 收不到来自其发送的心跳信息，默认存储在该节点上的数据块已经不可用，由于数据块的多副本冗余机制，客户端可以向其他拥有该数据块的节点读取数据，因此并不影响 TFS 提供正常的服务。同时，Name Server 会检测到备份数减少的 Block，TFS 会启动复制流程，将这些 Block 尽快复制到其他 Data Server 上去，确保每一个 Block 的备份数都不少于最小备份数。

4.数据校验机制

为了保证数据的一致性，TFS 会对每一个文件记录其 crc 校验码，当客户端读取文件时，如果发现 crc 校验码和文件内容不匹配时，会放弃本次读取，并自动切换到一个好的 Block 上读取数据。同时 TFS 会对损坏的 Block 进行标记，并且能够自动修复单个文件损坏的情况。

（五）HDFS 与 TFS 的比较

HDFS 与 TFS 二者都是典型的云环境下的分布式文件系统，它们各自具有自己的特点和适用的应用场景。

HDFS 是 Google 的 GFS 分布式文件系统的开源实现，与 GFS 类似，主要针对大文件的处理，支持高吞吐量的数据并发访问，被设计成"一次写入多次读取"的文件访问模型。这种文件访问模型适合为搜索引擎、网络爬虫、Map/Reduce 类的应用提供存储服务。HDFS 并不适合用来存储海量的小文件，这是由于 Name Node 在运行时，需要将文件系统中所有文件的元数据都加载到内存，Name Node 节点的内存大小直接限制了 HDFS 支持的文件数目。

TFS 是淘宝针对自己商业网站的需求自行研发的一种存储系统。我们知道淘宝主站上所有的图片、商品描述等都是一些小文件，如果用 HDFS 来存储的话，并不具备良好的性能。因此淘宝为了解决海量小文件的存储和读取需求，设计了 TFS 文件系统。

同时，HDFS 和 TFS 也有很多相似之处。首先，它们都是主从架构的；其次，它们都使用了多副本冗余备份的机制，在一个数据节点发生磁盘错误或者节点宕机时，仍然能从其他节点获取完好的副本，确保系统数据的可靠性；再次，它们都采用了心跳检测机制，Master 节点通过检测 Slave 节点发送过来的心跳信息，维护并更新集群的信息，方便了集群的扩展（增加节点时，不需要重启系统，Slave 节点启动后，通过心跳与 Master 节点通信，并向集群汇报自己的信息）；最后，它们都采用了数据校验的机制，有效避免了由于数据损坏带来的数据不一致性问题。

四、Lustre

Lustre 是一个开放源码的、基于对象存储的高性能分布式集群文件系统，它来源于卡耐基梅隆大学的 Coda 项目研究工作，最初是由 Cluster File Systems Inc.（CFS）开发，目前开放的稳定版本为 2.0，在其官方网站可以自由下载。Lustre

针对传统分布式文件系统中存在的高性能、高可用性以及可扩展性问题，综合了开放标准，基于 Linux 操作系统实现了标准的 POSIX 兼容文件系统，采用基于意图的分布式锁管理机制，以及元数据同存储数据相分离的方式，融合了传统分布式文件系统（如 AFS 和 Locus CFS）的特色和传统共享存储集群文件系统（如 Zebra、Bekeley XFS、GPFS、Calypso、InfiniFile 和 GFS）的设计思想，形成一个可靠的和网络无关的数据存储以及恢复方案。本节将对 Lustre 的体系结构、网络通信以及使用的其他各种技术进行分析和研究。

（一）Lustre 体系结构

Lustre 是一个有状态的基于对象的文件系统。它将块设备格式化为一种本地日志文件系统，如 ext3、ext4、ldiskfs、ReiserFS、zfs 等，并将其作为存储目标设备。每个对象是存储于目标设备中具有智能的一个文件对象。图 4-8 给出了 Lustre 文件系统的体系结构。它由三个部件组成：元数据服务器（Metadata Servers，MDSs）、对象存储服务器（Object Storage Servers，OSSs）和客户端。MDS 主要提供元数据服务，管理整个文件系统的命名空间。每个文件系统的 MDS 有一个元数据目标设备（Metadata Target，MDT），每个 MDT 保存文件元数据对象，如文件名称、目录结构和访问权限等。OSS 导出块设备，提供文件 I/O 服务。每个 OSS 管理一个或者多个对象存储目标设备（Object Storage Target，OST）。OST 用来存储文件数据对象。文件数据可以被条带化到多个位于不同 OST 上的数据对象中，以提供快速的并发读写性能。MDS 保存并维护包含有数据对

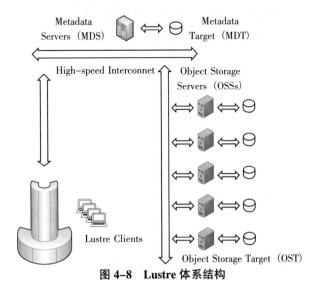

图 4-8 Lustre 体系结构

象定位索引信息的文件分布布局属性。客户端实现了 POSIX 文件系统接口，如 open( )、read( )、write( )等，通过共享的高性能网络来访问文件服务。

对于客户端而言，Lustre 是一个透明的文件系统，它无须知道具体数据所在的位置，可以透明的访问整个文件系统的数据。在 Lustre 文件系统中，客户端与 OSS 主要进行文件数据的交互，包括文件 I/O 锁操作、文件数据的读写和对象属性的改变等；同 MDS 进行元数据的交互，包括目录管理、命名空间管理等。MDS 与 OSS 交互，进行数据对象的创建、对象状态的查询以及数据对象的恢复等操作。三个子系统的交互关系如图 4-9 所示。Lustre 被设计成为一个具有高度模块化的层次体系结构。图 4-10 给出了 Lustre I/O 系统的组件视图。在 Linux 中，POSIX 兼容的文件系统调用是通过 VFS 层来实现的。Lustre 的 lite 层的主要功能是实现这些 VFS 接口。所有的文件操作首先达到 Lustre lite 层，然后通过整个 Lustre 软件层次结构来访问文件系统。OSC（Object Storage Client），顾名思义，是 OST 提供服务的客户端。LOV（Logical Object Volume）的功能就像一个构建于多个 OSC 上的虚拟的对象存储设备。通过它来解释文件布局信息，客户端从而可以将 I/O 通过 OSC 定向到包含有数据对象的对应的 OST 上。Lustre 使用 import/export 对来建立客户端服务器间的通信通道，并管理它们之间有状态的连接。通过 import，OSC 可以向 OST 发送请求或者接收来自 OST 的回复消息；同样地，OST 可以通过对应的 export 接收处理来自客户端的请求，并发送回复消息。在 Lustre 中，客户端服务器间的恢复状态也是由 import 和 export 进行管理。Lustre 实现了分布式锁管理器功能，支持文件并发访问所需的细粒度锁服务。基于分布式锁管理器，它还实现了客户端数据写回缓冲。

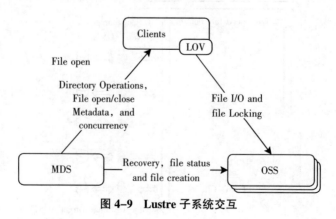

图 4-9　Lustre 子系统交互

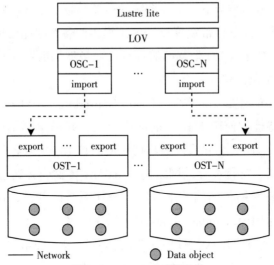

图 4-10 Lustre 系统组件

图 4-11 显示 Lustre 文件打开和文件 I/O 的过程。其中类似的，MDC（Meta Data Client）是元数据服务器提供服务的客户端模块。当打开文件时，客户端先通过 MDC 与 MDS 交互获得文件对象布局属性（该属性保存在元数据对象的扩展属性中）；在进行文件读写时，根据已获得的数据对象布局属性，在范围锁的保护下可以与多个 OST 直接进行并行数据 I/O 交互，从而大大提高了聚合 I/O 性能。

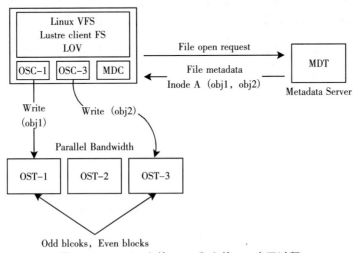

图 4-11 Lustre 文件 open 和文件 I/O 交互过程

177

在 Lustre 这种体系结构下，文件系统的存储容量等于所有存储目标设备容量之和，文件系统可用的聚合带宽等于 OSS 可提供给各个存储目标设备的聚合带宽之和。总之，容量和聚合 I/O 带宽都随着 OSS 服务器的数目的增加而扩展。

（二）Lustre 网络通信

在本节我们将介绍 Lustre 网络（Lustre Networking，LNET）的体系结构和主要特征以及这些特征如何用于 HPC 的网络应用，并描述 LNET 如何实现负载均衡和高可用网络。Lustre 文件系统的数据传输协议 LNET 兼容了目前的各种高性能的网络设备协议，支持在存储网络内的 RDMA 传输，并通过路由支持多种网络类型。为了提高网络传输的效率，减少操作系统的开销，Lustre 的网络协议 LNET 在很多地方借用了 Sandia Portals 消息传递协议。

LNET 被设计成具有层次软件模块化的体系结构。Lustre 文件系统使用远程过程调用（RPC）API 接口来实现恢复和数据传输，而这些 API 会调用 LNET 消息传递 API。LNET 的网络堆栈由四部分组成，即网络设备驱动程序（Lustre Network Drivers，LNDs）、消息传递层、NIO 数据移动层、请求处理层。Lustre 的网络堆栈如图 4-12 所示。

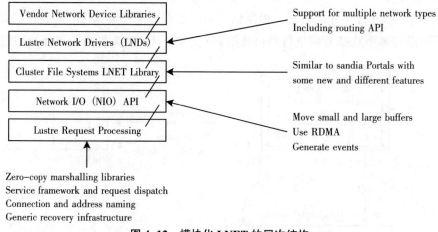

图 4-12　模块化 LNET 的层次结构

在 Lustre 网络堆栈的最下层是网络设备驱动 LND，每种网络类型都实现为一个 LND，LNET 体系结构通过支持可插入网络设备驱动来提供对多种网络类型的支持。在大多数情况下，设备的驱动都是可用的，但是有时候仍然需要利用 RDMA 的优势进行消息传递。在设备驱动程序的上层是消息传递层，在 Lustre

中，该层使用了轻量级消息传递 API。与 Portals 类似，LNET 使用 NAL（Net Abstraction Layer）来屏蔽底层网络的差异，为 Lustre 提供统一的消息传递接口。在消息传递层的上面是网络数据移动层。网络堆栈的最上层是请求处理层，提供了用于分发请求、提供回复的 API 以及基本的恢复构架。

除了 TCP 协议外，LNET 几乎为所有网络类型都提供了 RDMA 支持。通过使用 RDMA 技术，节点可以在极其低的 CPU 利用率下达到几乎全部的可用带宽。这对于忙于运行其他软件（如 Lustre 服务器软件）的节点特别有利。LND 则可以自动利用 RDMA 的特性进行大消息传递，来获得性能的提升。

LNET 可以虚拟化多个网络接口，将它们聚合为一个 NID 提供给用户使用。在概念上，它与使用 802.3ad 动态链路聚合协议来聚合以太网接口类似。图 4-13 显示了 LNET 的链路级负载均衡和故障接管功能。它基于可用的网络吞吐率来实现所有链路的负载均衡，并提供链路级的高可用性。如果一个链路发生失效，其他的链路通道可以透明的继续提供通信服务。

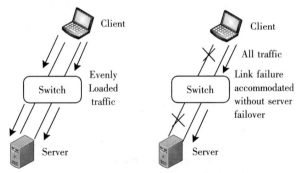

图 4-13　链路级负载均衡和故障接管

LNET 目前支持多种底层网络协议类型，包括比如 TCP/IP、Elan、VIA、InfiniBand、Ethernet、Quadrics、Myrinet、Cray Seastar 和 RapidArray 等。LNET 通过新颖的构架和底层灵活的模块组合，有效地支持高层的协议，不仅可以支持应用程序级的消息传递接口，如 MPI 等，更可以满足高性能文件系统的需要。

（三）Lustre 的可用性

在存储集群中，服务器系统通常配置有大量的存储设备，为成千上万个客户端提供服务。一个集群文件系统应该通过高可用机制来透明地处理服务器重启或者失效。当服务器失效时，访问文件系统的系统调用在执行过程中仅仅是感觉到稍微的延迟而察觉不到失效，也就是说文件服务的恢复过程对应用应该是透明的。

故障接管（failover）机制是一种常用的高可用手段。在 HPC 系统中，缺乏健壮的故障接管机制可能会导致任务挂起或者失败，从而不得不重新开始，有时甚至要重启集群，这是难以接受的。Lustre 的故障接管机制可以保证文件系统调用的完成，并对应用完全透明。

在 Lustre 文件系统中，每个存储服务器节点（MDS/OST）都可以配置故障接管服务器，两个服务器一般共享一个存储设备。图 4–14 显示 Lustre 文件系统中 OSS 和 MDS 的故障接管配置。在 Lustre 文件系统中，MDS 通常配置为 active/passive 对，MDS2 是 MDT 的备用服务器，MDS1 是 MDT 的当前活跃服务器。而 OSS 则一般为 active/active 配置，一般将共享存储设备划分为两个独立的分区，每个 OSS 负责并导出一个分区进行服务，这样就可以提供部件冗余而没有额外的开销。通常备用 MDS 一般用作另一个 Lustre 文件系统活跃的 MDS，这样在集群中就没有空闲的节点。

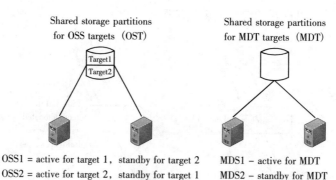

OSS1 = active for target 1，standby for target 2　　MDS1 – active for MDT
OSS2 = active for target 2，standby for target 1　　MDS2 – standby for MDT

图 4–14　OSS 和 MDS 的故障设置

前面提过，在 HPC 系统中，软件错误占 20%，大量是系统设计缺陷，修复主要采用升级的方式在后台解决。Lustre 健壮的故障接管机制结合软件版本间的互操作性（Interoperability），使得它能够支持对活跃的集群进行滚动软件升级。Lustre 的恢复特征允许服务器在不关闭系统的情况下被升级。服务器只是简单的下线，更新然后重启（或者故障接管到一个已经准备好新软件的备用服务器）。所有活跃的任务仅仅是经历短暂的延迟，可以不发生错误的继续运行。结果，Lustre 的故障接管功能现在被用作常用的软件更新方法。它不需要关闭集群节点，并大大减少了软件系统的维修时间，提高了系统的可用性。

Lustre 文件系统是有状态的，在重启或者故障接管的恢复过程中，需要重构服务器的状态。在第七章我们将详细介绍 Lustre 的恢复协议以及它实现透明恢复的工作原理。

（四）Lustre 可扩展 I/O 模型

我们的研究主要针对可扩展集群文件系统 Lustre 展开。本节将随着 I/O 路径从客户端、服务器到最终的磁盘系统来分析 Lustre 的可扩展 I/O 模型。

对大规模科学计算应用的文件系统工作负载的研究表明，从几百 KB 到几 MB 的大请求非常普遍，而且几乎所有的 I/O 数据都按大请求的形式进行传输的；连续的、彼此独立的 I/O 是最普遍的 I/O 模式之一。根据 HPC 应用的访问特性，为了实现客户端和服务器磁盘系统间高效率的 I/O 流水线，提供可扩展 I/O 性能，Lustre 文件系统采取了一系列措施。

与大多数网络文件系统类似，Lustre 是基于 RPC 来构建分布式服务的，并使用超时机制来检测 RPC 的失效。图 4-15 显示了 Lustre 文件系统客户端服务器I/O

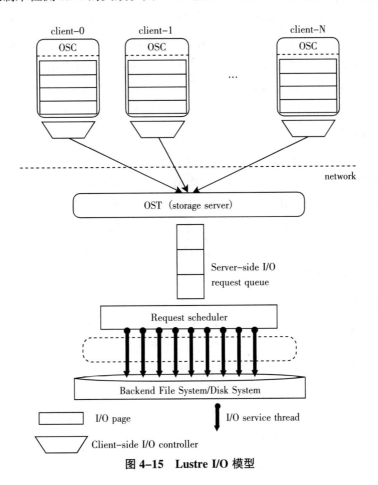

图 4-15　Lustre I/O 模型

模型。它的设计本身已经考虑了拥塞问题。在客户端，Lustre 定义了可调的每个 OSC 最大可缓冲的脏数据量和 I/O 请求并发度信用量（Request Concurrency Credits，RCC），并通过它们来简单地控制单个客户端的 I/O 行为。当客户端缓冲的脏数据量超过了预先该定义的阈值时，客户端 I/O 变成同步的。Lustre 对 bulk I/O 做了很多优化，由于路由限制，批量传输的最大数据大小为 1MB。在 Linux 中，对于 buffered I/O，读写一般以页面为单位进行。此时，LOV 的功能就是将 I/O 页面定向到正确的 OSC；对于每个 OSC，一旦它收集到某个数据对象上足够多的 I/O 页面，就会将它们整合，创建一个优化的 I/O RPC 请求，并立即发送给 OST。由于使用了延迟写和预读技术，创建的优化 I/O RPC 请求几乎都包含有 1MB 批量数据。因此，1MB I/O 是 Lustre 文件系统中最常见的 I/O。每个 OSC 都有一个 I/O 控制器。它控制 I/O 请求的扇出并发度，即客户端服务器间并发处理的 I/O 请求的数目。每个 I/O 控制器都给定一个 I/O 服务配额，也就是前面所说的 I/O 请求并发度信用量（RCC）。它是一个可调的参数。只有当可用的信用量被消耗后，I/O 请求才能被创建并发送；否则，必须等待，直到信用量被释放重新变得可用。以前版本的 Lustre 文件系统使用静态固定的 RCC 策略。为了有效地使用 I/O 流水线，Lustre 默认保持每个客户端服务器间有八个 I/O RPC 请求被并行处理（8RCC）。

如图 4-15 所示，存储服务器 OST 通过一个 I/O 请求队列来管理来自各个客户端的请求，默认按照 FCFS 的顺序处理请求。与 NFS 服务器类似，为了最大化资源利用率，Lustre 使用了线程池模型来并行处理来自客户端的请求。每个 I/O 请求都在一个 I/O 服务线程的上下文中被处理。根据服务器负载状况，服务线程的数目从二变化到最大值 N，其中 N 由服务器 CPU 核的数目和内存容量决定，其最大值为 512。它限制了任何时刻施加于后端磁盘设备 I/O 请求总量，从而控制了磁盘 I/O 延迟。

当前网络文件系统有利用 RDMA 技术来获得性能提升的趋势。Lustre 结合 RDMA 技术，使用带外数据传输模式，大大降低了服务器的 CPU 和内存的利用率，能够提供很好的吞吐率和扩展性。图 4-16 展示了 Lustre 写处理流程，读处理流程类似。由图 4-16 可以看出，Lustre 采用带外数据传输模式，将批量 RDMA 数据传输和初始 RPC 请求分离，这种传输模式有如下几个优点：在传统的带内协议中，通信一直被阻塞直到数据全部发送到服务器；在 I/O 负载过重的情况下，它会产生过多的网络流量，同时要占用大量的服务器内存来缓冲数据做进一步处理。相对地，在带外协议中，与大的数据块相比，初始的 I/O 请求很小，它可以更加公平的到达服务器，而且它避免了在服务器上缓冲大量的数据块。大内存容量的 HPC 服务器缓冲的 RPC 请求的数目可以达到成千上万个。更重要的是，在这种带外数据传输的文件 I/O 协议中，批量数据在网络间的传输是由服务器决定的，其所占用的网络带宽和服务器内存等资源受限于服务器上的工作 I/O 服务线程的数目和磁盘带宽。它避免了传统网络文件系统中客户端驱动的无规律的 I/O 行为未加控制的使用系统资源，从而大大地减少了拥塞的发生。

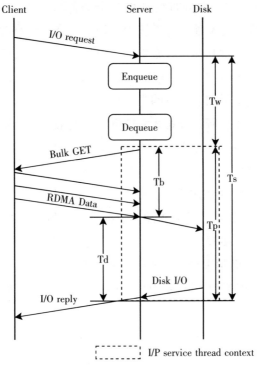

图 4–16　Lustre 写处理流程

为了高效利用客户端服务器 I/O 流水线管道，当 I/O 服务线程上下文环境的 I/O 请求到达磁盘系统时，Linux 的块设备一级的电梯调度器会对它们进行排序合并。对于位于块设备上层的后端文件系统 ldiskfs，Lustre 专门开发了一个块分配器来优化分布式应用的并行 I/O 的块分配。它通过使用预分配技术来避免多个并发块请求导致的文件系统脆片，并尽量将数据对象大的逻辑范围放置到磁盘上尽可能连续的物理范围中，从而减少耗时的磁盘寻道，提高性能。

所有的上述措施使 Lustre 具有了良好的性能和扩展性——通过高速网络，单个 Lustre 服务器可以为大量的客户端提供正常的服务。然而，在 HPC 存储集群中，越多的文件系统客户端意味着存储服务器可能要承载更多的 I/O 请求，最终到后端存储设备会产生更多的磁盘寻道操作。这些会导致高延迟、低的总体性能。有时，它甚至会导致拥塞问题，尤其当来自客户端的 I/O 流突然同时到达同一个服务器时。

（五）分布式锁管理模型

在 HPC 集群中，分布式并行文件系统用于为多个进程的并行访问提供高速可扩展的 I/O。这些进程一般分布在 HPC 集群的各个计算节点上。按照 UNIX 的 POSIX 共享语义标准，在本地文件系统中，如果一个进程修改了某个文件的属性或内容，应该很快能够被其他进程察觉到。但是在分布式文件系统中，按照严格的 POSIX 语义，就意味着对修改要进行即时更新，来维持共享资源的一致性视图。它的直接后果就是增加了大量的为维护一致性管理的开销，不仅实现困难而且会大大降低系统性能。所以分布式文件系统一般采用较为宽松的共享语义。分布式锁管理器技术（Distributed Lock Manager，DLM）为实现对共享存储资源的并发访问，解决一致性冲突，给出了一套行之有效的解决方法。它可以同步多个节点对共享文件资源的并发访问，保证分布式文件系统中访问资源的一致性。

Lustre 通过 DLM 机制实现了文件元数据及其属性的高速缓冲和客户端数据写回缓冲，支持多读者多写者同步，并严格遵守 POSIX 标准。其实现原理与 AFS 类似，通过锁回调的机制来维护数据缓存的一致性；与 Sprite File System 不同，Lustre 的分布式锁管理器为不同的文件操作提供了不同粒度的锁，提高了文件系统锁服务的并发度。

Lustre 分布式锁管理器在很大程度上借鉴了传统的分布式锁管理器的设计理念，在很多地方受到了 VAX DLM 的启发。Lustre 的分布式锁管理器中，主要有两种锁操作类型：元数据操作的锁和数据 I/O 的锁。它们分别由 MDS 和 OSS 来进行处理。下面，将介绍 Lustre 分布式锁管理器模型及其各种基本概念和基本工作原理。

（六）DLM 模型的基本概念

分布式锁管理器为集群系统中相互操作的进程或节点提供同步访问共享资源的机制。它由以下三部分组成：

资源：表示系统中的可以执行锁操作的共享实体，如文件、数据结构等。

锁：表示某个进程或者节点获得对共享资源的访问权限的数据结构。

锁命名空间：表示用来组织和管理共享资源以及资源上的锁的数据结构。

在 Lustre DLM 模型中，当要获得某个对象的锁时，先要将该对象在锁命名空间中以锁资源的形式进行命名。任何资源都属于一个锁命名空间。在命名空间中，资源以树的形式组织起来。每个资源都有一个资源名，而且有一个相应的父资源（根资源除外，其父资源一般设置为 0）。树中每个资源的资源名对它的父资源是唯一的。当要获得某个资源的锁时，系统必须首先获得该资源树中所有祖先资源的锁。从分布式锁管理器的角度来看，命名空间中的资源由最先对该资源请求加锁的访问者创建，DLM 负责创建分布式锁管理的数据结构，该数据结构一般包括共享资源的锁、存储共享资源的内存以及其他相关内容。只有与该资源相关的所有的锁被释放后，DLM 才能删除该资源。

与 VAX 类似，Lustre 支持六种锁模式，如下所示：

（1）独占（EX），允许对资源以独占方式进行读写访问（RW），不允许其他访问者进行任何访问活动。这是传统的独占锁。例如，MDS 处理客户端创建一个新文件的请求时，首先会请求其父目录上的 EX 锁。

（2）保护写（PW），允许持有者对资源进行写访问（W），并且允许它和其他并发的读模式的读访问者共享。其他写访问者不允许访问资源。这是传统的更新锁。例如，当客户端对文件进行写操作时，首先会向 OSS 发出锁请求以获得要访问的数据对象上的 PW 模式的锁。

（3）保护读（PR），允许对资源的读访问（R），并且允许和其他的读访问者共享。其他读访问者不能访问资源，这是传统的共享锁。例如，当客户端对文件进行读操作时，首先会向 OSS 发送要访问数据对象上的 PR 模式的锁请求；当客户端打开文件执行时，它也要先获得对应的文件对象上的 PR 模式的锁。

（4）并发写（CW），允许对资源的写访问（W），并且允许它和其他写访问者共享，并发写模式典型应用于为了取得较好性能而使用的子锁，或者以无保护的方式写。例如，当客户端以写模式打开文件时，MDS 将会授予 CW 模式锁。

（5）并发读（CR），允许多个访问者同时对资源进行读访问（R）。并发读模式通常用于为了取得较好性能而使用的子锁，或者以无保护的方式从资源中读数据（允许对资源的同时读）。当客户端执行路径 lookup 操作时，对于中间路径项，MDS 授予 CR 模式的锁；当客户端以读模式打开文件时，MDS 也授予 CR 模式的锁。

（6）空（NL），不允许访问资源。当没有其他锁存在时，空模式作为占位符用于以后的锁转换或者保存资源和其上下文的方法。

每种锁模式都有一定的兼容性，如果一个锁可以与已经被授权的锁共享访问资源，则称为锁模式兼容。锁兼容性如表4-1所示，其中，"1"表示锁模式可以兼容，"0"表示锁模式冲突。图4-17展示了锁的严格性级别。如果一个锁允许其他访问者共享该资源则称为低级别锁；如果一个锁保证访问者几乎以独占方式访问资源则称为高级别锁。空锁和并发读锁是低级别锁；保护写和独占锁是高级别锁。锁的严格性级别越高，兼容性越差；反之，锁的严格性级别越低，兼容性越好。

表 4-1　锁模式的兼容性

	EX	PW	PR	CW	CR	NL
EX	0	0	0	0	0	1
PW	0	0	0	0	1	1
PR	0	0	1	0	1	1
CW	0	0	0	1	1	1
CR	0	1	1	1	1	1
NL	1	1	1	1	1	1

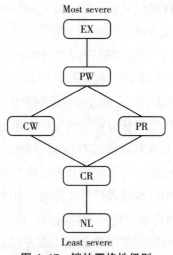

图 4-17　锁的严格性级别

第三节 分布式键值系统

一、引言

虽然以 HDFS 为代表的分布式文件系统非常适合海量数据存储，采用了数据布局的方式，并使用集中式的存储目录来访问数据对象的存储位置。此种方式通过存储目录中节点的信息，将数据的多个副本放置在不同机器上，这样不仅保证了数据的完备性，同时极大地提高了存储数据的安全性和可靠性，但这种基于目录的数据布局方式存在三点缺陷：

第一，低延迟数据访问能力不足。由于 HDFS 设计的初衷以提高吞吐量为目的，因此当处理一些来自用户的低延迟响应处理请求时，HDFS 显得有些无法适从，很可能造成用户无法忍受的处理延迟。

第二，大量小文件的存储能力不足。随着数据量的不断增长，数据目录的长度也会越来越长，这样使得查找所需数据的时间和计算开销也越来越大，一般为了提高定位数据的速度，目录信息需要全部存储于内存中，这样对于 PB 级别的分布式存储系统来说，文件的个数很可能达到亿级别，这样目录信息所需占用的内存将达到 G 级别，一般的单机系统很难承受，由于把文件系统的目录元数据存放于内存中，直接造成了文件系统所能容纳的文件数目受限于由主节点的内存大小，通常来说，每一个文件、文件夹以及 Block 需要占据 300 字节左右的存储空间，这样，如果想存储 100 万个文件，每一个文件占据一个 Block，那么至少需要占用 600MB 内存。虽然就目前来说，数百万的文件的存储还是可行的，但当文件数量扩展至十亿级别时，当前的硬件内存就无法满足需要了。

第三，线程数量过多。由于 Map 任务的数量是由分割大小来确定的，因此用 map/reduC 处理大量的小文件时，会产生许多的 Map 任务线程，线程管理开销将会直接影响系统的作业时间。例如，处理 10G 的文件时，如果每个子文件块为 1M，那就会有 10000 个 Map 线程用于处理；若每个子文件大小为 100M，则只会有 100 个 Map 处理线程。

上述三点缺陷使得当数据量很大同时数据文件很多时，此种基于目录文件系统的方式从定位和内存开销上都是难以接受的，同时，系统的扩展性也很受限制，前人的研究表明基于集中存储目录的布局方式是大规模分布式存储系统实现良好扩展的主要瓶颈。

二、Amazon 的 Dynamo 架构

Dynamo 系统是亚马逊公司著名的 key/value 分布式存储系统，这是一种"去中心化"的分布式存储系统，具有高可用性、高扩展性的特点，但在介绍 Dynamo 系统之前我们先来研究一下传统的散列式布局方式。

（一）基于散列的分布式存储系统的布局方式

传统的散列式布局方式主要通过哈希函数计算数据的哈希值，前端服务器通过对此哈希值取模来定位数据储存的机器。假设有 N 个存储节点组成一个分布式存储系统，采用散列方式将一个数据对象映射到存储机器编号的公式为 hash（data）%N，这样取得的值的范围区间为 0~N-1（整数），分别对应 N 台机器，如图 4-18 所示。

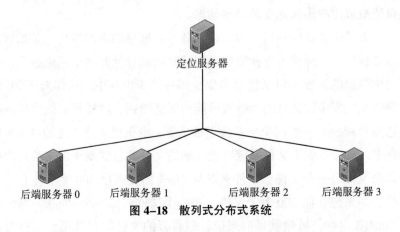

图 4-18 散列式分布式系统

此种布局方式中需要有一台中心服务器用来完成对数据的定位请求，它的优点主要是定位迅速，可以达到 O（1）的时间复杂度，但这种方式存在三点缺陷：

第一，增加删除节点时，对系统影响过大。假设系统中增加一台机器，那么散列计算公式变为 hash（data）%（N+1），这将使得大部分数据的定位发生变化，需要将所有机器节点上的数据重新计算和定位，同时需要暂停数据的读取和更新服务，系统此时无法对外界的访问做出响应，基本处于崩溃状态。

第二，平衡性无法保证。由于未考虑节点的性能差异，同时不同的机器可能

具有不同的负载能力，例如，新加入的机器一般比原来的机器存储能力高，而散列的布局方式又无法动态调整各个机器节点的负载数据量，因此会造成整个系统的存储效率不佳。

第三，单调性问题。单调性是衡量分布式存储系统数据负载均衡的重要指标，单调性是指当一部分数据通过散列计算分配到了相应的机器节点，当又增加了新的数据时，散列的结果能保证原来已分配的数据可以被分配到新的机器节点上而不会被分配到原有的机器节点集合中的其他节点上。

通过上述分析可知，采用散列的布局方式显得过于简单，存在更新删除机器节点开销过大等问题，同时难以满足单调性，但这种布局方式的定位效率很高。

（二）Dynamo 布局方式

1. 一致性哈希算法

为了解决散列式布局存在的增加删除节点代价过高等问题，David Karger 和 Eric Lehman 等提出了一种基于一致性哈希的布局方式。一致性哈希的数据定位原理分为三步：

（1）计算 data 的哈希值，并将所有的哈希值（全集）抽象为一个环状结构，如图 4-19 所示，环上的所有点都有一个固定的哈希值。

$2^{32}-1$ ｜ 0

图 4-19　一致性哈希环形图

（2）计算所有节点的哈希值，并将这些节点映射到环状结构上。

（3）将所有 data 分配到顺时针查找到的最近节点上去，如图 4-20 所示。

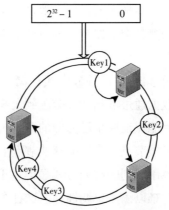

图 4-20　一致性哈希数据分布

一致性哈希的主要优势是节点增删时的影响范围从 N（节点总数）降低到 1（被改动节点附近的一个节点）。当需要新增节点时，比如在数据节点 1 和数据节点 2 之间新增数据节点 4，受影响的数据只有从节点 1 顺时针遍历到节点 2 中的所有数据，受影响的节点只有节点 2。因此，当节点出现变动时，不会造成整个存储空间都需要进行重新映射，代价大大降低。

2. 虚拟节点

当然，由于数据的分布并不是完全随机的，换句话说，当一个一致性哈希系统中有四台机器时，很难保证四台机器上的数据分布均匀，同时，由于不同机器的处理能力和存储能力不同造成单纯的通过一致性哈希模型很难达到系统硬件的最优化利用。因此，在考虑上述因素后，Dynamo 系统引入了虚拟节点的概念。所谓虚拟节点，顾名思义就是将原来的一个节点虚拟化为多个节点，如图 4-21 所示。

我们将原本的 A 节点虚拟为 A1、A2、A3 三个节点，这是原来 A 节点中存储的数据为 [0~A] 范围内的所有数据，现在经过虚拟化后，A 节点将存储 [x~A1]、[x~A2]、[x~A3] 三个范围内的数据，假设同时把 B 和 C 节点都虚拟化，那么整个哈希环上将存在九个虚拟节点，数据的分布比起原来的三个节点将更加合理和均衡，这种技术的应用使得数据的分布大大的随机化，同时每一个数据节点可以动态调整虚拟节点的数量，可以根据机器的物理性能来适当增加虚拟节点数。

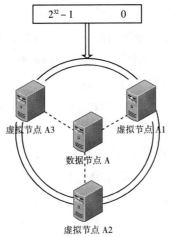

图 4-21 一致性哈希虚拟节点

3. 数据的可靠性

因为 Dynamo 系统使用的是廉价的 PC，无法保证机器的鲁棒性和持久性，硬盘损毁或者是其他原因导致的 PC 不可用将经常性出现。假设一个 1000 台机器的机群，一台 PC 机平均三年会有一次故障产生，这样基本上每天都会有机器坏掉。面对这样的机群，为了服务的稳定性，系统必须保证可以在部分机器出现故障的情况下继续工作。我们可以考虑通过增加系统中数据的备份数量来使得系统的整体可靠性增加。

一种可能的备份方案是对每个节点建立备份节点，这样，如果主节点发生异常，备份节点就可以临时代理主节点继续服务。可是这个方案存在一些问题，如果其中某一台机器坏掉，那么另外一台就成了唯一可提供服务的节点，这时如果这个节点也产生异常，那么整个服务将崩溃，这对于一个以高可靠性为前提的系统是很难接受的。我们刚才估算的 1000 台服务器机群中，每天都有机器产生硬件异常，而异常发生时，需要人工介入才能解决问题。鉴于此，为了保证系统可靠性，工业界一般将安全备份的数量设定为三份。

当备份数目设定三份时，一样有一些需要面对的问题。

第一，备份节点的选择。我们可以按照顺序的方式将一个节点的数据备份至其后两个节点上，例如，A 节点上存储的数据，可以顺序备份到节点 B、C 上，这里需要保证 A、B、C 为不同的物理机器，当在一致性哈希系统中引入了虚拟节点的时候又会出现新的问题，因为很可能 C（或 B）节点和 A 节点在位于同一台物理机器，如果发生这种情况，那么 C（或 B）节点备份将没有任何意义，因此，我们需要引入虚拟节点判断逻辑防止这种情况的出现。

第二，数据的 ACID（原子性、一致性、隔离性、持久性）问题。当一个节点发生故障时，会造成当前数据的备份数量小于三，这时节点上存储的数据需要再次备份至其他节点，虽然原节点失效，但由于其他备份节点的存在，我们可以通过其他节点上的数据信息恢复当前节点的所有信息。与此类似，当新节点加入系统时，由于其从其他节点取得一部分数据，因此需要将当前存储的数据备份数减小。下面以实例说明，当一个数据有三份备份时，假设在 A、B、C 三个节点上各存一份，如果这时出现一个写请求，之后紧跟一个读请求，那么假设写请求更新 A 节点成功，而读请求读取 B 上数据，那么很可能这时的 B 节点存储的数据和 A 节点不同，这样就会带来很大的一致性问题。因此，为了维护数据读取的一致性，我们需要原子的对 A、B、C 三个节点进行写入，也就是说，要么三个节点全部写入，要么一个节点都不写入。

写操作的原子性引入将会消耗系统较大的处理时间，甚至根本无法完成（节点发生异常），换句话说，系统的 ACID 是不可能同时达到的。面对这样的问题，Dynamo 做出了取舍，它的处理方式是把 ACID 的选择权交给用户，引入了 NWR 模型，其中 N 代表备份数目，W 代表至少写入 W 份才认为操作成功，R 表示读操作至少读取 R 个备份。配置的时候需要满足 $W+R>N$。因为 $W+R>N$，所以 $R>N-W$，这个不等式代表着读取的份数 R 一定要大于总备份数 N 减去确保写成功的份数 W，这样就可以保证每次读取，都至少可以读取到一个最新的数据。当我们需要大量高并发可写环境的时候（例如，Amazon 的购物车添加请求，该请求被设计为永远不会被拒绝），这时可以配置 W 为 1，N 为 3，R 为 3，这时候只要成功写入任何节点就认为操作成功，但是读取数据时必须从所有的备份节点都读出完整数据。如果需要高并发读的环境，可以配置 W 为 3，N 为 3，R 为 1，这时只要有一个节点数据读成功就认为操作成功，但是写时须写全部三个节点才可判定写操作成功。

（三）Dynamo 存储系统的主要缺点

Dynamo 存储系统同样有它的不足之处，由于 Dynamo 为了满足高可扩展性，因此使用了去中心化设计，这直接导致了在数据定位过程中需要经过 O（N）（N 代表系统的节点总数）步才能成功定位到被查询的节点上，当引入虚拟节点和数据备份时，这个 N 还会大大增加，同时如果 R 的数量大于 1，那么返回的数据还需要再次计算，考虑到网络的延迟性和不确定性，可以预计，当数据量非常大时（节点数目可能超过百万），定位效率的不足将成为系统性能的主要瓶颈。

第四节　分布式表格系统

分布式表格系统用于存储关系较为复杂的半结构化数据，与分布式键值系统相比，分布式表格系统不仅仅支持简单的 CRUD 操作，而且支持扫描某个主键范围。

一、Google 的 Bigtable 架构

Bigtable 分布式存储系统是 Google 开发的第三项云计算关键技术，用于管理 Google 中的结构化数据。Bigtable 具备广泛的适用性、高可扩展性、高性能和高可用性，已经在超过 60 个 Google 的产品和项目上得到了应用。Bigtable 借鉴了并行数据库和内存数据库的一些特性，但 Bigtable 提供了一个完全不同接口。Bigtable 不支持完整的关系数据模型，而是为用户提供了简单的数据模型，使客户可以动态控制数据的分布和格式。对 Bigtable 而言，数据是没有格式的，用户可以自定义 Schema。

（一）Bigtable 数据模型

Bigtable 是一个稀疏、分布式、持久化存储的多维有序映射表，表的索引是行关键字、列关键字和时间戳。Bigtable 中存储的表项都是未经解析的字节数组，其数据模型如下：

（row：string，column：string，time：int64）-> string

选定该数据模型，是在仔细分析了 Bigtable 系统的种种用途之后决定的。比如，一个存储了大量网页及其相关信息的表 Webtable，Webtable 使用 URL 作为行关键字，使用网页的某些属性作为列名，网页的内容存入 contents 列中，并使用获取该网页的时间戳标识同一个网页的不同版本。在 Bigtable 中，Webtable 的存储范例如图 4-22 所示。

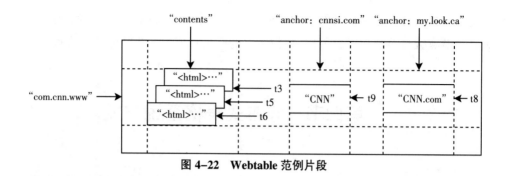

图 4-22　Webtable 范例片段

1. 行关键字

行关键字可以是任意字符串，目前最大支持 64KB。Bigtable 按照行关键字的字典序组织数据，利用这个特性可以通过选择合适的行关键字，使数据访问具有良好的局部性。如 Webtable 中，通过将反转的 URL 作为行关键字，可以将同一个域名下的网页聚集在一起。表的行区间可以动态划分，每个行区间称为一个子表。子表是 Bigtable 数据分布和负载均衡的基本单位，不同的子表可以有不同的大小。为了限制子表的移动和恢复成本，每个子表默认的最大尺寸为 200MB。

2. 列族

列关键字一般都表示一种数据类型，列关键字的集合称作列族，列族是访问控制的基本单位。存储在同一列族下的数据属于同一种类型，列族下的数据被压缩在一起保存。数据在被存储之前必须先创建列族，并且表中的列族不宜过多，通常几百个，但表中可以有无限多个列。在 Bigtable 中列关键字的命名语法为"列族：限定词"，列族名称必须是可打印的字符串，限定词则可以是任意字符串。如 Webtable 中名为 anchor 的列族，该列族的每一个列关键字代表一个锚链接；anchor 列族的限定词是引用网页的站点名，每列的数据项是链接文本。

3. 时间戳

Bigtable 中的表项可以包含同一数据的不同版本，采用时间戳进行索引。时间戳是 64 位整型，既可以由系统赋值也可由用户指定。表项的不同版本按照时间戳倒序排列，即最新的数据排在最前面。为了简化多版本数据的管理，每个列族都有两个设置参数用于版本的自动回收，用户可以指定保存最近 N 个版本，或保留足够新的版本（如最近七天的内容）。在 Webtable 的例子中，contents 列族存储的时间戳是网络爬虫抓取页面的时间，表中的回收机制是保留任一页面的最近三个版本。

（二）Bigtable 架构与实现

1. Bigtable 架构

Bigtable 是在 Google 的其他基础设施之上构建的，它使用 WorkQueue 负责故障处理和监控，使用 GFS 存储日志文件和数据文件，依赖 Chubby 存储元数据和进行主服务器的选择。Bigtable 主要由链接到每个客户端的库、主服务器和多个子表服务器组成，其架构如图 4-23 所示。为了适应工作负载的变化，可以动态地向集群中添加或删除子表服务器。

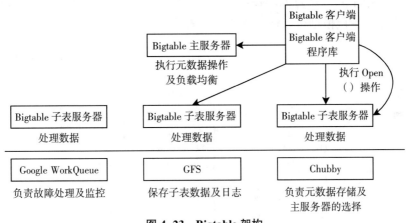

图 4-23 **Bigtable 架构**

（1）Chubby。Bigtable 依赖于 Chubby 提供的锁服务，如果 Chubby 长时间不能访问，Bigtable 也会无法使用。Bigtable 使用 Chubby 完成以下任务：①确保任意时间只有一个活跃的主服务器副本；②存储 Bigtable 中数据的引导位置；③查找子表服务器，并在子表服务器失效时进行善后；④存储 Bigtable 的模式信息，即表的列族信息；⑤存储访问控制列表。

（2）主服务器。主服务器主要用于为子表服务器分配子表、检测子表服务器的加入或过期、进行子表服务器的负载均衡和对保存在 GFS 上的文件进行垃圾收集。主服务器持有活跃的子表服务器信息、子表的分配信息和未分配子表的信息。如果子表未分配，主服务器会将该子表分配给空间足够的子表服务器。

（3）子表服务器。每个子表服务器管理一组子表，负责其上子表的读写请求，并在子表过大时进行子表的分割。与许多单一主节点的分布式存储系统一样，客户端直接和子表服务器通信，因此在实际应用中，主服务器的负载较轻。

（4）客户端程序库。客户端使用客户端程序库访问 Bigtable，客户端程序库会缓存子表的位置信息。当客户端访问 Bigtable 时，首先要调用程序库中的 Open（）函数获取文件目录，然后再与子表服务器通信。

2. 元数据信息

如图 4-24 所示，Bigtable 使用三层类 B+树结构来存储元数据信息。第一层是存储在 Chubby 中的根子表，根子表是元数据（Meta Data）表的第一个子表。根子表包含了所有元数据子表的位置信息，元数据子表包含一组用户子表的位置信息。在元数据的三级结构中，根子表不会被分割，用于确保子表的层次结构不超过三层。由于元数据行大约存储 1KB 的内存数据，在容量限制为 128MB 的元数据子表中，三层模型可以标识 234 个子表。

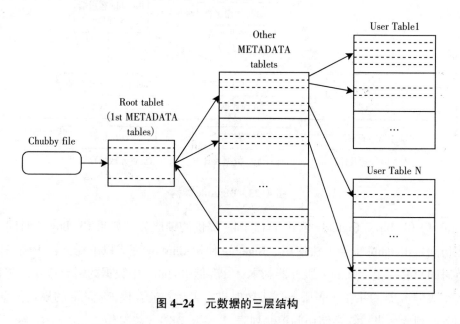

图 4-24   元数据的三层结构

客户端定位子表服务器时，首先需要访问 Chubby 以获取根子表地址，其次浏览元数据表定位用户数据，之后子表服务器会从 GFS 中获取数据，并将结果返回给客户端。Bigtable 数据访问结构如图 4-25 所示。如果客户端不知道子表的地址或缓存的地址信息不正确，客户端会递归查询子表的位置。若客户端缓存为空，寻址算法需要三次网络往返通信；如果缓存过期，寻址算法需要六次网络往返通信才能更新数据。地址信息存储在内存中，因而不必访问 GFS，但仍会预取子表地址来进一步减少访问开销。元数据表中还存储了一些次要信息，如子表的事件日志，用于程序调试和性能分析。

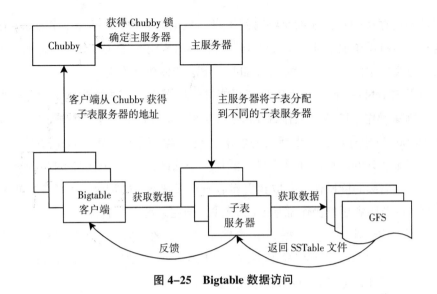

图 4-25　Bigtable 数据访问

3. 读写操作

Bigtable 内部采用 SSTable 的格式存储数据，子表的持久化状态信息保存在 GFS 上。Bigtable 中的读写操作流程如图 4-26 所示，当写操作到达子表服务器时，首先将事务信息记录在日志中，成功写入日志后将记录插入 Memtable 有序内存缓冲区中。由于内存空间有限，当 Memtable 大小达到阈值时就会被冻结，新的 Memtable 被创建；冻结的 Memtable 被转化为不可更改的 SSTable，并写入 GFS。因为一次写操作仅涉及一次磁盘顺序写和一次内存写入，所以 Bigtable 的写操作速度很快。日志文件在系统中的作用主要是为了防止系统崩溃时所导致的数据丢失。如果没有日志文件，由于写入的记录开始是保存在内存中的，一旦系

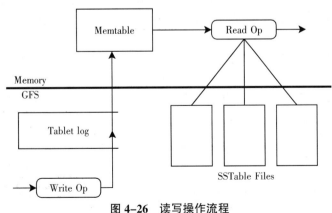

图 4-26　读写操作流程

统崩溃而内存中的数据还没有刷写到磁盘，数据就会丢失。因此，Bigtable在写入内存之前将操作记录到日志文件中，然后再写入内存，这样即使系统崩溃也可以从日志文件中恢复内存中的Memtable，不会造成数据丢失。

由于SSTable一旦被写入磁盘就只能进行读操作，不能被改变，因此数据的更新和删除操作不能通过操作SSTable来实现。在Bigtable中更新操作通过简单地向Memtable中存储一个更新后的值来实现，删除操作在Memtable中是作为插入一条记录实现的，但会在该记录上添加一个墓碑标志。由于Bigtable是按序检查索引的，后续的读操作会获取到更新后或有墓碑标志的记录，而不会获取到旧值。真正的删除和更新操作都是Lazy模式，会在系统定期执行合并SSTable的操作时，覆盖或删除掉旧的数据。由于Memtable中的键值对是根据键的大小有序存储的，而用户写入的数据并不一定会按照键值有序排列，所以Memtable采用跳表结构来保证新记录会插入到合适的位置上。

对子表服务器进行读写操作时，服务器会检查操作格式是否正确，以及操作发起者是否有执行该操作的权限。写操作可以通过从Chubby文件中读取具有写权限的操作者列表，进行权限验证；读操作需要读取SSTable和Memtable上的数据，由于SSTable和Memtable是按字典序排列的数据结构，所以能够高效地生成合并视图。

如前文所述，当写操作到达子表服务器时，子表服务器会首先将写操作写入日志文件中。如果每个子表服务器都维护一份日志文件的话，每次到达不同子表服务器的写操作都会引起一次磁盘访问，将记录写入日志文件并存入GFS中。由于磁盘每秒最多进行几百次访问，这必然会限制Bigtable的写操作速度。因此，Bigtable仅维护一份经过性能优化的日志文件，日志文件中的每一行数据都按照表名、行名和日志序列号进行排序。Bigtable子表的实际构成如图4-27所示。

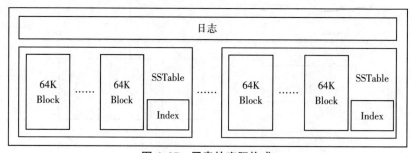

图4-27　子表的实际构成

二、Hadoop 的 HBase 架构

HBase 是 Apache 开源组织开发的基于 Hadoop 的分布式存储查询系统，它具有开源、分布式、可扩展及面向列存储的特点，能够为大数据提供随机、实时的读写访问功能。HBase 是借用 Google Bigtable 的思想的来开源实现的分布式数据库，它为了提高数据的可靠性和系统的稳定性，并希望能够发挥 HBase 处理大数据的能力，采用 HDFS 作为自己的文件存储系统。另外，它也支持 Hadoop 中的 Map Reduce 来并行处理海量数据。图 4-28 显示了 HBase 在整个 Hadoop 环境中所处的位置。

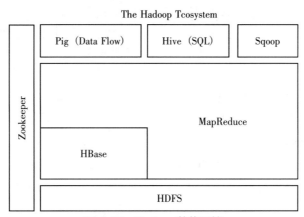

图 4-28　Hadoop 整体环境

从图 4-28 可以看出，HBase 位于整个环境图中的数据存储层，为了提高 HBase 平台上的计算能力，它支持 MapReduce 这种分布式计算模型，为了提高存储数据的可靠性和系统的稳定性，它可以采用 HDFS，Zookeeper 主要用来协助它管理整个集群。为了使 HBase 支持更多语言的使用，又开发了 Pig 和 Hive 工具。Sqoop 是为了更方便的把传统数据库中的数据导入到 HBase 中而开发的一个工具。

（一）HBase 系统

HBase 体系结构采用的是主/从式架构，它主要由 HMaster 和 HRegion Server 组成，Zookeeper 主要用来协助 HMaster 管理整个集群。下面简单介绍 HBase 的整个系统。

1. HBase 系统架构

HBase 系统架构如图 4-29 所示。

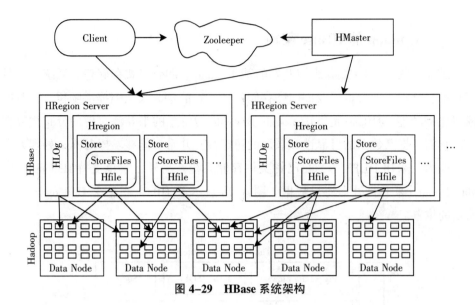

图 4-29　HBase 系统架构

（1）Client：主要用来提交读写数据请求的。客户端首先与 HMaster 利用 RPC 制进行通信，获取数据所在的 HRegion Server 地址，然后发出数据读写请求。

（2）Zookeeper：Zookeeper 存储了 ROOT 表的地址和 META 表的地址，同时它也帮助 HMaster 检测每一个 HRegion Server 的状态，一旦检测到故障，可以及时采取相应的措施来进行处理，而且它也帮助解决了 HMaster 的单点问题，具体理解见下文描述。

（3）HMaster：一个 HBase 只能有一台 HMaster，但是它可以同时启动多个 HMaster，只是在运行时，通过某种选举机制选择一个 HMaster 来运行，同时，HMaster 服务器地址信息写入到 Zookeeper 中。如果 HMaster 突然瘫痪，可以通过选举算法从备用的服务器中选出新的作为 HMaster。它主要负责 HRegion Server 的负载均衡和安全性，以及对 HRegion Server 的监控和表格的增加、删除等管理工作。

（4）HRegion Server：HBase 中的核心模块，它由 HLog 和多个 HRegion 来组成，HRegion 是对表进行分配和负载均衡的基本单位，它由多个 HStore 组成，一个 HStore 对应一个 Column Family；HStore 是由 MemStore（有序的）和 StoreFile 组成，用户先把数据写到 MemStore 中，当 MemStore 中的数据达到阈值，才会 Flush 到 StoreFile 中。

在把数据 Flush 到 StoreFile 文件中时，需要首先判断 HStore 下的文件是否需要合并或分裂。如果 HStore 下的所有文件个数超过设置的参数，则会影响写入数据的性能，所以就会触发 Compact 合并操作，即把多个小文件合并成一个大文件，并在合并的过程中清除过期数据、删除标记的删除数据，合并一些版本。如果 HStore 下所有文件大小超过设定的参数，会影响读写数据的性能，则需要触发分裂 Split 操作，将 HRegion 拆分成两个 HRegion，在分裂的过程中，需要分裂的 HRegion 先下线，然后新的 HRegion 由 HMaster 决定由哪些 HRegion Server 来存放。图 4-30 显示了 Compaction 和 Split 的整个过程。

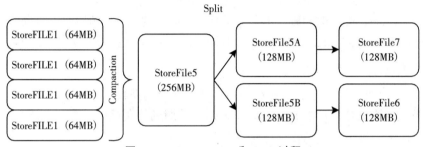

图 4-30 Compaction 和 Split 过程

HLog 对象，它是一个记录相关任务行为的日志，起到一些修复的功能。为了防止 HRegion Server 意外退出时，造成 MemStore 中的内存数据丢失。每当用户写数据时，首先写入到 HLog 文件中，然后再写入到 Memstore 内存中。HLog 会定期检测自己的操作记录，从而删除过期无效的文件。使用 HLog 来恢复数据的大概流程如下：HRegion Server 突然意外宕机，HMaster 会把服务器所维护的 HRegion 重新分配到新的机器上，首先处理此服务器留下的 HLog 文件，HLog 文件会按照不同的 HRegion 来进行划分，并放到对应 HRegion 的目录下。新的机器在加载 HRegion 的时候，就可以根据已分配到的 HLog 文件来实现对数据的恢复。

2. HBase 数据模型

HBase 采用和 Bigtable 相同的数据模型。它的底层存储本质上采用 KeyValue 键值对进行存储，它的 Key 由行键、列族、列限定符和时间版本组成。它的表可以想象成一个大的映射关系，通过 Key 就可以定位特定数据（即首先由行键确定某一行，再由列族和列限定符确定某个单元值，最后若有多个版本的单元值，通过时间版本来确定最终值）。为了更好地理解 HBase 的数据模型，表 4-2 给出了一个示例。

表 4-2　示例 HBase 逻辑视图

Row Key	Timestamp	Column Family UU：TAO	Column Family DD：content
r1	t2	url=http：//w ww.taoli.com	Title =特价商品
	t3	host=jingdong. com	Content=书特价
	t1		
r2	t5	url=http：//www.alibaba.com	Content =每天…
	t4	host=alijiajia.com	

（1）Row Key：表中的行键，行的唯一标识，表按照行键进行排序。

（2）Timestamp：时间戳，单元值是有时间版本的，可保留版数进行设置。

（3）Column Family：可由任意多个列组成，并支持动态扩展，不需事先定义好列族个数。

（4）Column Qualifier：列限定符，也就是具体的列。

为了能够更好地理解 HBase 中的数据是按照列族存储的，表 4-3、表 4-4 给出了上面逻辑视图对应的物理存储视图。

表 4-3　HBase 数据的物理视图 1

Row Key	Timestamp	Column Family UU：TAO
r1	t2	url=http：//www.taoli.com
	t3	host=jingdong. com
r2	t5	url=http：//www.alibaba.com
	t4	host=alijiaj ia.com

表 4-4　HBase 数据的物理视图 2

Row Key	Timestamp	Column Family DD：content
r1	t3	Title = 书特价
r2	t5	Content = 每天……

从表 4-1 中可以看出，有一些单元值是空白的，在进行实际存储时，从表 4-2、表 4-3 可以看出，物理存储没有记录这些对应的空白值，所以实际上空白的单元值是不被存储的，如果有请求这些空白单元值，那么返回值就是 NULL。

3. ROOT 表和 META 表

HBase 中包括两张特殊的表，一个是 META，另一个是 ROOT，主要用来查找各种表的 HRegion 位置在哪里。每张表所包含的信息如下：

（1）META：元数据表中记录的是 HRegion 标识符和实际 HRegion 服务器的

映射关系，META 表也会增长，并可以被拆分成多个 HRegoin。

（2）ROOT：根数据表记录的是 META 表所在的 HRegion 信息，它不能被分割，永远只存在一个 HRegion 上，而 ROOT 表的位置信息是保存在 Zookeeper 中。

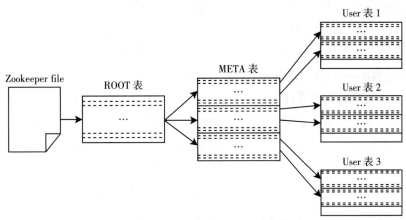

图 4–31 ROOT 表和 META 表的关系

在客户端请求读写数据时，首先访问的是 Zookeeper，找到 ROOT 表所在的服务器位置，然后查找到 ROOT 表，获取对应的 META 表所在的 HRegion 的位置，进而通过访问对应的 META 表，找到读写数据的真正 HRegion 位置，最后根据数据的位置信息实现数据的读写请求。

4. Map Reduce on HBase

在 HBase 系统上支持 Map Reduce 分布式计算框架，从而支持高吞吐量数据访问。MapReduce 访问 HBase 有三种方式：作业开始时用 HBase 作为数据源、作

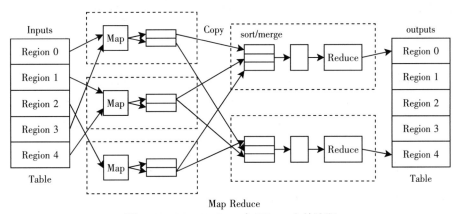

图 4–32 Map Reduce 在 HBase 上的流程

业结束后用 HBase 接收数据、任务过程中用 HBase 共享资源。具体的操作步骤如下：

从图 4-32 可以看出，在 HBase 上的 MapReduce 执行流程，与 Hadoop 中的 MapReduce 执行流程很相似，只是 HBase 在作为数据源时，每个 HRegion 作为 Map 阶段的数据源。HBase 用来接收数据时，Reduce 任务完成把结果写入 HRegion 中，注意计算的结果不一定写入原先对应的 HRegion 中。

（二）HBase 合并（Compaction）机制

HBase 为了防止小文件（从 Memstore 写入磁盘的文件）过多（一般文件个数不超过三个），为了保证查询效率，HBase 需要在必要的时候把这些小的 Store File 合并成相对较大的 Store File，这个过程称为合并（Compaction）。其类型有两种：Minor Compaction（部分文件合并，但不做任何删除和清理工作）和 Major Compaction（完整文件合并，清除删除、过期、多余版本的数据）。它主要是为了提高读的性能。

合并机制总共有三种触发方式，分别是客户端主动发起的合并命令，HRegion Server 周期性检查发起的合并和在 MemStore 内存中的数据 Flush 到磁盘时而引起的合并。客户端的触发是通过调用合并命令来实现，此方式比较被动，所以论文中不进行过多的研究。HRegion Server 在进行周期性检测时，由于周期间隔时间比较久，时间默认值为 10000 秒（约 3 小时），所以此方式的触发也不做深入研究。

由 MemStore 内存中的数据 Flush 到磁盘时，所触发的合并操作比较频繁。大概触发流程是，当向 HBase 写数据时，数据首先写入对应 HRegion 中的 HStore 中的 MemStore 内存中，当 MemStore 内存中的数据量达到设定的阈值时，就需要把数据写到文件中，在写入文件前，需要判断当前的 HRegion 中的 HStore 中的所有文件大小，如果存在某文件的大小超过设定参数（默认值 256M），则需要进行 Split 分裂操作，否则进行判断 HStore 中的所有文件个数，如果文件个数超过设定的参数（默认值是 3），则会触发合并操作，从而提高数据的读写性能。在合并文件的过程中，不仅仅只是把小文件合并成大文件，还需要对过期的数据、需要删除的数据进行清理。

合并策略，它的执行过程可分为三个阶段：第一，文件的触发，条件是 HStore 下的文件个数已经超过设定值（合并文件最少个数）；第二，文件的选取，它的选取策略最能影响读写性能，HBase 本身的选取方式，首先判断文件是否已过期，文件的大小，是否需要升级为 Major Compaction，如何设置选取文件的优先级等；第三，文件的合并，在合并时为保证数据的顺序，采用的最小堆排序算法。

（三）HBase 协处理器

这个工具的引入主要是扩展了其服务端的功能，所以可以借用它来实现建立二级索引，而且自从 HBase0.92 版本之后，就已经引入了协处理器（Coprocessor），且实现部分新特性。它的理论知识介绍如下：

协处理器主要分为两种类型：一种是系统协处理器，它可以全局导入 region server 上的所有数据表来使用协处理器，另一种是表协处理器，它可以让用户指定一张表来使用协处理器。在协处理器的整体构架中，为了更好地支持其行为的灵活性，它提供了两个非常重要的不同功能的插件，即观察者（Observer）和终端（Endpoint）。观察者就像是关系型数据库中的触发器，动态的终端类似于关系型数据库中的存储过程。

1. 观察者（Observer）

观察者主要是通过拦截客户端发起的操作，去触发协处理已经定义好的回调函数来插入代码，而触发的事件 callback 方法仍然是由 HBase 核心代码来执行。它主要提供了三种接口：

（1）RegionObserver：它提供了一些操纵数据事件的一些句柄，如 Get、Put、Delete、Scan 等。

（2）WALObserver：它提供了相关操作 WAL 的句柄。

（3）MasterObserver：它提供了操作 DDL 类型的句柄，如创建表、修改表、删除表等。

这些接口是按照不同优先级顺序进行执行的，所以可以同时在同一个地方使用。当然用户可以使用协处理器实现任意复杂的 HBase 功能。协处理器中的观察者方法是可以被 HBase 中的多种事件触发的，这些方法和事件自从 HBase0.92 版之后，就都集成到 HBase API 中了。

2. 终端（Endpoint）

终端是对 HBase 的一种扩展，它通过拓展 HBase 上的 RPC 协议来给客户端的应用提供新方法。终端的代码实现放在服务器端，客户端通过 RPC 来调用那些终端，并把执行结果再返回给客户端，所以用户可以通过终端提供的各种插件接口来实现给 HBase 添加自己所需要的新功能。

第五节　分布式数据库

一、NoSQL

云存储的发展推动了 NoSQL 发展。传统的关系数据库久经考验，具有不错的性能，高稳定性，而且使用简单，功能强大，积累了大量的成功案例。在互联网领域，MYSQL 成为绝对靠前的王者，为互联网的发展做出了卓越的贡献。但是到了最近几年，各种网站开始快速发展，火爆的微博、Wiki 和 SNS 等，Web2.0 网站逐渐引领 Web 领域的潮流。随着数据库访问量的上升，存取越发频繁，几乎大部分使用 MYSQL 架构的网站在数据库上都开始出现性能问题，需要复杂的技术来对 MYSQL 扩展。大数据下 I/O 压力大，表结构更改困难，是当前使用 MYSQL 开发人员面临的问题。关系数据库虽然很强大，但是它并不能很好应对所有的应用场景，现在的计算机体系结构在数据存储方面要求具备庞大的水平扩展性，NoSQL 正在致力于改变这一现状。下一代数据库产品应该具备四个特点：分布式、非关系型、可以线性扩展，以及开源。这类数据库最初的目的在于提供网站可扩展存储的解决方案，它起始于 2009 年年初，目前正在飞速发展。这种类型的数据库具有以下特点：简单的编程 API、数据的最终一致性、自由的Schema、数据多处备份等。因此，将这种类型的数据库称为 NoSQL 数据库（全称为"Not Only SQL"，不仅仅是 SQL）。由于 NoSQL 中没有像传统数据库那样定义数据的组织方式为关系型的，所以只要内部的数据组织采用了非关系型的方式，就便可以称为 NoSQL 数据库，NoSQL 数据库并不是要取代现在广泛应用的传统数据库，而是采用一种非关系型的方式解决数据的存储和计算的问题。NoSQL 数据库按照内部的数据组织形式可以分为 Key-value 存储、列存储、图形数据库、xml 数据库等。

目前，Google、Yahoo、Facebook、Twitter、Amazon、新浪微博等国内外公司都在大量应用 NoSQL 数据库。有别于 MYSQL 用于存储敏感的数据，比如用户的资料、交易的信息等；MongoDB 用于存储大量的、相对不敏感的数据，比如博客文章的内容、文章访问次数等；Amazon S3 用于存储用户上传的文档、图片、音乐等数据；Memcached 用于存储临时性的信息，如缓存 HTML 页面等。近年来国内互联网公司也纷纷加入开源的浪潮，推出了自己的开源的存储系统，如豆瓣的 BeansDB、淘宝的 Tair、新浪的 Memcached、天涯的 Memlink 等。

NoSQL（Not Only SQL）也被称为非关系型数据库，它是一系列与关系型数据库这种典型模型有较大差异的数据管理系统的统称，其中最主要的差异在于它不使用 SQL 作为基本的查询语言。NoSQL 中的数据存储不需要特定的表结构，通常不支持连接操作，不支持完整的 ACID 属性，并且通常具有强大的水平扩展性。非关系型数据库的特征有：

（1）使用松耦合类型、可扩展的数据模式来对数据进行逻辑建模（Map、列、文档、图表等）。

（2）遵循于 CAP 定理，动态伸缩性良好。

（3）支持热拔插和动态存储。

（4）支持多种语言的接口实现数据的访问。

综上所述，NoSQL 具有两大特点：一是关系模型灵活，没有 schema 的概念；二是支持自拓展，可以实现服务能力的动态添加。NoSQL 系统架构如图 4-33 所示。

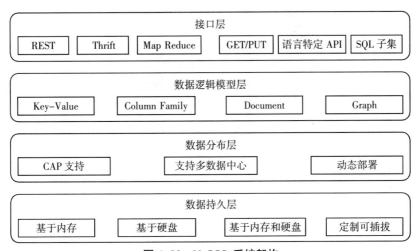

图 4-33 NoSQL 系统架构

通过查阅相关资料，市面上主流 NoSQL 数据库有 20 多种，通过其开发类型和支持厂商，可分为以下四个不同的阵营，如图 4-34 所示。

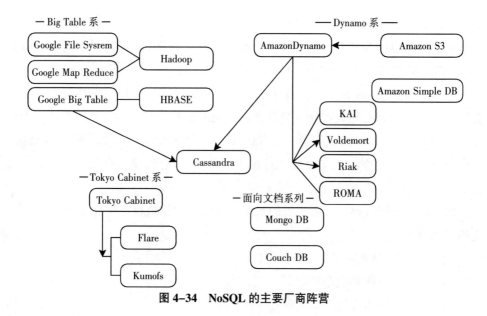

图 4-34　NoSQL 的主要厂商阵营

同时根据其存储类型的特点，将其分为列存储、文档存储、Key-value 存储、阁存储、对象存储、xml 数据库六大类，其特点和数据库名称如表 4-5 所示。

表 4-5　主流 NoSQL 数据库分类

类型	部分代表	特点
列存储	Hypertable Hypertable Hbase Cassandra	列存储的极大优点是具有非常好的列查询特性，由于数据库存储时采用优化压缩算法，使得某一种类型的列数据的存储和写入具有非常大的优势
文档存储	MongoDB CouchDB	在 NoSQL 数据库中，这类数据库一般具有较好的 SQL 特性，也就是支持某些关系型数据库的功能功能，文档之间以双向链表关联，系统会建立索引，提升管理的能力
Key-value 存储	Tokyo Cabinet/ Tyrant Berkeley DB Redis MemcacheDB	可以通过 key 快速查询到其 value。一般来说，存储不管 value 的格式，照单全收。（Redis 包含了其他功能）
阁存储	Neo4J FlockDB	为存储图形类数据设计，强调图形的模糊查询特性和 I/O 特性
对象存储	db4o Versant	操作方式新颖，符合编程规范，面向对象
xml 数据库	Berkeley DB XML BaseX	支持 XML 查询，下一代数据库的发展方向之一

NoSQL 系统与关系型数据库最大的差别是不使用关系模式作为数据的组织方式。关系型数据库系统采用关系模型作为数据的组织方式，最初是由美国 IBM 公司 San Jose 研究室的研究员 E.F.Codd 在 1970 年提出的，开创了数据库关系方法和关系数据理论的研究。关系型数据库主要提供多表连接操作以及 ACID 事务的支持，而这些特点却成为云计算环境下数据库系统的性能瓶颈。因此，NoSQL 完全摒弃了关系模型，使其更适用于云环境。

二、MongoDB 架构

本章以 NoSQL 系统中的一员——MongoDB 数据库为例，研究其高扩展性集群的原理和实现机制。

MongoDB 主要解决了海量数据的访问效率问题，根据官方的文档，当数据量达到 50GB 以上的时候，MongoDB 的数据库访问速度是 MYSQL 的 10 倍以上。MongoDB 可以为云存储平台的稳定和可靠打下基础。

MongoDB 是一个介于关系数据库和非关系数据库之间的产品，是非关系数据库当中功能最丰富、最像关系数据库的，它的集合支持松散的模式，类似 json 的 bjson 格式，易于灵活调整；它支持复杂的属性，并可为之建立索引；它的查询语言非常强大，几乎可以实现类似关系数据库单表查询的绝大部分功能；它还可以直接对记录的某个字段进行原子性的改变，这些特性在 NoSQL 产品中不多见。

MongoDB 是一个开源的基于分布式文件存储的数据库，由 10gen 公司开发，C++语言编写，开发它的目的是为了更好地支持现有的 Web 应用系统。总的说来，相比于传统的非关系型数据库，它的并发存储和拓展以及分布式特性使得它得到了巨大的发展。其主要特性包括：①文件的存储模式为 collection 内，并以 BSON 的格式进行存储，具备面向对象的特性；②数据格式为二进制文件，适合存储大型对象如视频等，对于数据格式一致性要求不高；③数据的连接更自由，相比于传统数据库，具有更方便的表格式；④方便的网络特性，随时随地通过互联网访问；⑤具有 AUTO Sharing 功能，提供备份恢复机制自动分片，以支持存储的无限拓展；⑥支持数据的动态查询，使得进行中的业务具备良好的管理特性；⑦支持索引，并且具有良好的 SQL 友好性；⑧具有多种语言的驱动支持，几乎所有的开发语言都可使用，如 RUBY、PYTHON、JAVA、 C++、PHP 等。

MongoDB 是一款极具代表性的面向文档分布式数据库，数据库的存储按照如图 4-35 所示方式进行。

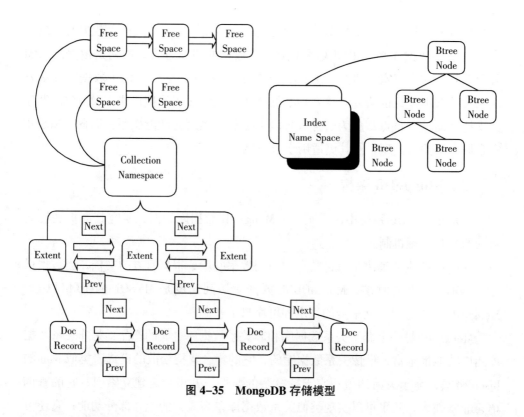

图 4-35　MongoDB 存储模型

　　数据存储于 collection 中，每个 collection 中包含多个 Extent，实际的数据就在这些 Extent 中存储，通过双向的链表连接，索引则通过 Btree 的结构实现。图 4-35 是 MongoDB 的数据存储模型，其双向链表的结构模型使得其在确保数据准确的基础上，提供了极强的拓展存储能力。

　　作为一个分布式的云数据库，MongoDB 还支持主从模式的自动选举和替换，当发生某些原因导致原来的 Master 主机暂停服务之后，Slave 主机可以自动替换，其替换方式包括两种：主从方式（Master-slave）和复制集方式（Replica Pair）。同时为了读写的安全，每一份的数据，MongoDB 都会进行自动的备份，以保证数据的存储安全。Mongo DB 分片机制的具体工作原理如图 4-36 所示。

　　利用前者，我们可以实现读写分离（主从复制模式），后者则支持在主服务器断电情况下的集群中其他 Slave 自动接管，并升级为主服务器，这种切换可以在很短的时间内完成。如果接管后的服务器再次出现故障，之前宕机的主机仍有资格进行 Master 的选举，从而实现数据的安全备份和读写。这种非抢占式的主从模式减少了不必要的网络带宽占用，适用于处理设备运算能力接近的服务器集群。

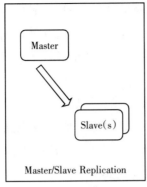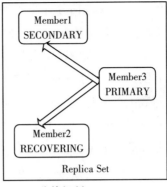

图 4-36　MongoDB 分片机制

为了实现数据库的任意拓展和动态备份等功能，MongoDB 采用数据 ATUO sharing 机制，同样的一个文件，并不一定非要存储在同一位置，分布式的数据存储模型使得数据的存储和读取更加灵活和方便，是否可以通过网络任意的拓展存储能力，已经成为衡量 NoSQL 数据库的重要标准。自动分片具有如下特点：①数据的自动分配，动态平衡各个数据存储单位的存储负荷，单一的大文件可能被自动分割成小片的文件存储于不同的物理设备上；②数据库的动态拓展，物理设备方便的添加或者剔除，只需简单的配置更改，即可实现数据水平拓展；③数据库节点管理灵活多样；④存储系统的自动恢复，当遇到突发状况时，主机和从机之间的切换可以在几乎不影响业务运行的条件下完成；⑤支持几乎无限扩展的存储设备架构。MongoDB 分片技术如图 4-37 所示。

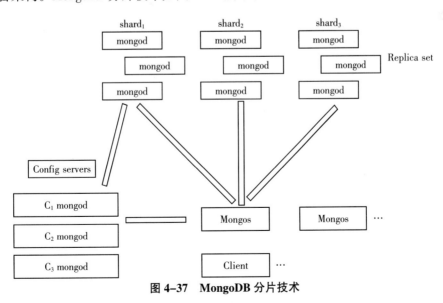

图 4-37　MongoDB 分片技术

MongoDB 的 sharding 包括分片服务器（Shard Server）、配置服务器（Config Server）和路由服务器 Route Server）三种。Shard Server 是存储数据的具体单元，它可以是单节点服务器，也可以是由几台机器组成的 Replica Set，以此加强服务的稳定性；所有的 Cluster Metadata 都在 Configserver 这个配置服务器存储里，包含了分片和实际数据的对应关系以及 Chunk 信息；最后的一个或多个 Mongos 就是 Route Server，它负责将不同的信息正确发送到客户端，就像路由交换那样，使得从客户端来看是一个 Mongo Server。总结 MongoDB 的特性和系统架构以及数据存储方式，可以得出其优势和劣势的应用场景如下：

就运用场景而言，MongoDB 适合作为信息基础设施的持久化缓存层，支持实时的插入、更新与查询，并具备应用程序实时数据存储所需的复制及高度伸缩性。同时，Mongo 的 BSON 数据格式非常适合文档化格式的存储及查询。此外，Mongo 适合由数十或数百台服务器组成的数据库，这是因为 Mongo 已经包含了对 MapReduce 引擎的内置支持。但是，MongoDB 对某些场景并不适用，例如，高度事务性的系统、传统的商业智能应用和复杂的跨文档（表）级联查询。

第五章　云存储关键技术研究

【本章导读】

本章集中介绍课题组在云存储相关领域的研究成果，涵盖了节能存储、固态存储、混合存储、分布式文件系统的小文件处理、基于 MapReduce 的近似计算等关键技术。首先介绍了存储虚拟化层基于副本数据分布的节能技术，以及大规模云环境的绿色资源分配协议。其次，讨论了基于固态存储的云存储系统加速技术。最后讨论了分布式文件系统的小文件封装问题，以及分布式计算的近似求解问题。

第一节　一种基于工作集副本的存储虚拟化层节能技术

一、引言

能源管理已经成为企业级数据中心管理者面对的最大挑战。当前数据中心的功率密度达到 100 瓦/平方米，而且以每年 15%~20%的速度增长。数据中心包含计算设备、存储设备和传输设备，其中外存储设备消耗总功率的 10%~25%。然而，一个突出问题在于随着系统负载的降低，外存储设备消耗功率的比例反而会上升。存储子系统的负载能源不对称性，代表了数据中心能源使用效率的一个严重缺陷。

存储虚拟化方案（例如，EMC 公司的 Invista、HP 公司的 SVSP、IBM 公司的 SVC、NetApp 公司的 V-Series）对于不同的存储控制器提供了一个统一的视图来简化管理方法。这些方案内部均使用一个透明的 I/O 重定向层来整合分散使用的存储资源。由于存储系统工作负载强度波动大，必须使用动态整合的方法来应对这种波动。然后动态整合的难点在于，在动态存储整合时，从一个设备向另一个设备迁移逻辑卷将带来巨大的性能和能源代价，制约了存储整合的效率。

本书将逻辑卷工作集提取、副本复制、I/O 整合这三种技术结合起来对存储虚拟化层进行优化，使数据中心的存储系统根据负载的强度，动态分配能耗，实现了负载和能耗的动态平衡。该方法的优势在于，利用存储虚拟化来重定向 I/O 工作负载，而不必在主机端或存储控制器端进行任何改动；通过在数据中心存储系统中动态的增加过减少活动物理卷的数量来应对 I/O 负载强度的变化，建立负载能耗的离散线性关系。

二、研究现状

在国内外研究机构对于数据中心节能的相关研究中，主流的思路是将 I/O 负载尽量集中于少数能耗低、性能好的外存储设备中，让更多的外存储设备处于休眠闲置状态，只在必要时才启动它们。本书对这些相关研究工作按照技术特点进行了归类，接下来逐一讨论它们在何种代价下实现了何种程度的节能目标。

（一）单冗余方案

这些方案的中心思想是在低 I/O 负载情况下，停转那些在其他磁盘中具有冗余数据的磁盘。佛罗里达大学的王军教授提出了 RIMAC 系统。该系统使用内存级和磁盘级的冗余数据减少 RAID5 磁盘阵列系统中针对某一个磁盘的 I/O 访问，可以让磁盘阵列中 N 个磁盘中的一个停止旋转。罗格斯大学的爱德华多在 RIMAC 的基础上，提出直接访问技术。该技术综合考虑能耗、性能和可靠性，可以在磁盘阵列层寻找到最佳的冗余配置。加州大学圣克鲁兹分校的格林提出了针对存储系统擦除编码的节能技术。总的来说，单冗余方案的实质是构造了双级别能耗系统，缺点是并没有实现更细粒度的多级别能耗控制。

（二）多级能耗的磁盘阵列

佛罗里达州立大学查尔斯提了 PARAID 系统。该系统使用了一种具有挡位切换功能的虚构磁盘，不同的挡位代表了不同的磁盘转速和能耗状态。通过在一个基于奇偶校验的磁盘阵列上实现换挡机制，该系统可以在一个 N 个磁盘组成的磁盘阵列中实现 N-1 级能耗。莱丝大学的卢兰月提出了磁盘组方法。该方法对 RAID1 进行修改，使镜像中的一组磁盘在必须启动时才被启动，从而实现节能。

然而，这两种技术的问题在于，它们均带有较大的冗余存储空间开销，而且没有考虑具有变化 I/O 负载的多个数据卷组成的异构存储系统的特殊情况。

（三）缓存系统

这一类研究的思想在于将热点数据缓存到外部存储器中，从而让主存储设备停止工作。科罗拉多大学的丹尼斯提出一种叫作附带空闲磁盘的大规模存储系统的档案存储系统，简称 MAID。它的思想是，选择额外的磁盘作为高速缓存来复制热点数据，从而增加其余磁盘的空闲时间长度。罗格斯大学的爱德华多提出了 PDC 系统。该系统虽然没有使用额外的磁盘，但是建议根据热度在磁盘之间迁移数据，一直保持最高热度的数据在一小部分启动磁盘中。佛罗里达国际大学的路易斯在 EXCES 系统中使用一种低端的闪存设备作为高速缓存来保存热点数据。弘益大学的李笃孝采用相似的思路，提出在磁盘阵列系统中增加一个固态盘作为磁盘缓存。然而，采用专用缓存的存储系统仅仅在 I/O 负载低且可以从缓存中获得数据的时候才可以节省能耗，并不能提供细粒度的和负载成正比的能耗管理，而且，这些技术不能解决磁盘的频繁启动影响可靠性的问题。

（四）写入卸载

微软研究院的纳拉亚南等提出写入卸载技术——重定向写入数据到可选地址的节能技术。它证明了通过卸载写入数据到其他卷，可以显著地增加一分钟粒度的空闲时段。然而，频繁启动磁盘带来的可靠性损伤是一种潜在的隐患，其作者将其作为遗留问题。另一个写入卸载没有解决的重要问题是：当有多个卷时哪一个启动卷应该被作为写入卸载的缓冲目标。与其相比，本项目除了写入卸载之外，还将访问热点数据的读请求卸载掉，增加了更多的空闲时间，因此更加全面地解决了磁盘频繁启动停止的问题。而且，通过在每个存储整合时间间隔内确认运转的磁盘组，解决了选择哪一个启动卷作为缓冲目标的问题。

（五）其他技术

有一些交叉类别的研究，可以和本项目结合使用。伊利诺斯大学的朱清波为未来的多转速磁盘创建一个多级能耗结构，每个磁盘的速度被设定好，当工作负载发生改变时，就在各层之间迁移。加州大学圣克鲁兹分校的马克提出一种节能归档存储系统，该系统通过一些技术来减少磁盘内部的依赖，并错开重建操作。弗吉尼亚大学的萨丹汉瓦提出，在高容量驱动器的磁盘内部采用并行机制来提升磁盘带宽，且不会增加能耗。康奈尔大学的拉克希米提出在磁盘阵列中，使用日志结构化的分条写入方法来增加对运转和休眠磁盘数的预测。

三、典型存储负载特征分析

电子邮件服务、网页服务和文件服务是企业级数据中心最典型的三种负载。本项目对这三种典型工作负载进行分析，提取到了数据中心 I/O 访问的一些本质特征。总的来说有以下四点：

特征一：运转逻辑卷的数据集通常是其全部存储量的一个小规模子集。

特征二：对于逻辑卷，其 I/O 负载的强度变化非常显著。

特征三：在逻辑卷中，使用数据的范围高度集中于热点数据和时间上刚刚被访问的数据中，这占了工作集的 99%。

特征四：I/O 工作负载中读空闲时间段（写请求和读请求没有交叉的时间段）以短时间为主，一般少于五分钟。

特征一意味着使用率低的逻辑卷应该将其主物理卷休眠，将其工作集复制到某个启动的物理卷中，利用启动物理卷的空余带宽帮其提供服务。

特征二为 I/O 整合提供了依据。根据 I/O 工作负载强度的变化，存储系统动态增加或减少运转磁盘的数量。由于最高负载强度是最低负载强度的 5~6 个数量级，这意味着巨大的节能潜力。

特征三表示逻辑卷的工作集很大程度上是稳定的，这样假设访问休眠卷的多数请求能被其工作集副本服务，节能就成为可能。

前三种特征，是工作集提取、副本复制和 I/O 整合三种操作的支柱，通过这些操作可以在每个卷中提取它的工作集，复制这些工作集到其他一些卷，从而在低负载时，按照负载的强度的动态整合 I/O 到更少的卷中。

特征四的观察结果意味着，开发新技术来充分地增加读空闲时间长度是非常重要的。更长的空闲时段可以减少启动休眠磁盘的次数，这对于启动次数有限的磁盘来说可以显著提高其可靠性。

四、存储虚拟化层

现代企业级数据中心采用存储虚拟化技术进行管理，它赋予异构的存储设备以统一的视图，简化了管理方式。虚拟化层对外输出一个统一的存储控制器接口，允许用户创建逻辑卷（虚拟盘），并将它们加载到主机。由物理存储控制器管理的物理卷只接受虚拟化层的管理，这些物理卷又被称为被控盘。物理卷对于仅仅访问逻辑卷的用户端主机来说是完全透明的。虚拟化层的核心功能在于能够为逻辑卷非常灵活的分配物理卷空间。

本系统的核心思想是将存储虚拟化和 I/O 整合等技术结合起来。在任何一个时间段 T 内，虚拟化层启动较省电、高性能的物理卷来服务聚合后的 I/O 工作负载，而其他断电休眠物理卷中的数据必须被迁移到启动的物理卷中，从而继续提供数据服务。但是，数据迁移操作的代价是非常高昂的。避免数据迁移的方法是，为逻辑卷在多个物理卷中建立自身副本，在选择关闭或启动物理卷时，只要重新配置虚拟和物理地址的映射即可。一种简单的策略是，为每一个逻辑卷在每一个物理卷中创建副本。这样，在启动或关闭某些物理卷后，只需要动态改变虚拟地址和物理地址之间的映射就可以。然而这种方法的缺陷在于，该策略对于具有 N 个逻辑卷的存储系统，需要 N 倍的超额拨配空间来容纳冗余数据，显然这种方式在经营成本角度是无法承受的。因此本系统并没有为逻辑卷建立完全副本，而是通过工作集提取技术将逻辑卷中的热点数据取出来建立工作集副本。

因为系统在存储虚拟化层工作，它并不修改底层物理卷自身保证可靠性的冗余数据（例如，磁盘阵列）。为了保持逻辑卷原有的冗余级别以确保其可靠性，本系统中一个逻辑卷只能在同样 RAID 级别的物理卷中创建副本。

五、系统设计思路

本系统的主要设计思路包含以下五个方面：

（一）工作集提取

为逻辑卷创建多个完全副本的方法将会带来巨大的空间开销。以数据中心工作负载的特征一为依据，本系统仅仅对每个逻辑卷的工作集进行提取，并将其作为不完全副本复制到其他物理卷。由于工作集副本占的空间相对较小且稳定，因此一方面可以减少副本冗余数据占用的额外存储空间；另一方面可以在多个物理卷创建工作集副本，增加候选副本的数目。

（二）多个候选副本

为了实现细粒度的能耗控制，系统需要在某个时间段内动态的增加或减少启动物理卷数目。例如，在低负载的时段，能够让物理卷中的某些子集停止工作。为了获得这种细粒度的能耗控制，本系统中每个逻辑卷都有一个主物理卷（主物理卷包含逻辑卷的完整拷贝，该拷贝被称为主副本），以及多个包含其工作集副本的候选物理卷。这样做的目的在于，首先每个逻辑卷都有多个可以选择的物理卷，其次一个物理卷能够为多个逻辑卷提供 I/O 服务。在峰值负载状况，每一个逻辑卷被映射到它们的主物理卷，所有的物理卷都被启动。然而，在低负载时段，本系统选择物理盘的适当比例的子集来支持所有虚拟盘的聚合 I/O 工作负载。

（三）动态副本创建

虽然对逻辑卷提取工作集副本的方法充分减少了冗余数据的规模，但是要对每个逻辑卷创建过多的工作集副本仍然会导致很大的空间开销。本系统中，逻辑卷的候选工作集副本并非按照固定的数目被平等的创建。例如，为一个轻负载的逻辑卷创建工作集副本比一个重负载逻辑卷更有利，因为重负载的逻辑卷的主物理卷很可能会被启动，就没有必要启动其工作集副本。同样，工作集大的逻辑卷的副本会更大，这会带来更大的空间开销。因此本系统会为负载重、工作集大的逻辑卷创建更少量的副本，并尽可能的让它们的主物理卷保持启动。

（四）主物理卷与启动副本之间的映射和数据同步

根据负载的特征二可知，系统工作负载强度随时间变化大。因此，无法提前决定一个逻辑卷是通过主物理卷或某一个候选副本提供服务。任一个主物理卷被停用的逻辑卷的候选工作集副本的选取，需要由系统动态作出选择。

为了确保逻辑卷的主物理卷和多个副本的数据版本一致，本系统使用两种不同的机制负责数据更新。首先，如果逻辑卷启动的工作集副本发生读缺失，系统会立刻启动休眠的主物理卷来同步数据。这确保启动的副本持续的适应工作负载的热度变化。另外，逻辑卷的所有候选副本使用一种被称为后台懒惰增量同步的方法，在主物理卷和所有被启动的候选副本之间同步数据。具体做法是，当逻辑卷的某个启动副本被停用时，该副本将和主物理卷进行数据同步更新；当某个副本被启动时，该副本要首先和主物理卷进行数据同步更新。这种后台懒惰增量同步方法保障了副本在启动或关闭时只需要拷贝最少量的数据，并能够快速运行。

（五）粗粒度的供电周期

和当前大多数节能存储系统必须高频磁盘启停的问题相对比，本系统的磁盘启停模式属于粗粒度的。本系统采用 N 小时为单位的整合时间段。在每个时段中，本系统选择启动一组物理卷子集，并在整合时间段内维持不变。这样做的目的是确保磁盘的寿命和可靠性，避免频繁启停磁盘。

六、系统架构和功能模块

本系统基于模块风格编写，所有模块在虚拟化层中工作，其结构如图 5-1 所示。整个系统架构支持下述的三种工作流：

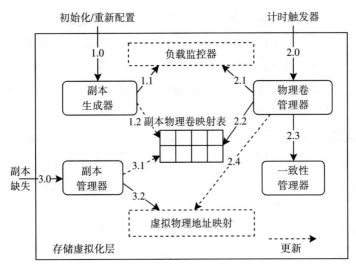

图 5-1　系统结构

（1）副本生成流（工作流 1），提取每个逻辑卷的工作集，并将这些工作集复制到多个物理卷中。该工作流由副本产生器统筹管理，在系统启动或配置发生改变时，例如增加了一个新的工作负载或者新的物理卷时，被触发一次。一旦被触发，副本生成器通过负载监控器得到工作负载的历史日志，然后计算得到每个逻辑卷的工作集、长期工作负载强度。接下来，这些工作集被拷贝到一个或多个物理卷中。逻辑卷工作集中的块数据和工作集所在的物理卷在一个称为副本物理卷映射表的数据结构中被管理。

（2）启动物理卷选择流（工作流 2），以时间段 T 为周期，选择需要被启动的物理卷，未被选择的物理卷将被休眠。该流在整合周期 T（例如，2 个小时）的开始时刻被触发，由物理卷管理器来统一管理。在该流中，物理卷管理器通过负载监控器来查询每个逻辑卷在周期 T 内工作负载强度的期望值。接下来，根据逻辑卷的工作负载信息和其候选工作集副本的存放位置，计算出需要启动的主物理卷的集合，以及为每个休眠的主物理卷寻找一个可运转的候选工作集副本。随后，使用一致性管理器来确保每个运转的主副本、工作集副本的数据是被更新的。一旦一致性检查结束，通过更新虚拟物理地址映射，从而重定向工作负载到逻辑卷对应的物理卷。

（3）重定向流（工作流 3），是存储虚拟化层中处理 I/O 的主要流程，它使用内部的虚拟物理地址重映射来服务到逻辑卷的 I/O 请求，将其转换为对主副本或候选工作集副本的直接 I/O 请求。同时，重定向流为了确保每个逻辑卷的工作集都是最新的，当一个请求访问的块在当前启动的工作集副本中存在时，一个副本缺失事件就会产生。此时，副本管理器启动被休眠的主物理卷取回缺失的块数据。此外，它添加这些新块数据到逻辑卷的工作集中，更新副本物理卷映射表。

系统包含下述五个模块：

1) 负载监控器。负载监控器位于存储虚拟化层中，负责记录从虚拟层输出到任何一个逻辑卷的 I/O 访问。它提供了两个接口：由副本生成器调用的长期工作负载数据接口和由物理卷管理器调用的短期工作负载预测数据接口。

2) 副本生成器。副本生成器负责每个逻辑卷的工作集提取工作以及在一个或多个目标物理卷中的复制工作集副本的过程。此处使用了工作集的一种传统定义：在一个固定时间段内所有被访问的数据块，时间段被选取为让工作集命中率饱和的最小时间间隔。每个逻辑卷工作集中的数据块，以及包含工作集的物理卷，都存储在副本物理卷映射表中。

3) 物理卷管理器。物理卷管理器负责存储整合功能。该模块以每个逻辑卷的工作负载强度作为输入，确定其主物理卷应该被启动或休眠。如果主物理卷被休眠，逻辑卷就要通过重定向其工作负载到容纳其工作集副本的另外一个物理卷中。一旦目标副本（逻辑卷被启用的工作集副本）和启动的物理卷被确认，物理卷管理器需要同步即将运行的主副本或工作集从副本，并更新虚拟物理地址映射。这样，访问一个逻辑卷的 I/O 请求能够被重定向到对应的物理卷。物理卷管理器使用一致性管理器来完成逻辑卷副本间的数据同步工作。

4) 一致性管理器。一致性管理器确保逻辑卷的主副本和其工作集副本是保持一致的。在一个逻辑卷的主物理卷在休眠之前，它的一个工作集副本被启动，这个被启动的工作集副本需要和前一个即将休眠的主副本保持数据版本一致。为了确保较小的同步开销，在原始数据和所有该数据的拷贝之间，维持一个附加的时间点关系。同步操作在原始数据和所有它的启动备份之间周期性运行。这保证当物理卷被启动或停用时，需要同步更新的数据量较小。

5) 副本管理器。副本管理器负责为一个逻辑卷管理其工作集副本。由于工作集副本是逻辑卷的不完全副本，往往会在读数据时引发副本缺失事件。所有的副本缺失事件将通过逻辑卷的主物理卷的单次启动来解决。这时，副本管理器会把缺失的块数据从逻辑卷的主物理卷复制到该工作集副本的指定副本空间中，并在相应的副本元数据中增加缺失的块数据。副本元数据的持续更新确保系统能够适应工作负载的抖动。一旦工作集中的新数据到位并完成了更新，主物理卷就停止工作。如果分配给一个工作集副本的附加空间用完了，副本管理器使用 LRU 策略来淘汰旧的数据块。

副本产生流仅在破坏性事件发生时，譬如，增加一个新工作负载、新的卷或卷中的一个新磁盘时，才需要重新运行。有时启动的工作集副本内容会发生急剧改变，伴随产生大量的副本缺失事件，这时副本产生流也将被迫启动一次。

七、系统核心算法

(一) 副本生成算法

在全部物理卷的可用副本空间上，副本生成器保证每个逻辑卷有一个或多个副本。为一个逻辑卷生成新的工作集副本的原则是：每个逻辑卷的主物理卷被休眠的概率不同（取决于休眠主物理卷带来的效益），且现有工作集副本的数量不同，因此其创建新的工作集副本的概率不均等。具体而言，如果逻辑卷符合四种条件：①工作集的数据量较小（为它创建工作集副本的空间代价就小）；②有较稳定的工作集（如果主物理盘被关闭，工作集副本的读缺失概率较低）；③有更小的平均负载（更易于在多个物理卷上为其寻找多余的带宽）；④有一个高能耗的主物理卷（可将工作集副本保存在低能耗的物理卷中来节能），那么该逻辑卷的主物理卷被休眠的概率就大，为它创建新工作集副本的概率也就更大。副本生成模块的目标是：确保系统能够为那些主物理卷休眠概率大的逻辑盘创建更多的工作集副本。物理卷管理器的目标是：如果它决定休眠一个逻辑卷的主物理卷，那么必须能够找到至少一个存储有该逻辑卷工作集副本且被启动的物理卷。

副本生成算法包含：①依照其主物理卷被休眠的概率，对逻辑卷进行初始化排序。②创建反映这个排序的一个双向图。③按照当前排序，创建逻辑卷和物理卷之间的映射（逻辑卷和物理卷的映射意味着该逻辑卷在映射到的物理卷的副本空间中存放了一个自身的工作集副本）。④根据逻辑卷拥有的工作集副本数量，重新调整双向图的边权，迭代执行步骤③。

1. 逻辑卷初始化排序

在初始化排序阶段，系统依据其主物理卷被关闭的概率从大到小的顺序对逻辑卷进行排序。假定 V_i 表示一个逻辑卷，那么基于其主物理卷 M_i 的属性，系统判断其被休眠的概率 P_i。P_i 的量化基于将其主物理卷休眠的成本收益比，其公式如下：

$$P_i = \frac{w_1 WS_{min}}{WS_i} + \frac{w_2 PPR_{min}}{PPR_i} + \frac{w_3 \rho_{min}}{\rho_i} + \frac{w_f m_{min}}{m_i} \qquad (5-1)$$

其中，w_k 是可调节权重，WS_i 是 V_i 的工作集大小，PPR_i 是 V_i 的主物理卷 M_i 的"性能—能耗比"（峰值 I/O 带宽和峰值电耗），ρ_i 是对于 V_i 长期 I/O 负载强度的平均值（通过 IOPS 测量），m_i 是卷 V_i 工作集中读缺失次数，规格化为其主物理卷 M_i 的单个磁盘启动总数。对应的 min 下标项代表所有虚拟卷中的最小值。概率公式的依据有以下几点。首先，相对而言更易于为一个较小的工作集找到一个物理卷。其次，休眠更耗电的物理卷能够节省更多的能耗。最后，系统赋予那些存储更多稳定工作集的物理卷更高的停转概率，这样可以减少由于读请求不能够由工作集的副本来提供从而迫使主物理卷启动的问题。

2. 创建双向图

副本生成模块创建了一个双向图 G（V→M），每一个逻辑卷作为一个源节点 V_i，它的主物理卷作为一个目标节点 M_i，并且边权 e（V_i，M_j）代表放置一个 V_i 的工作集副本到 M_j 上的"成本—效益比"（见图 5-2）。双向图中的节点按 P_i 的降序进行排序。对于每一条边 e（V_i，M_j），系统将其边权初始化为 $w_{i,j} = P_i$。初始状态，系统没有为任何物理卷分配副本。副本生成算法通过下面的两个步骤轮番迭代，直到所有物理卷的全部可用副本空间耗尽为止。在每次迭代中，仅在一个

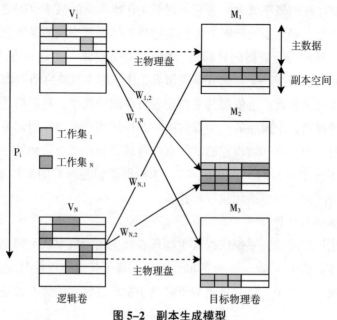

图 5-2　副本生成模型

目标物理卷的副本空间上为其他逻辑卷创建副本。

3. 源—目标映射

副本生成算法的目标是使那些主物理卷有更大概率被休眠的逻辑卷具有更多可选择的工作集副本。为了实现这个目标，算法选择最顶端的副本空间还没有被分配的物理卷 M_i，用那些权重较大的入射边对应的逻辑卷的工作集副本填满 M_i 可用的副本空间（图 5-2 中，V_1 和 V_N 的工作集被复制到 M_2 的副本空间中）。当一个物理卷的副本空间被用完，系统标记该物理卷为已分配。大家可能会注意到这种方法往往优先对待具有更高 P_i 的逻辑卷。如果一个逻辑卷得到了一个新的副本，它得到更多副本的可能性就会降低。这个问题通过源节点的边权再调整来解决。

4. 边权的再调整

权重的初始值等于 P_i。如果逻辑卷 V_i 的工作集已经被复制到一组目标物理卷 $T_i = M_1,\ \cdots,\ M_{least}$（$M_{least}$ 指在 T_i 中具有最小 P_i 的物理卷）中，V_i 需要一个新的目标物理卷的概率等于 M_i 和 M_{least} 同时被停转的概率。这意味着，系统对于分配到目标物理卷 T_j 的任意主物理卷 V_i 的所有出射边，重新调整边权。

$$\forall\ kw_{i,k} = P_j P_i \tag{5-2}$$

一旦权重被重新计算，系统迭代源—目标映射创建的步骤，直到所有的副本被分配给目标物理卷。因为系统首先分配 P_i 最高的目标物理卷的副本空间，所以当源逻辑卷在获得工作集副时，其边权权重随着目标物理盘 P_i 的下降而单调的下降。

（二）启动物理卷选择

本节介绍系统在给定时间段选择需要启动的物理卷子集和工作集副本所采用的算法。系统定义主物理卷 M_i 的休眠概率为 P_i。该算法包含以下内容：

1. 启动物理卷选择

系统首先估算在下个时间段中存储子系统的预期聚合负载。所谓聚合负载指的是存储系统中所有逻辑卷的预期负载之和。系统通过逻辑卷前一个时间段的负载预测下一个时间段的负载。接下来，使用聚合负载来计算启动物理卷的最小集（按照 P_i 的倒数从大到小排序），条件是启动物理卷子集的聚合带宽必须大于预期的聚合负载。

2. 启动副本选择

该步骤中，逻辑卷在启动物理卷子集的多个可用副本中选择一个副本为其提供服务，重定向访问其休眠的主物理卷的请求到该副本。

3. 迭代

如果启动副本选择步骤成功的为每个休眠物理卷找到一个可以代替其工作的副本，算法就终止。否则，启动物理卷的数目增加一个，算法重新执行启动副本选择步骤。

需要注意的是，因为启动磁盘的数目是基于单个 I/O 整合间歇时间段内预测的最大负载，因此负载的瞬时增加可能会导致响应时间的增加。如果在用户定义的时间段内，性能蜕化超出了用户可接受的幅度，将重启磁盘选择步骤，以适应负载新的变化。

图 5-3 描述了启动物理卷选择的实现方式。启动物理卷选择的目标是让那些拥有更高 P_i 的主物理卷停转，将它们的负载重定向到具有更小 P_i 的少数物理卷上。为此，必须为每个未启动的主物理卷选择一个启动的工作集副本。算法的思想在于：①副本生成过程为具有高休眠概率 P_i 的逻辑卷创建更多的副本。②具有更大 P_i 的主物理卷，可能被更长时间地休眠。

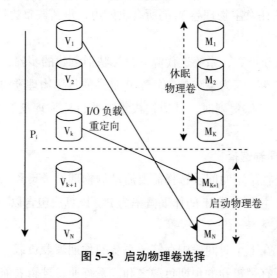

图 5-3 启动物理卷选择

为了实现第一种思想，系统优先安排具有较小 P_i 的被休眠的主物理卷来选择一个启动副本，因为可供它的选择更少。为了实现第二种思想，强制要求具有更大 P_i 的被休眠的主物理卷使用它在更小 P_i 的启动物理卷上的副本。例如，在图 5-3 中，逻辑卷 V_k 可以优先选择一个启动副本。在这种情况下，它能够选择第一个启动态的物理卷 M_{k+1}。这样，具有更大 P_i 的休眠中物理卷被映射到具有更

小 P_i 的已启动的物理卷上（例如，P_i 最大的 V_1 被映射到 P_i 最小的 M_N）。由于具有最小 P_i 的物理卷在大部分时间都可能保持启动状态，这使它们很少需要为休眠的主物理卷切换启动备份。算法的伪代码如图 5-4 所示。

```
S = set of physical volumes to be hibernated
A = set of physical volumes to be activated
Sort S by reverse of P_i
Sort A by P_i
For each D_i ∈ S
    For each D_j ∈ A
        If D_j hosts a replica R_i of D_i AND D_j has spare bandwidth for R_i
            Candidate(D_i) = D_j, break
    End – for
    If Candidate(D_i) == null return Failure
End – for
∀ i, D_i ∈ S return Candidate(D_i)
```

图 5-4　副本选择算法

八、系统优化

为了增加系统的实用性和效率，本项目在以下两个方面对系统进行了优化：

（一）子卷的创建

本系统将被休眠主物理卷的负载重定向到另外一个启动的目标物理卷上。因此，主物理卷 M_i 对应的目标物理卷 M_j 只有能够同时负担逻辑卷 V_i 和 V_j 的组合负载，才能选取它。基于这样的需求，本系统在整合过程可能会引起启动物理卷的可用 I/O 带宽余留碎片。例如，假定一个存储系统包含 10 个同样的物理卷，每一个物理卷的容量为 C，输入负载为 $C/2 + \delta$。但是因为没有一个单独的物理卷可以同时支持两个虚拟卷的输入负载，所以只能依然让 10 个物理卷同时工作，而不能将负载整合到 $10/2 + 1$ 个物理卷。为了防止这种情况发生，系统将每个物理卷细化分割为 N_{sv} 子卷，并分别为每个子卷确定工作集。子副本，也就是子卷中的工作集，被独立的放置在目标物理卷中。通过这种优化，系统能够对负载进行分割从而解决带宽碎片问题。副本生成算法需要将源—目标映射（逻辑卷和物理卷之间的映射）步骤修改以实现这一优化。这样，属于同一个逻辑卷的多个子副本可以存放在多个目标物理卷上。

（二）为子卷添加写入卸载功能

写入卸载技术将对一个休眠卷的写入数据保存到一个启动卷中，这种方法的好处在于可以让休眠卷的空闲状态延长，这样减少了休眠卷的频繁启动，增加可靠性并节约能耗。这种设计和本项目的能耗和负载动态适应的节能架构不构成冲突，且具有优化作用。

本系统将写入卸载技术整合在内，以减少休眠物理卷的启动次数，具体做法是，每个子副本使用额外分配的写抓取空间来吸纳对逻辑卷的写操作。无论是写入卸载还是读缺失，总的目的是为了动态捕获逻辑卷的工作集以适应负载的波动。

九、系统模拟试验

（一）模拟试验

本系统通过模拟试验进行测试，因为模拟器在节能研究中具有相对的灵活性、高效性和低成本等诸多优势。首先，模拟器能够以相对实际测试更长的时间来运行，帮助系统更有效地探索参数空间。其次，模拟器可以灵活地装配出不同物理结构和拓扑结构的测试平台，并针对不同负载研究系统的性能。尤其是模拟器可以方便地配置具有不同带宽和存储容量的磁盘。此外，不同品牌、型号的硬件的电源管理方法是对外不透明的，通过模拟器系统可以透明的选择不同电源管理技术。

（二）参数配置

模拟试验按照以下的配置参数进行。系统包含八个逻辑卷，每一个逻辑卷都被映射到由一个或多个独立的磁盘组成的物理卷中。每个逻辑卷的 I/O 请求负载是相互独立的。八个逻辑卷分别支持网页服务、邮件服务和文件服务共八个负载，具体内容如表 5-1 所示。

表 5-1　负载和存储设备清单

逻辑卷编号	类型	磁盘模型	容量	平均 IOPS	最大 IOPS
D0	home-1	WD5000AAKB	270	8.17	23
D1	home-2	WD2500AAKS	170	0.86	4
D2	home-3	WD2500AAKS	170	1.37	12
D3	mail-1	WD360GD	7.8	25	35.90
D4	web-1	WD360GD	7.8	22.62	82
D5	web-2	WD360GD	10	7.99	59
D6	web-3	WD360GD	10	18.75	37
D7	web-4	WD360GD	20	1.12	4

在所有试验中 I/O 整合时段被设置为两个小时，这是为了把物理卷中磁盘的启动停止周期控制在一个合理值（防止频繁启动—停止降低寿命和可靠性）。对于休眠物理卷中的磁盘，如果两分钟内没有 I/O 请求就进入休眠状态；在整合时段内，启动物理卷中的磁盘是持续启动的。工作集和副本的创建基于三个星期的工作负载历史信息，系统将这些信息的统计结果作为随后 24 小时的预测负载。

I/O 整合基于对物理卷/存储量的评估。系统使用人工合成的随机 I/O 负载对真实物理卷测试以获得性能参数。在 5 个级别的负载强度下（L0 到 L4），单个卷的可持续 IOPS 在表 5-2（a）中给出。存储系统的功耗随启动物理卷数目的变化在表 5-2（b）中给出。

表 5-2　试验设置：（a）磁盘的 IOPS/存储容量比率层次

逻辑卷编号	L0 (IOPS)	L1 (IOPS)	L2 (IOPS)	L3 (IOPS)	L4 (IOPS)
D0	33	57	74	96	125
D1，D2	38	66	86	112	145
D3~D7	52	89	116	150	196

（b）工作磁盘数目和存储系统能耗瓦数的关系

0	1	2	3	4	5	6	7	8
19.8	27.2	32.7	39.1	44.3	49.3	55.7	59.7	66.1

（三）试验平台搭建

图 5-5 介绍了试验平台的搭建。首先，系统通过日志对历史负载计算出每个逻辑卷的工作集，通过内在算法控制副本生成。其次，在每个 I/O 整合时段控制物理卷的启动休眠，创建虚拟卷—物理卷映射以整合 I/O。再次，重放负载，对将逻辑卷的访问映射为对物理卷的访问，并在副本缺失时间发生时，启动休眠物理卷。最后，通过性能功耗监控模块，对测试数据进行统计。

测试中，系统实时重放上文介绍的八个工作载荷的 I/O 日志，时间段选择使天中最活跃的 8 小时（共计 4 个整合时段）。我们报告真实的功率消耗、I/O 响应时间（其中包含排队和服务时间）分布，并和所有磁盘都激活的底线配置作比较。功率消耗以秒为单位测量，磁盘激活/待机状态信息轮询时间为 5 秒。我们使用两种不同的 IOPS 层次：L0，作出一个对于物理卷 IOPS 最保守的估算量；L3，是对物理卷 IOPS 相对合理的乐观估算量。

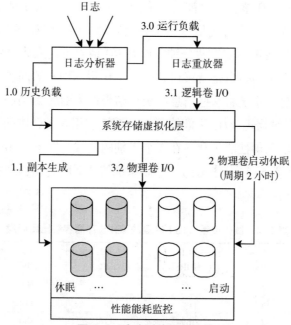

图 5-5　试验测试平台结构

（四）测试分析

1. 节能效果分析

图 5-6 研究系统节省的功耗。在使用保守的物理卷 IOPS 的估值 L0 时，平均能够休眠将近 4.33 个物理卷，节省功耗 23.5 瓦（35.5%）。使用激进的物理卷 IOPS 估值 L3 时，除了 4~6 小时之外所有的周期，系统能够让 7 个磁盘休眠，节省 38.9 瓦（59%）。功耗的峰值在启动时发生，由于读缺失造成的卷启动在两小

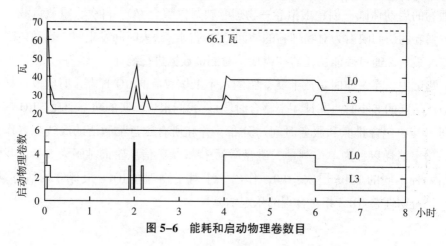

图 5-6　能耗和启动物理卷数目

时处发生，两者数量均较少。值得一提的是，相当一部分功率被用于维持待机状态（19.8 瓦）。

2. 负载能耗动态平衡

该测试考查系统能耗和系统负载的关系。在本次测试中，在 24 小时内以两小时为 I/O 整合时段来测试系统能耗。系统所承担的负载从 L0 到 L4，共收集了 30 个数据点。此外，为了测试极端情况下的系统能耗，测试中使用了比 L0 更高的负载。每一个数据点通过平能能耗值和负载因子值来量化。负载因子是观测到的 IOPS 负载占 IOPS 层级估算值的百分比。图 5–7 显示了在每个负载因子下的能耗情况。虽然负载因子是一个连续变量，但是系统能耗层次是离散的。系统能够接近以 N 个卷组成的存储系统提供 N 级能耗，在不断增长的负载下能耗线性逐步增长。

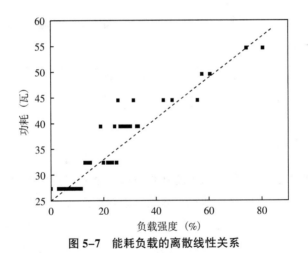

图 5–7　能耗负载的离散线性关系

3. 系统存储空间开销

系统最主要的开销是由副本和副本元数据占用的存储空间开销，该开销的大小取决于每个物理卷维护的用来存储工作集和写入卸载数据的副本空间大小。系统使用由五个字节组成的块级别映射条目来指向当前的启动副本。用四个附加字节来标识其是否保留了最新版本数据，并用另外四个字节处理被副本空间写缓存吸收的 I/O 操作。这样在映射中每个条目有 13 个字节。如果 N 代表卷的总数，S 代表其存储容量，R% 的空间用来容纳副本，那么极端情况下消耗的存储容量是映射表的大小，形式化为 $\dfrac{N \times S \times R \times 13}{2^{12}}$。例如，对于一个管理 10 个卷总存储量为 10TB 的存储系统，如果每一个卷被分配 100GB 的副本空间（10%的超额拨配），那么内存开销仅有 3.2GB，这对于高端的虚拟化管理器来说可以承担。

图 5-8 描述了在不同超额拨配的存储空间百分比下，整个存储系统的平均功率消耗情况。在该项测试中采用 L0 级负载，测试时间段为 24 小时。从图 5-8 可以观察到，系统在超额拨配 10%的存储空间时，就可以实现很好的节能效果。如果提供 20%以上的超额拨配存储空间，可以实现最佳节能效果。

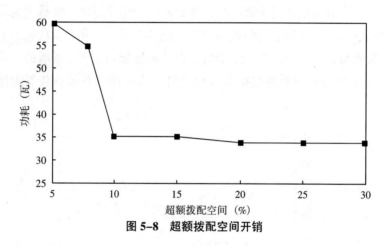

图 5-8　超额拨配空间开销

十、工作总结

针对企业级数据中心存储系统能耗和负载不平衡引发的能源浪费问题，本项目提出了一种能耗和外部负载动态平衡的节能存储系统。该系统在存储虚拟化层中，综合使用 I/O 动态整合和工作集副本管理技术，建立了系统能耗和外部负载之间的离散线性关系，实现了细粒度的能耗控制，同时具有节能效果好、空间开销低、可靠性高、适应负载抖动和支持异构存储等优点。经模拟验证，存储系统仅仅以 10%的超额存储空间分配为代价，可以节省 30%~40%的能耗。

本项目进一步的研究方向包括：①建立新的模型来捕捉存储整合对系统性能的影响；②研究逻辑卷间负载整合的相关性；③优化副本同步的调度方法以减少对前台 I/O 的影响。

第二节 基于大规模云环境的绿色资源分配协议

一、引言

近年来数据中心的电力消耗在迅猛增长，且一些研究表明这种增长预计会持续下去。一种能够有效减少数据中心电力消耗的方法，便是服务器整合，其思想是将工作负载集中在最小数量的服务器中。数据中心目前的服务器利用率约为15%，因而服务器整合的效果相当明显。因为即使没有负载，一个正在运行的服务器消耗的功率也会超过最大功率消耗的60%，将空载服务器切换到需要最少功率或零功率的模式可以显著降低功耗。

服务器整合的关键技术在当前已经成熟。在虚拟化和实时迁移技术的支持下，可以根据不断变化的需求对工作负载进行整合。服务器设备拥有各种待机模式，而各种待机模式又具有不同的功耗级别和唤醒时间，允许数据中心适应不断变化的需求。

针对大规模云计算环境中（10万以上的服务器）工作负载强度变化大、功率消耗高的问题，本项目提出了一种绿色资源分配协议。基于通用性的考虑，本项目以平台即服务的角度讨论云系统。图5-9描述了一种普遍采用的云架构，其中云服务提供商拥有并管理云系统的基础设施，向客户提供云服务。网站所有者通过由云服务供应商代为托管的网站向各自的客户提供服务。每个云节点上部署了中间件，并通过它对网站所有者提供托管服务。

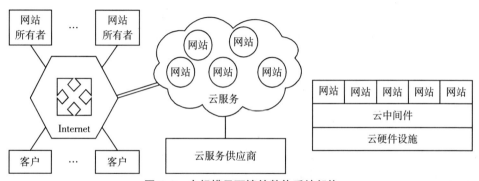

图5-9 大规模云环境的整体系统架构

为了在云环境中执行资源分配，需要部署一个中间件层，该层设计目标如下：

性能目标：①当系统欠载时，通过服务器整合减少云功耗，同时满足所承载网站的需求；②当系统过载时，在所有托管的网站间公平地分配可用资源。

适应性目标：资源分配过程必须动态和高效地适应负载需求的变化。

可扩展性目标：无论是对于云中的服务器数和云承载的网站数的变化，资源分配过程必须是可扩展的。确切地说，每个服务器为实现给定的性能目标所消耗的资源必须随服务器的数目和网站的数目的增加呈线性增加。

本项目没有采用中心式设计，而是采用分散设计方法，在云环境中的每台服务器上运行中间件层组件。本项目将云中的服务器称为节点。为了实现可扩展性，中间件层的关键任务包括计算全局状态、网站模块生成和请求转发，这些全部基于分布式算法。

数据中心节能问题已经被广泛研究，同样市场也推出了一些产品和配套解决方案。但本项目工作有其独特之处，相对于其他的所有研究工作，本项目采用了分散算法来计算云中的资源分配策略。此外，不同于现有的私有云，如 Open-Nebula、OpenStack、AppScale 和 Cloud Foundry 上的管理软件，本项目提出的解决方案具有以下三种独特特点：①动态调节当前的资源分配方案以适应负载和节点的变化；②一个应用的资源被动态分布到多台物理设备；③超过 10 万台服务器节点的可扩展性。

本项目的主要贡献如下：首先，提出了一个云环境下绿色资源分配协议。其次，对基于服务器整合的节能策略进行形式化分析，并提出了一种启发式的解决方案来生成协议的实例。最后，通过仿真实验和一个理想系统进行比较从而证明该协议的有效性，实验数据表明该协议可扩展到一个超大云。

二、系统架构

图 5-10 左侧介绍了云系统的中间件层次的体系架构，每个云节点都要运行中间件层。一个网站是由一个或多个模块组成，这些模块占用了大部分云资源。在中间件中，包含了网站的业务逻辑模块（简记为 m_i）和网站管理器模块（简记为 SM_i）。

每个云节点的中间件层都运行着节点管理组件，通过该组件来执行资源分配策略，比如，决定加载哪些业务逻辑模块的实例。资源管理组件负责运行绿色资源分配协议，该组件以节点中每个运行模块的需求作为输入，继而生成资源分配

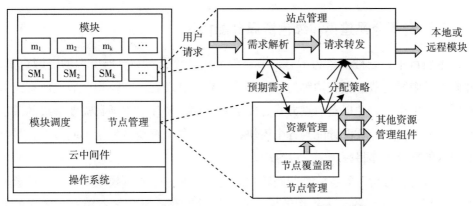

图 5-10 云中间件的系统结构及请求处理和资源分配组件

策略。分配策略被发送给模块调度组件来实施执行，同时也发送给站点管理程组件来决定是否转发该请求。节点覆盖图组件通过分布式算法来维护云中的节点覆盖图，并为每个资源管理组件提供需要进行通信的节点列表。

在系统结构图中，每个网站都拥有了一个站点管理组件。站点管理组件负责处理某一网站的用户请求。它内部包含两个重要的组件，即需求分析组件和请求转发组件。需求分析组件根据请求统计、QoS 指标等信息预测站点中每个业务逻辑模块的资源需求，预测结果将转发给节点管理组件，该组件负责管理一个站点的全部模块实例。而请求转发组件把那些处理模块实例的用户请求发送给相应的站点。图 5-10 右侧描述了站点管理组件和节点管理组件之间的关系。

从能耗的角度来看，每个节点有启动和待机两种状态。启动的节点将运行所有的软件层次和组件，因此能耗较高，而待机节点的能耗则可以忽略不计。在本项目中采用的待机状态相当于 ACPI 标准中的 G2 状态，在这种状态下，节点可以通过网络被远程唤醒。如图 5-10 所示，云通过节点池服务组件注册每个节点并跟踪其功耗状态。

资源管理组件将节点设定为启动或待机状态，当从启动状态切换到待机状态时，它发送一个待机消息给节点池管理服务程序，随后切换到待机状态。在从待机状态切换到启动状态时，它发送一个启动消息给节点池管理服务程序。接下来，如果该节点是可用的，节点池管理服务程序会返回被激活节点的标识符。需要说明的是，资源管理组件是本项目的讨论重点，而系统中的其他组件，例如，节点覆盖图组件、需求分析组件和节点池管理，均采用当前成熟的解决方案。

三、资源分配建模和绿色资源分配协议

本项目中，云被抽象为所有云节点中可用计算资源和存储资源的资源合集，并假设云中所有节点拥有均等的 CPU、内存容量和功耗。在模型中假定所有的节点属于同一个云，并以点对点方式分配资源、相互协作。本项目需要解决的关键问题是，如何将云资源分配到各个模块，继而将各个模块分派给不同节点，最终实现云的整体工作目标。

经过建模分析，资源管理问题转化为优化求解一个管理模块实例化和请求转发的配置矩阵的问题。更确切地说，在不同的时刻，云环境不断有新的事件发生，如负载变化、添加删除站点或节点等。在应对这些事件时，需要对优化问题进行求解，以保持最佳的配置。在下一小节将介绍资源分配模型，接下来提出了绿色资源分配算法。

（一）建模

在模型中，云系统包含一系列网站 S 和负责运行这些网站的节点 N。每个网站 $s \in S$ 包含一系列的业务逻辑模块或管理模块 M_s。云中的所有这些模块表示为 $M = \cup_{s \in S} M_s$。CPU 命令是时间相关的，以向量 $\omega(t) = [\omega_1(t), \omega_2(t), \cdots, \omega_{|M|}(t)]^T$ 表示，内存命令和时间无关，以向量 $\gamma = [\gamma_1, \gamma_2, \cdots, \gamma_{|M|}]^T$ 表示。系统可能会运行模块 m 的多个实例，每一个实例都在不同的节点上，它的 CPU 命令分摊在这些实例中。节点 n 中运行的实例 m 的命令 $\omega_{n,m}(t) = \alpha_{n,m}(t)\omega_m(t)$，其中 $\sum_{n \in N} \alpha_{n,m}(t) = 1$ 并且 $\alpha_{n,m}(t) \geqslant 0$。系统配置矩阵 A 包含元素 $\alpha_{n,m}(t)$。A 是非负矩阵，满足 $1^T A = 1^T$。

云中的节点 $n \in N$ 的 CPU 资源为 Ω，内存资源为 Γ。Ω 和 Γ 表示系统中所有节点的 CPU 资源和内存资源。在节点 n 上，生成模块 m 的一个实例需要耗费该节点中 $\omega_{n,m}(t)$ 的 CPU 资源和 γ_m 的内存资源。实际上，节点 n 分配给 m 的 CPU 数量为 $\hat{\omega}_{n,m}(t)$，内存数量为 γ_m。$\hat{\omega}_{n,m}(t)$ 可能和 $\omega_{n,m}(t)$ 不同，它取决于云中的资源分配策略 $\hat{\Omega}(t)$。按照本项目所使用的策略，$\hat{\omega}_{n,m}(t) = \frac{\omega_{n,m}(t)}{\sum_i \omega_{n,i}} \Omega$。

（二）绿色资源分配协议

根据上述模型，配置矩阵 A 用来表述如何将云资源分配给所有的网站。本项目使用绿色资源分配协议为一个大型的云计算出配置矩阵。该协议是多轮协议，它在每一轮计算中，令一个节点选择云中其他节点的一个子集进行交互。节点子

集的选取是基于概率分布的，随着节点执行更多轮次的计算，它们的状态收敛到期望的状态。绿色资源分配协议能完成多种管理任务，包括以鲁棒性的方式传播信息、计算总量以及创建和维护节点覆盖图。

绿色资源分配协议运行在所有云节点的资源管理组件中，它被实例化后来完成各种管理目标。该协议中节点需要和其他候选节点交互信息，这些候选节点由节点管理组件中的节点覆盖图组件负责维护。

根据具体的配置，绿色资源分配协议综合使用了两种调用方式。一种调用方式是周期性的，另一种调用方式是为了响应某些事件，例如，一个负载显著变化或增加了新的节点等。在调用绿色资源分配协议时，每个节点执行 r_{max} 轮次，然后输出配置矩阵 A。r_{max} 的选取取决于绿色资源分配协议的具体实例。分布在不同节点上的配置矩阵 A 负责模块实例的生成和销毁，以及为请求转发组件和模块调度组件生成控制策略。资源管理组件需要确定计算出的配置矩阵是否完整。相对于两次被触发事件之间的时间间隔，绿色资源分配协议计算出配置矩阵 A 所花费的时间是很短的。在初始化的时刻，绿色资源分配协议读取一个可行的系统配置作为输入。在之后的调用中，绿色资源分配协议会将上次运行过程中产生的配置矩阵作为下次计算的输入。

绿色资源分配协议的伪代码在图 5-11 中给出。该协议在每个节点上均部署了一个主动线程和被动线程，遵循角力式交互策略。受篇幅限制，算法中略去了

```
initialization
1: read ω, γ, Ω, Γ, row_n(A);
2: iniIns tance ();
3: start active and passive thread;
active thread
1: for r = 1 to r_max do
2:     n' = choosePeer ();
3:     send(n', row(A));
       row_{n'}(A) = receive(n');
4:     updatePlac ement(n', row_{n'}(A));
5:     sleep until the end of this round;
6: write row_n(A);
passive thread
1: while true do
2:     row_{n'}(A) = receive(n');
       send(n', row_n(A));
3:     updatePlac ement(n', row(A));
```

图 5-11　绿色资源分配协议的伪代码

线程同步原语。作为一种通用协议，绿色资源分配协议包含了三个抽象方法以计算配置矩阵，从而实现一个特定的资源管理目标。其中，函数 initInstance( )负责初始化，函数 choosePeer( )负责交互节点配对，函数 updatePlacement( )负责在协议交互过程中重新计算当前状态。该算法运行在每个节点上，经过多轮迭代后最终能够计算出配置矩阵 A。InitInstance( )负责初始化，choose Peer( )负责选择交互节点，update Placement( )负责在协议交互过程中重新计算当前状态。

四、资源管理的优化工作

一个目标是当云系统可用资源充足（或欠载）时就要满足用户的需求，否则（过载）时就要公平地分配资源。该目标使用"效用"概念进行形式化。效用被定义为节点 n 中模块 m 所生成的一个实例已分配的 CPU 的资源和该实例在特定机器上所需资源的比例，即 $u_{n,m}(t) = \dfrac{\hat{\omega}_{n,m}(t)}{\omega_{n,m}(t)}$（一个 $\omega_{n,m} = 0$ 的实例产生的效用为 ∞）。通过网站产生的效用被定义为 $u(s, t) = \min_{n,m \in M_s} u_{n,m}(t)$。云的效用 $U^c(t)$ 被定义为 $U^c(t) = \min_{s|u(s,t) \leqslant 1} u(s, t) = \min_{n,m|u_{n,m} \leqslant 1} u_{n,m}(t)$。第一个目标可以被形式化为最大化 $U^c(t)$，它确保在欠载时满足所有的网站需求。在过载情况下，最大化 $U^c(t)$ 可以确保将 CPU 资源以最大公平性分配到各个网站。

第二个目标是最大限度地减少云的功耗。本项目对具有下述函数模型的节点 n 的功耗进行建模。

$$P_n(t) = \begin{cases} 0 \text{ if } row_n(A)(t)1 = 0 \\ 1 \text{ otherwise} \end{cases} \tag{5-3}$$

$P_n(t) = 0$ 意味着该节点可以被切换到待机状态，$P_n(t) = 1$ 意味着该节点必须保持启动状态。云计算的功耗将表示为 $P^c(t) = \sum_n P_n(t)$。因此第二个目标是最小化 $P^c(t)$。

资源分配的本质工作是从前一个配置 A(t)得到一个新的配置 A(t+1)，使得资源管理系统地满足了新的需求 $\omega(t+1)$。所以，第三个目标是寻找一个能最大限度地减少成本函数 $c^*(A(t), A(t+1))$ 的配置。该成本函数获取更改配置（从 A(t)到 A(t+1)）引发的性能损失。这样的性能损失反映了网络带宽消耗或重新配置期间较长的中断时间。本项目中采用的成本函数对模块实例数目进行计数，并对新配置未启动时和启动后的状态进行比较。

现在需要使用上面讨论的三个目标对优化问题进行形式化。此处讨论一个 CPU 资源为 Ω 和内存资源为 Γ 的云系统。然后，考虑一个 CPU 需求向量为 $\omega(t+1)$ 和内存需求向量为 γ 的配置方案 $A(t)$，找到解决下列优化问题的配置 $A(t+1)$。

$$\max\,(U^c(t+1))$$
$$\min\,(P^c(t+1))$$
$$\min\,(c^*(A(t),\ A(t+1)))$$
$$A(t+1)\geq 0,\ 1^T A(t+1) = 1^T$$

$$\hat{\Omega}\,(A(t+1),\ \omega(t+1))1\leq\Omega$$
$$\mathrm{sign}\,(A(t+1))\gamma\leq\Gamma \tag{5-4}$$

该优化问题有一些优先考虑的目标。首先，在能够最大化云效用的所有的配置矩阵 A 中，优选那些最大限度地减小功耗 P_c 的配置矩阵。在这些配置中，需要选择一个最小化成本函数 c^* 的配置。OP 的约束条件涉及把模块级的 CPU 需求细分到各模块的实例，确保在每个节点所分配的 CPU 和内存资源不能超出它的可用容量。

优化的难点有以下几个方面。一个模块的内存需求难以划分，即一个模块的内存需求难以在不同节点上运行实例之间进行分割。然而，在许多实际情况下，存储器的组合需求明显小于云的存储容量，可以很容易实现 OP 求解。

(一) 一种启发式的解决方案

本项目设计了绿色资源分配协议的一个实例。该协议包含了三个抽象方法。在 InitInstance() 函数，为节点 n 初始化 N_n，N 为和节点 n 运行相同模块的集合。节点 N 选择另一个节点 $j\in N_n$ 进行配对并运行资源分配协议。配对的好处在于，负载可以在两个机器之间转移而不需要额外的存储器或重新配置开销。然而，总是从 N_n 中选择 j 会导致云被划分为不相交的交互集合。为了避免这种情况，节点 n 将偶尔和集合 N_n 之外的某个节点配对。邻居选择函数 choosePeer() 按如下步骤实现：它以均匀分布的概率 p 返回集合 N_n 内的节点，并以概率 1−p 选择集合 $N−N_n$ 内的节点，其中 p 为可配置参数。

该协议的核心在 updatePlacement() 函数中实现，该函数负责将模块实例从一个服务器节点移动到另一个节点。模块移动的目标是通过参与节点的 CPU 需求确定的，对于节点 n 被定义为 $v_n=\sum_m \omega_{n,m}/\Omega$。确切地说，对于节点 n 和 j，如果 $v_n+v_j\geq 2$，该协议会意识到云处于过载状态，因而调用一个公平分配 CPU 资源的函数。此函数将模块从具有需求资源更多的节点移动到需求资源相对较少的节点，其目标是均衡 v_n 和 v_j。

如果 $v_n + v_j < 2$，协议侦测到云是在欠载状态，将调用旨在降低云功耗的函数，同时确保网站的需求得到满足。该函数为 packNonShared( )，它的调用频率很高。只有当两个节点共享模块时，函数 packShared( )才会被调用。该函数基于以下两个概念：

第一个概念由函数 pickSrcDest( )实现，它保证了协议从过载节点向欠载节点转移模块，旨在满足过载节点上组件实例的需求。另外，如果两个节点欠载时，协议将模块从具有较低负载的节点移动到负载更高的节点，以试图让一个节点满载并停用另一个节点。

第二个概念涉及协议的能耗效率。确切地讲，它试图避免一个节点仅使用单一种类的资源类型（例如，仅 CPU 或存储器）。这种情况下减少了协议的节能效率。因此在交互期间，该协议确定了需求相对较大的资源类型，并且在源计算机上选择那些具有较少的占主导地位的资源的模块，使得容易被迁移到另一个节点。在伪代码中，相关的内存需求被定义为 $g_n = \sum_m \gamma_m / \Gamma$。

initIns tan ce （ ）

1：read N_n;

choosePeer （ ）

1：if rand（0...1）< p then

2： return unifrand（N_n）;

3：else

4：return unifrand（$N - N_n$）

updatePlacement(j, row_j(A));

1：if（$v_n + v_j \geqslant 2$）then

2：equalize(j, row_j(A));

3：else

4：if $j \in N_n$ then

5： packShared(j);

6： packNonShared(j);

packShared(j)

1： $(s, d) = pickSrcDest(j)$ ； $\Delta\omega_d = \Omega - \sum_m \omega_d$

2： if $v_s > 1$ then $\Delta\omega_s = \sum_m \omega_{s,m} - \Omega$ ； else $\Delta\omega_s = \sum_m \omega_{s,m}$ ；

3： Let mod be the list of mod ules shared by s and d， sorted decrea sin g $\gamma_{s,m}/\omega_{s,m}$ ；

4： while mod $\neq \phi \wedge \Delta\omega_s > 0 \wedge \Delta\omega_{w_d} > 0$ do

5： m = remove first element from mod；

6： $\delta\omega = min(\Delta\omega_d, \Delta\omega_s, \omega_s, m)$ ； $\Delta\omega_d - = \delta\omega$ ；

7： $\Delta\omega_s - = \delta\omega$ ； $\delta\alpha = \alpha_{s,m} \dfrac{\delta\omega}{\omega_{s,m}}$ ； $\alpha_{d,m} + = \delta\alpha$ ； $\alpha_{s,m} = \delta\alpha$

packNonShared(j)

1： $(s, d) = pickSrcDest(j)$ ；

2： $\Delta\gamma d = \Gamma - \sum_m \gamma d, m$ ； $\Delta\omega_d = \Omega - \sum_m \omega_{d,m}$ ；

3： if $v_s > 1$ then $\Delta\omega_s = \sum \omega_{s,m} - \Omega$ ； else $\Delta\omega_s = \sum_m \omega_{s,m}$ ；

4： if $v_d \geqslant gd$ then $sortCri = \gamma_{s,m}/\omega_{s,m}$ ； else $sortCri = \omega_{s,m}/\gamma_{s,m}$ ；

5： Let mod be the list of mod ules on s not shared with d， sorted by decrea sin g sortCri；

6： while mod $\neq \theta \wedge \Delta\gamma d > 0 \wedge \Delta\omega_d > 0 \wedge \Delta\omega_s > 0$ do

7： m = remove first element from mod；

8： $\delta\omega = min(\Delta\omega_d, \Delta\omega_s, \omega_s, m)$ ； $\delta\gamma = \gamma_{s,m}$ ；

9： if $\Delta\gamma d \geqslant \delta\gamma$ then

10： $\delta\alpha = \alpha_{s,m} \dfrac{\delta\omega}{\omega_{s,m}}$ ； $\alpha_{d,m} + = \delta\alpha$ ； $\alpha_{s,m} = \delta\alpha$ ；

11： $\Delta\gamma d - = \delta\gamma$ ； $\Delta\omega_d - = \delta\omega$ ； $\Delta\omega_s - = \delta\omega$ ；

pickSrcDest(j)；

1： dest = arg max(v_n, v_j) ； src = arg min(v_n, v_j) ；

2： if $v_{dest} > 1$ then swap dest and src；

3： return （src, dest）；

（二）绿色资源分配协议算法的属性

绿色资源分配协议是一种启发式的解决方案，它产生的配置在 OP 意义上一般不是最优的。为了描述该协议的性质，本项目引入了两个概念：CPU 负载系数 $CLF = \dfrac{\omega^{T_1}}{|N|\Omega}$ 和内存负载系数 $MLF = \dfrac{\gamma^{T_1}}{|N|\Gamma}$ 。当 CLF > 1 时，云处于过载状态，这意味着对于 CPU 资源的总需求超过了在云中的可用容量。本项目不考虑 MLF >

1 的情况，因为在云中不可能出现这样的初始负载状态，因而将内存需求假定为常数。

过载状态的云（CLF>1；MLF<1）：本协议假设云中的所有节点最终都处于过载状态。一旦处于这种情况下，该协议将执行公平性协议。这意味着它会跨站点尝试使用要么启动要么待机的小公平性策略来分配 CPU 资源。

内存需求远小于总量（MLF<<1）。每次协议交互后，交互节点正处于以下几种状态之一：①两个节点负载相同。②一个节点承担最大限度的 CPU 负载。③一个节点无负荷。在这些情况下，由协议计算出的配置收敛于 OP 的最优解，前提是如果能够忽略重新配置的成本。如果 CLF<1，最优解决方案意味着 $\lceil |N|$ CLF$\rceil$ 个节点承担最大限度的负载，其余 $|N| - \lceil |N| \text{CLF} \rceil$ 个节点空载，同时网站的所有要求得到满足。

一般情况下（CLF<1，MLF<1）。根据设计，该协议赋予优先考虑迁移过载节点的负载，而不是通过负载转移来降低功耗。因此，如果该协议产生新的配置包括不承担任何负载的节点，其他节点应该能够充分满足负载需求。

五、仿真测试

本项目使用内部开发的事件驱动式模拟器进行了大量的模拟计算。系统模拟了一个分布式系统，云中每个节点均运行了节点管理组件。确切地说，这些节点管理组件执行绿色资源分配协议，从而计算出分配矩阵 A，并且还采用 CYCLON 协议，该协议为绿色资源分配协议提供了选择随机邻居的功能。模拟器还实现了计算出云的初始可行配置的算法。模拟器的外部事件来自需求向量 ω 的变化。

能耗的降低通过 N 衡量，它表示云中处于空载状态的节点数目。资源分配的公平性通过网站效用的变异系数来测量，计算的方法是平均效用除以标准偏差。一个网站的模块数通过一个非连续泊松分布产生，其平均值为 1，递增为 1。一个模块的存储需求统一选择从集合 $c_\gamma = \{128\text{MB}, 256\text{MB}, 512\text{MB}, 1\text{GB}, 2\text{GB}\}$ 中随机选取。对于一个站点 s，在需求的每次变化中，需求分析组件从平均值为 $\omega(s)$ 的指数分布中生成 CPU 需求。站点采用 $\alpha = 0.7$ 的 Zipf 分布，在其中选取 $\omega(s)$。分布的最大值为 $c_\omega \cdot 500\text{G}$ CPU 单元，使用的节点规模为 20000。对于网站 s 的一个模块 m，需求因子 B_m 满足 $\sum_{m \in M_s} \beta_m = 1$，以均匀分布的随机方式选取，它描述了在网站 s 需求中该模块的份额。c_γ 和 c_ω 为可扩展因子。

eOK

通过改变 c_γ 和 c_ω，系统在变化的 CPU 和内存负载强度下对资源分配协议的性能进行评估。云中所有的节点具有同样的 CPU 资源（34.513G）和内存容量（36.409GB）。其中，$c_\gamma = c_\omega = 5$，所以 MLF＝CLF＝0.5。测试采用下述参数，除非额外说明：

$$|N| = 10000, \quad |S| = 24000, \quad r_{max} = 30, \quad p = \frac{|N_n|}{1 + |N_n|}$$

模块和实例的最大数目为 100，在一次运行过程中负载的变化次数为 100 次。

试验分别测试了 CLF＝{0.1，0.4，0.7，1.0，1.3} 和 MLF＝{0.1，0.3，0.5，0.7，0.9} 时协议的性能。实验比较的对象是一个理想系统，它的资源和云系统的 CPU 和内存资源合集一样多。该系统的功耗 $P_{lb}^c = [\min(1, \max(CLF, MLF)]$。$P_{lb}^c$ 是 P^c 的下限，是最优值的近似值。

（一）功耗测试

图 5-12 呈现在不同 CLF 和 MLF 下，绿色资源分配协议的节能效果。正如预期的那样，待机节点数量随 CLF 和 MLF 的增加而减少。例如，从 CLF＝MLF＝0.1 到 CLF≥1 和 MLF≥0.9 时，节省的功耗减少了 85%。这是符合预期的，因为为了满足所有站点的需求，运行的节点数会随着 CLF 和 MLF 的增加而增加。当 CLF≥1 时，能耗的减少为 0。

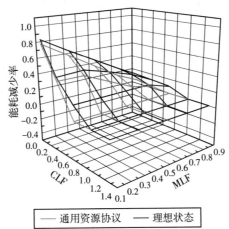

图 5-12　绿色资源分配协议的节能效果

（二）可扩展性

在试验中，分析评价指标对云大小的依赖关系。为了实现这一目标，分别模拟了包含不同节点数的云系统（2500，5000，10000，20000，40000，160000）和不同的网站数目（6000，12000，24000，48000，96000，384000），并保持网站和节点的比率为 2.4。在设置中，采用了两组不同的 CLF 和 MLF 配置，即 $\{(0.5，0.5)，(0.25，0.25)\}$。图 5-13 显示了实验结果，这表明所有指标都独立于系统的规模。也就意味着，如果节点数量和网站数量以相同的速率增长，所有的考虑指标保持不变。

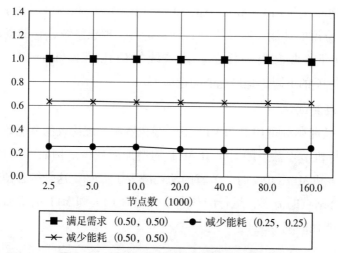

图 5-13　相对于节点和网站数目的可扩展性

六、结语

首先，本项目形式化分析了通过服务器整合技术来最小化系统功耗的问题，并综合考虑了系统处于欠载和过载状态下的资源分配方法。其次，提出绿色资源分配协议，该协议可以为不同的目标被实例化。最后，本项目给出了协议的实例，提出了一种启发式的方法解决了节能问题，并展示出有效性和可扩展性。

第三节 基于 MLC/SLC 双模闪存芯片的闪存转换层

一、引言

NAND 闪存存储相对于硬盘驱动器有许多明显的优势，例如低功耗、体积小、耐冲击性好等优点，现已被广泛应用于移动消费设备，如 MP3 播放器、数码相机、平板和手机中。

因为不需要寻道时间，闪存的读性能较硬盘驱动器更好。然而，由于"擦后写"的特性，闪存的写性能较差。受该特性的影响，闪存块只有在被擦除后才能写入数据。写操作的最小单位为闪存页（Page），而擦除操作的最小单位是闪存块（Block）。相对于闪存页，闪存块是更大的存储单位，它由多个闪存页组成。为了合理应对闪存存储器自身的特点，大多数闪存存储系统使用闪存转换层（Flash Translation Layer，FTL）将文件系统使用的逻辑页地址转换为闪存器件内部的物理页地址。FTL 的地址映射方案根据采用的地址映射方式可以分为三类，即块级映射、页面级映射和混合映射。

闪存存储器是一个由大量存储器单元（Cell）组成的网格结构，网格中每个行和列的交叉点有两个晶体管。在闪存芯片中，每个存储单元中的电荷数量影响阈值电压，而阈值电压又决定了存储单元的状态。在 SLC 闪存芯片中，每个存储单元有两种状态，因而可以存储一位二进制信息。在 MLC 闪存芯片中，每个存储单元有四种以上状态，因而可以存储两位或两位以上的二进制信息。

MLC 闪存的一个存储器单元（Cell）一般保存两位二进制数据，它们分别属于两个闪存页。其中一个闪存页被称为最低有效位（Least-Significant-Bit，LSB）页，另一个闪存页被称为最高有效位（Most-Significant-Bit，MSB）页。图 5-14 描述了一个 MLC 闪存块的概念结构，并说明了如何通过阈值电压确定对应的二进制取值。成对的 LSB 页和 MSB 页共享属于相同字线的存储器单元。每个存储器单元可以被烧写（Program）两次，一个闪存页只能使用专属的比特位置。例如，如果阈值电压从负值升至 0V 到 1V 之间，这被称为第一次烧写，该电压被解释为 10，而 MSB 和 LSB 分别取逻辑 1 和逻辑 0。如果第二次烧写将阈值电压升高到大于 2.4V，那么 MSB 位变换为逻辑 0。

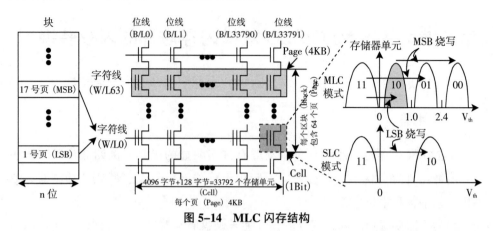

图 5-14 MLC 闪存结构

耗费同等规格的晶圆，MLC 可以提供比 SLC 更大的存储容量，所以 MLC 闪存较 SLC 闪存更便宜。因此，对于构建大规模的闪存存储器系统，如 SD 卡或固态硬盘（SSD），采用 MLC 闪存是一种极具竞争力的解决方案。然而，影响 MLC 闪存推广使用的关键障碍在于其糟糕的写性能和过短的使用寿命。由于在一个存储器单元中储存多位二进制信息，MLC 闪存需要为多个状态指定狭小的阈值电压范围。因此，MLC 需要更精确的充电和感应装置，这反过来减少了 MLC 相对于 SLC 的性能和持久性。MLC 的写性能约为 SLC 的一半，而可用的烧写/擦除（Program/Erase）循环次数大约是 SLC 的 1/5。

为了破解 MLC 闪存的性能局限，出现了两种结合 SLC 和 MLC 的闪存存储架构。一种架构的思想是搭配使用 SLC、MLC 闪存芯片来构建大型闪存存储。另一种架构的思想是使用一种 MLC/SLC 双模芯片，即在单个闪存芯片内既可以包含 SLC 块又可以包含 MLC 块。通过仅烧写 MLC 闪存单元的 LSB，MLC 可以作为 SLC 使用。如图 5-14 所示，在 SLC 模式下存储单元只有两种状态，即"11"和"10"，这样可以用更大的电压范围来表示存储单元的状态。因此，如果在 MLC 闪存块中仅烧写 LSB，该块在功效上等同于 SLC 闪存块。也就是说，MLC 闪存可以按照 SLC 模式使用。相反，如果 LSB 和 MSB 都被烧写，就能够利用 MLC 模式来提供更大的存储容量。因此，MLC/SLC 双模闪存芯片在双烧写模式下工作，即 SLC 模式和 MLC 模式。每个闪存块都要在 SLC 模式和 MLC 模式之间做出选择。那就是说，如果一个闪存块设置为 SLC 模式（或 MLC 模式），块内所有的存储单元都按照 SLC 模式（或 MLC 模式）使用。双烧写模式允许两种不同类型的块在同一个闪存芯片中同时存在。

　　MLC/SLC 双模闪存芯片的一个产品实例是三星的 Flex OneNAND，它允许用户以指定 SLC 块索引的方式将芯片划分为 SLC 区域和 MLC 区域。如表 5-3 所示，按照 SLC 模式使用的 MLC 块相对于按照 MLC 模式使用的 MLC 块写入延时更短。

表 5-3　不同类型存储单元烧写速度的比较（μs）

块类型	读（页）	写（页）	擦除（块）
SLC	399	417	860
MLC 的 SLC 模式	409	431	872
MLC 的 MLC 模式	403	994	872

　　为了便于管理，本项目将 MLC/SLC 双模闪存芯片的存储空间划分为两个区域：MLC 区域和 SLC 区域。闪存存储的总容量由两个区域的大小确定。例如，如果一个闪存芯片共有 1024 个块，其中 256 个块采用 SLC 模式，768 个块采用 MLC 模式，假定 SLC 和 MLC 的块大小分别为 256KB 和 512KB，那么总容量为 458MB（=65+393MB）。

　　为了有效利用 MLC/SLC 双模闪存架构，异构存储区域应该保持对上层文件系统的透明性。通过将小容量的 SLC 区域作为频繁更新数据的写缓冲区，MLC/SLC 双模闪存架构可以提供接近于 SLC 的写性能和 MLC 的存储量。在这样的架构中，势必需要一个高效的冷热数据分离技术，从而能够确定文件系统中写入的页面数据是发送到 SLC 区域还是 MLC 区域。此外，系统应该能够检测到数据的状态变化，并将数据迁移到合适的区域。

　　本项目基于 MLC/SLC 双模闪存芯片提出了一种称为 Dual-FTL 的闪存转换层。Dual-FTL 的目标是达到接近 SLC 的 I/O 性能，并能有效管理热数据从而有效延长闪存的使用寿命。此外，Dual-FTL 使用自适应策略来应对工作负载的变化。

　　本项目是针对 MLC/SLC 双模闪存的解决方案，它主要包括以下几方面的贡献：

　　（1）提出了针对 MLC/SLC 双模闪存的冷热数据分离算法。

　　（2）提出了 SLC 写缓冲区的替换和垃圾回收算法，这是一个适用于闪存的 GCLOCK 算法版本。

（3）提出了几种处理工作负载变化的自适应方法。

（4）为 MLC 区域提出有效的块管理和热数据检测技术。

仿真实验使用了从手机收集的真实工作负载，其结果表明 Dual-FTL 使用 MLC/SLC 双模闪存芯片时，平均提供了相当于 SLC 闪存 84%的写性能（是 MLC 闪存写性能的 1.48 倍）。此外，Dual-FTL 显著减少了 MLC 闪存区的擦除次数，延长了闪存芯片的使用寿命。

二、相关工作

之前的研究就闪存存储管理问题提出了几种冷热数据分离技术。分离冷热数据的动因有两方面。第一，最小化垃圾回收（Garbage Collection，GC）的成本。GC 模块要选择被回收的牺牲块，迁移牺牲块中所有的有效页到其他空闲块中，并擦除牺牲块中原有数据使之成为新的空闲块。如果牺牲块中只有热数据，其内部的大多数页可能由于频繁的更新而成为无效页，因此迁移成本小。第二，延长闪存存储的使用寿命。通过将热数据写入擦除次数较少的块，从而平衡各块之间的擦除次数。

Wu 等在 eNVy 系统中提出了局部性收集算法。该算法通过一个块被擦除的次数来确定它的热度。Kawaguchi 等提出了一种基于 LFS 的闪存文件系统，提出了冷热分段的方法，以防止热数据混入冷数据。

Chang 等提出了 "cost-age-times"（CAT）垃圾回收方法，它采用了冷热数据识别机制。此外，他们还提出了 DAC 策略，将更新频率数据相似的数据集中在同一区域。Chang 和 Kuo 提出了基于两层 LRU 列表的冷热识别机制。Hsieh 等用多维哈希散列函数来识别热数据，并在精度和存储空间开销方面考虑了可扩展性。

Lee 等提出称为 LAST 的 FTL，它使用冷热检测技术分离冷热数据。不同于其他技术，它提出为日志缓冲区提供混合地址映射。

这些技术集中讨论了垃圾回收和磨损均衡问题，但它们不是专门为 MLC/SLC 双模闪存储器设计的。考虑到 MLC/SLC 双模闪存的内在特点，它需要一个特殊的冷热数据分离方法。本项目中冷热数据识别的目的是将热数据存储在 SLC 区域，从而提升性能并延长芯片使用寿命。此外，存储系统还需要一种自适应的方法，可以根据每个区域内工作负载的变化来调整其存储策略。

当前已经有了一些基于 MLC/SLC 双模闪存的研究。Park 等提出了一种称为 MixedFTL 的 FTL，它是基于 MLC/SLC 双模闪存芯片的。MixedFTL 所有的写请求发送给 SLC 区域，然后将长时间没有更新的冷数据迁移到 MLC 区域。然而其问题在于，不加区分的将大量冷数据写入 SLC 区域，然后再将这些冷数据迁移到 MLC 区域是毫无必要的。此外，MixedFTL 为每个逻辑块分配了一个 SLC 块，这种做法导致 SLC 块利用率偏低并引发垃圾回收（GC）的频繁调用。

Lee 等提出了一种基于 MLC/SLC 双模闪存的文件系统，称为 FlexFS，它根据 SLC 区域和 MLC 区域的存储空间大小，而不是文件的热度来决定在何处存储该文件。那就是说，如果有很多空闲空间的话，大多数文件的写请求将发送给 SLC 区域，即便该文件未被频繁更新。FlexFS 利用文件的冷热度来决定是否将它移动到 MLC 区域。由于 FlexFS 也将所有文件更新写入到 SLC 区域，然后移动未更新的文件到 MLC 区域，它带来 SLC 区域的浪费，并导致较大的迁移成本。此外，它要求改变文件系统，而本项目的方法对于任何文件系统都是透明的。

以往的研究和本项目之间的主要区别在于，前者把所有的写请求发送到 SLC 区域，而本项目的方法仅将热数据写入到 SLC 区域。此外，以往的研究假定一个闪存块可以在运行时重新选择 SLC 模式或 MLC 模式。然而，如果 SLC 块被重新配置为 MLC 块，将难以估算剩余的 P/E 周期数目，而这对于磨损均衡又是至关重要的。闪存芯片供应商没有就块重构提供详细的测试结果，因为完成所有可能的块重构测试是不现实的。供应商仅提供未发成块重构情况下的 SLC 块和 MLC 块的 P/E 周期。因此，MixedFTL 和 FlexFS 是不切实际的解决方案。

Chang 为由 SLC、MLC 闪存芯片构成的混合型 SSD 提出了热数据过滤技术和利用率调节技术。SLC 闪存芯片被作为一个 K 块大小的循环日志空间。热数据过滤技术使用两次平均聚类算法来识别小写热数据，并周期性的重新设置小写阈值以适应工作负载的变化。利用率调节技术通过调节 K 值来平衡 SLC 和 MLC 区域的块磨损。Chang 的方案和本项目的 Dual-FTL 非常相似。

与之不同，本项目根据 SLC 区域向 MLC 区域的迁移流量来调整小写热数据的阈值，因此同时也控制了 SLC 和 MLC 区域的磨损。此外，本项目试图完全利用 SLC 区域来提供高性能，而利用略调整技术仅使用了 SLC 区域的一部分。Chang 的方法的一个关键问题是，2-mean 聚类算法在很多的情况下无法找到两个多数情况。图 5-15 显示在四个实际存储写请求工作负载下不同大小请求的分布。虽然 Phone-1 负载有两个明确的多数情况，在其他负载中也不难找到两个多数情况。表 5-4 总结了 Chang 的技术和 Dual-FTL 之间的差异。

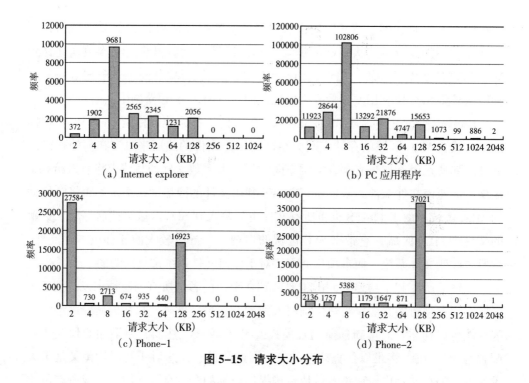

图 5-15　请求大小分布

表 5-4　Chang 的研究和 Dual-FTL 之间的技术比较

技术	Chang	Dual-FTL
冷热数据分离	2 次平均集聚	基于大小
阈值自适应	2-Majority 更新	SLC-to-MLC 迁移量 N-chance
SLC-to-MLC	1-chance	热数据/低热数据分区 提前迁移
MLC-to-SLC		热单元侦测
磨损平衡	使用率调节	SLC-to-MLC 迁移量

三、系统结构

（一）SLC 和 MLC 区域的管理

图 5-16 描述了基于 MLC/SLC 双模闪存的存储系统结构。系统中闪存存储被划分为 SLC 区域和 MLC 区域。其中，SLC 区域作为写缓冲区来接收文件系统发送的小写请求，采用细粒度的页级别映射，而 MLC 区域作为冷数据区，采用大粒度的块级别映射。本项目使用了基于数据规模的冷热数据检测技术。前人的诸多研究表明了小数据通常是热数据，因此系统依据写请求的大小可以预测数据的

热度。例如，那些小于阈值的数据将作为热数据进入 SLC 区域，而大于阈值的连续性数据将作为冷数据进入 MLC 区域。考虑到可能会存在的一些特殊情况，例如一些小数据是冷数据、一些大数据是热数据，诸如此类的问题将通过冷数据迁移、热数据检测等技术解决。

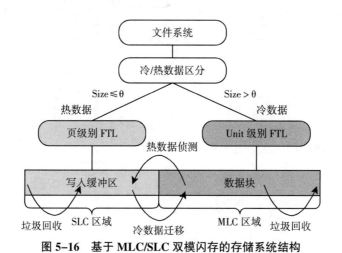

图 5-16　基于 MLC/SLC 双模闪存的存储系统结构

当 SLC 区域缺少充足的空闲空间时，将调用垃圾回收模块令其将冷数据迁移到 MLC 区域或者在 SLC 区域中回收无效页的空间来产生新的可用空间。为了简化垃圾回收，SLC 区域被组织成一个循环缓冲区，其尾部指针指向驻留时间最久的块，并将其作为垃圾回收的牺牲块。这么做是因为一个块如果驻留时间越长，那么其内部包含的无效页或者冷页就会越多。

MLC 区域采用了基于可变单元（Unit）的映射。MLC 闪存的拷贝操作相当耗时，采用块级别映射和混合映射时垃圾回收过程会涉及大量的有效页拷贝，因此并不可取。页级别映射在垃圾回收过程中开销最小，但是由于 MLC 区域的存储空间较大，采用页级映射表需要占用大量内存空间。因此，考虑到这时间和空间需求的矛盾，本项目采用了基于可变单元的映射。

图 5-17 给出了基于可变单元的页级映射的例子。图 5-17（a）和图 5-17（b）分别显示了单块单元和双块单元两种情况。在单块单元策略中，每一个单元都被分配了三个物理块。Unit 0 仅包含逻辑块 0 的页，而 Unit 1 仅包含了逻辑块 1 的页。每个页按照请求到达的顺序被写入。在 Unit 0 的垃圾回收过程中，物理块 10 中的有效页被移动到 14 号物理块，而 10 号物理块作为牺牲块被擦除。在图

5-17（b）中，Unit 0 包含逻辑块 0 和逻辑块 1 的页面。

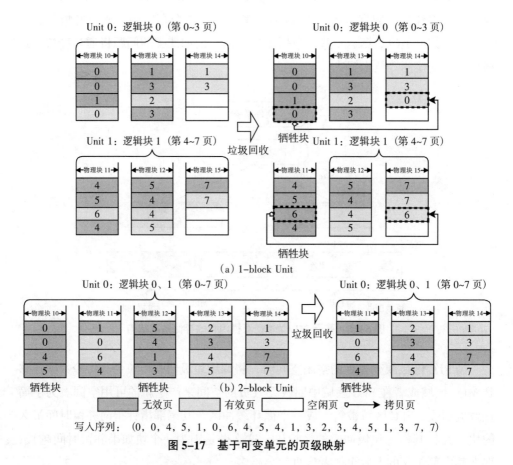

（a）1-block Unit

（b）2-block Unit

写入序列：(0, 0, 4, 5, 1, 0, 6, 4, 5, 4, 1, 3, 2, 3, 4, 5, 1, 3, 7, 7)

图 5-17 基于可变单元的页级映射

（二）冷热数据大小阈值的动态适应

写请求的大小是区分冷热数据的一项重要依据。阈值 θ 的最优取值与工作负载以及 SLC 区域的大小有关。如果 θ 太大，冷数据将被写入 SLC 区域，导致 SLC 区域到 MLC 区域的大量冷数据迁移。反之，如果 θ 太小，冷数据的迁移量将会减少，但是 MLC 区域会接收更多的写请求。因此，需要观察冷数据迁移量进而动态调整 θ 值。

系统在 8KB、16KB、32KB 和 64KB 中选择阈值 θ。在每一个调整阶段，都要检查冷数据迁移的总量。系统将周期性的调整阈值，其调整周期等于 SLC 区域被写满的时间。阈值的动态调整的依据是冷数据的迁移率 φ，如果冷数据的迁移率大于 φ+ε，θ 的值将被减少，从而减少在 SLC 区域的写入。如果小于 φ−ε，φ

的值将被增大。φ 在系统中被设为 10%，ε 被设为 5%。冷数据迁移率的最优值应该在充分考虑 SLC 区域和 MLC 区域擦除次数的基础上选取。

四、SLC 区域管理

（一）N 次复活算法

SLC 写缓冲区按照循环缓冲区方式进行管理，并维护了两个指针，即头部指针和尾部指针。头部指针位置写入新数据，尾部指针指向缓冲区中驻留时间最久的数据块，将该块作为垃圾回收中的牺牲块。驻留时间最久的数据块往往包含最多的无效页，因而最适合作为垃圾回收对象。为了回收空闲存储空间，垃圾回收负责将驻留时间最长的数据块中的有效页拷贝到 MLC 区域，继而擦除该块，并将尾部指针向前移动。

该算法可以被作为一个闪存版本的 CLOCK 替换算法。CLOCK 算法为每个页维护了一个页访问标识位。如果页被访问一次，该标识位被置为 1。通过在循环缓冲区内移动表针来完成替换。

在 SLC 缓冲区中，数据的正常驻留时间等于写数据装满整个缓冲区的时间，也就是头部指针在循环缓冲区中环绕一周的时间。如果一个数据块在写入 SLC 缓冲区后，在尾部指针指向它时从未被更新过，那么可以认为它是冷数据，应该被迁移到 MLC 区域。然而，如果 SLC 区域过小，一些更新周期大于头部指针环绕时间的数据会被当作冷数据。这些数据被迁移到 MLC 区域后如果被更新，从而会导致高昂的写入开销。本项目将这种类型的数据称为低热度数据。

因此，有必要在 GC 过程中，让低热数据可以有更多的机会留在 SLC 区域。为了做到这一点，SLC 缓冲区被分为"热区"和"低热区"，如图 5-18 所示。每一个分区被作为一个循环缓冲区处理。在热区的 GC 过程中，牺牲块中的有效页不是被迁移到 MLC 分区，而是到暖区。如果将热数据和低热数据不加区分，低热数据经常会被 GC 移动。通过区分两个分区，热区中的 GC 能够在牺牲块中找到更多的无效页，从而减少了 GC 开销。

低热区是用来存放那些更新周期大于高热区循环周期的低热度数据的专属空间。如果一个低热度数据被文件系统的写请求所更新，那么旧数据将被设置为无效，新数据会被写入热区。当低热区中的空闲空间不足，其内部垃圾回收过程将被唤起。为每个低热度页提供了 N 次留在低热区的机会。本项目称为 N 次复活算法。每个页面所耗用的复活次数作为元数据被保留在 SRAM 等易失性存储器

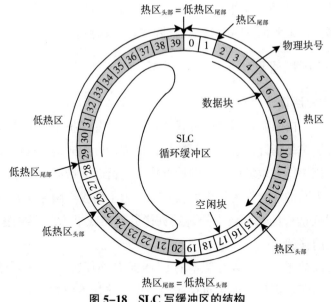

图 5-18   SLC 写缓冲区的结构

中，并受 Dual-FTL 的管理。当系统关机时，这些元数据被提前写入到闪存存储中的一个预留区域。为了平衡热区和低热区中闪存块的烧写—擦除循环次数，两个分区之间的物理块会被周期性的更替。

N 次机会算法类似于通常所说的 CLOCK（GCLOCK）缓冲区替换算法，GCLOCK 也为置换对象提供了多次复活机会。可以将 N 次机会算法看作 GCLOCK 算法的闪存改良版本。然而，本项目提出的 N 次机会算法和 GCLOCK 相比具有如下一些额外的特征：

第一，为了有效地管理热数据，设置了热区和低热区。通过这种分区手段，减少了热区的 GC 开销。

第二，基于请求大小的冷/热数据检测技术将冷数据排除在 SLC 区域之外。

第三，采用了冷数据的先期迁移技术。即使一个页没有耗尽所有的复活次数，它仍可能通过先期迁移技术迁入到 MLC 区域。

图 5-19 的左边显示了 N 次复活算法中一个闪存页的状态转换图。当一个闪存页被 GC_{warm} 移动，该页消耗的复活次数被记录，其状态被改变。如果耗尽了所有的机会，该闪存页变换为冷页并被迁移到 MLC 区。我们将已经使用了 n 次机会的一组页表示为 W_n。

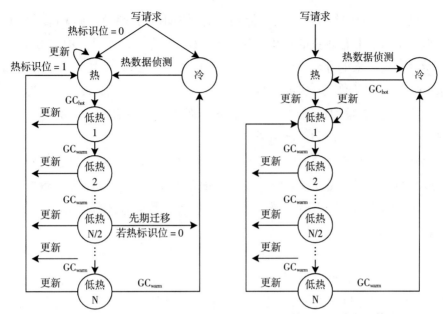

图 5-19 闪存页状态转换（基于大小的冷热数据检测和 N 次复活算法）

　　每个页面首先被写入 SLC 区域。如果该页一直没有更新，直到遇到 GC_{hot}，它将被迁移到 MLC 区域。否则，该页不是冷页，它将被迁入低热区。在试验中，两种形式的冷热数据区分方法将会被比较。

　　作为一种可替代的方法，2Q 算法仅准许热页进入 SLC 区域。在首次访问一个闪存页面时，2Q 认为它可能是一个热页面，因而把该页存储在一个专用缓冲器中，即 A1 先进先出（FIFO）队列。如果 A1 中的页被访问，该页被移动到 Am 队列，按照 LRU 队列方式管理。如果 A1 中的页未被再次访问，该页极可能是一个冷页，2Q 算法将其从缓冲器中移除。2Q 算法被修改后可适用于 MLC/SLC 双模闪存芯片，如图 5-19 的右边所示。每个页首先被写入热区。如果该页在 GC_{hot} 之前一直未更新，它将被迁移到冷数据区（MLC 区）。否则，它被迁入低热区，因为该页不是冷页。在试验中，两种不同形式的冷/热数据区分方法将会被比较。

　　假设热区和低热区中块数目分别为 B_h 和 B_w。因为热区是一个循环缓冲区，在 $P \cdot B_h$ 个页被写入到热区之后，页 p 将会成为 GC_{hot} 的目标，其中 P 表示一个 SLC 块中所含页的物理页面数目。如果直到这个时刻页 p 仍未被更新，它将被移除出低热区。假定 GC_{hot} 将包含 p 在内的 $P \cdot \alpha$ 个页面被迁移到低热区，其中 α 代表有效页在牺牲块中的平均比率。

低热区有 $P \cdot B_w$ 个可用页面。低热区的写请求源自两处，即 GC_{hot} 和 GC_{warm}。如果假设 GC_{warm} 中有效页的平均比率为 β，GC_{warm} 将耗费掉暖区中的 $\beta \cdot P \cdot B_w$ 个页。所以，余下来的存储空间，$(1-\beta) \cdot P \cdot B_w$ 个页被 GC_{hot} 消耗。由于 GC_{hot} 每次发送 $P \cdot \alpha$ 个页到低热区，需要 $(1-\beta) \cdot P \cdot B_w / (P \cdot \alpha)$ 次 GC_{hot}，直到页 p 遇到暖区的 GC_{warm}。在页 p 被淘汰到 MLC 之前，它会遇到 $N \cdot (1-\beta) \cdot B_w / \alpha$ 次 GC_{hot}，并且在热区会有 $B_h \cdot P \cdot N \cdot B_w \cdot (1-\beta) / \alpha$ 次页写入。

因此，在写入 $B_h \cdot P \cdot N \cdot B_w \cdot (1-\beta) / \alpha$ 个页的过程中，冷数据将会在 SLC 中停留一段时间。这被称为冷数据在 SLC 中的驻留时间。所以，如果某一数据的平均写入时间间隔比 SLC 驻留时间短，就被认为是低热数据。否则，就是冷数据。

（二）对于 N 的动态适应

N 值应根据工作负载的局部性特征来调整。如果有很多低热数据，N 应该被增大。然而，如果低热数据很少，为了有效使用 SLC 缓冲区，N 值应该被减少。N 的最佳值可以通过观察每个低热集的更新率来估计。如果其中大部分页已经用尽了所有 N 次复活机会但仍未被更新，N 应该被减小。如果 W_N 中页更新很频繁，N 应该被增加。因此，在满足以下两个条件时，N 值维持不变。$\varphi(W_k)$ 代表低热区中的页更新频率。

$N - M < \exists k \leq N, \ \varphi(W_k) \geq LBand$

$\varphi(W_N) \leq UB$ (5-5)

第一个条件的用意是应该至少有一个低热集合的更新率大于较高的 M 个低热集合的下限（Lower Bound, LB）$W_{N-M+1}, \cdots, W_{N-1}, W_N$。M 的值被称为观察窗口。例如，在图 5-20（a）中，如果 N=5 并且 M=2，第一个条件就未被满足，因为 $\varphi(W_4)$ 和 $\varphi(W_5)$ 比下限更小。所以，可以将 N 值减小。如果 N 值变为 4，第一个条件将被满足。第二个条件的用意是更新率 W_N 应该小于上限。在图 5-20（b）中，当 N=4 时就违背了第二个条件，因此 N 值应该被增加。

（三）冷数据的提前迁移

使用 N 次复活算法，低热数据能保留在 SLC 缓冲区中。然而，真正的冷数据在被淘汰到 MLC 区之前也会得到 N 次复活机会。这样，没有必要让它占据宝贵的 SLC 存储空间。若对 N 次复活算法应用动态自适应技术，就可以解决这样的问题。然而，最好是在冷数据用尽所有的 N 次机会之前，提前将其迁移到容纳冷数据的 MLC 区。

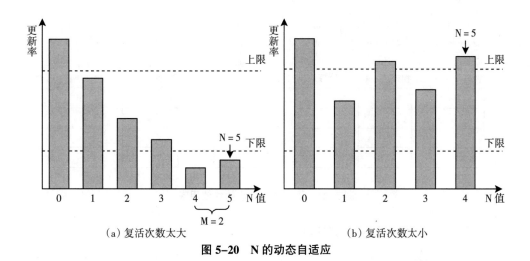

（a）复活次数太大　　　　　　　　　（b）复活次数太小

图 5-20　N 的动态自适应

对于提早迁移，N 次复活算法采用热标识位。当一个页面在热分区中被写入，热标识位被初始化为 0。当页面从低热区迁移到热区（例如，页面在低热区中被更新），其热标识位被置于"1"。当一个页面在低热集合 $W_{N/2+1}$，如果它的低热标识位等于"0"，该页面被淘汰到冷区。因此，$W_{N/2+1}$, …, W_N 仅包含在低热区中曾被更新的页面。

五、MLC 冷区管理

（一）MLC 区单元大小

MLC 区是由基于可变单元的页级映射管理的。随着单元大小的减小，映射信息所需的存储空间也随之降低。考虑到这种关系，使用较小的单元可以节省内存空间。如果工作负载具有显著的局部性，单块大小的单元是可行的。然而，对于由 MLC/SLC 相结合的闪存结构来说，最好使用多块大小的单元，因为 MLC 区域只包含冷数据。小尺寸的单元可能导致牺牲块中有过多的有效页，造成相对于大尺寸单元更高的 GC 成本，如图 5-21 所示。此外，如果工作负载的局部性较弱，小尺寸单元下的块利用率可能相对于大尺寸单元更低，如图 5-21 所示。低利用率将导致频繁的 GC 操作。

由于 MLC 区域工作负载的局部性由 SLC 区域的大小确定，单元大小的选择基于设计时的 SLC 区域的大小。本项目中，单元的大小不允许在运行时刻动态调整。然而，依据运行时工作负载的局部性调整单元的大小将有更好的效果，这将在今后的工作中考虑。

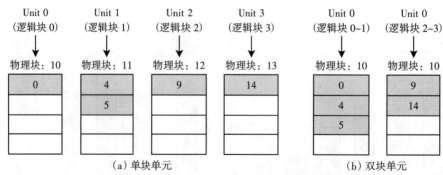

图 5-21　不同单元大小的块使用率

（二）MLC 块中的热数据检测

尺寸大的数据通常是冷数据，因而被直接送往 MLC 区。然而，这意味着热数据可能被发送到 MLC 区，如果它尺寸较大。因此，有必要确定在 MLC 区中的热数据并将它们移动到 SLC 区。

在预定义的时段内，根据数据的写请求数量来检测热数据。仅仅对写请求进行计数，这是因为读密集型数据不需要存储在 SLC 区，SLC 区提供的读性能和 MLC 区相似。我们可以考虑两种热数据侦测技术，即热页侦测（HPD）和热单元侦测（HUD），这随侦测粒度而定。热单元侦测技术需要少量的管理开销，而热页侦测技术需要较大的开销，但准确性好。若空间局部性高，热单元侦测技术可以取得更好的结果。因此，侦测粒度应根据开销和负载模式选取。

Dual-FTL 使用了一种基于使用的热单元检测技术来检查是否符合下列条件：

$$N_{count} = N_{allocated} + N_{invalid} > \delta \tag{5-6}$$

其中，$N_{allocated}$ 是分配的页数，$N_{invalid}$ 是一个逻辑单元中无效页面的数量，D 是热阈值。当一个写请求被发送到一个单位，这将增加 $N_{allocated}$ 的值。此外，如果请求更新单元中的页面，$N_{invalid}$ 值也增加。因此，以前的条件下设计的重量更新请求。

如果一个逻辑单元被检测为热单元，那么该单元接下来的写请求被发送到 SLC 区域。N_{count} 在每个衰减周期被减少一半，这是为了只考虑最近的历史。

阈值 D 的调整基于热单元侦测技术的命中率。命中率表示热单元侦测确定的热单元中有多少在 SLC 区域中更新，而没有被淘汰到 MLC 区。如果命中率太低，D 值将被增加，例如，使用一个更严格的阈值。如果命中率相当高，D 值被减小，从而选择更多的热单位。

如果页面的更新周期（MTBW）大于 SLC 停留时间，把页面送到 SLC 区是无用的，因为它将会因为没有被更新而被驱逐回 MLC 区。因此，衰退期是基于 SLC 停留时间来确定冷页。

六、实验

为了评估本项目提出技术的有效性，开发了一个 MLC/SLC 双模闪存存储器的仿真器。该仿真器在负载回放过程中对 SLC 和 MLC 的读、烧写和擦除操作进行计数。实验中闪存存储器的计时参数如表 5-5 所示。SLC、MLC 模式下一个块分别包含 64 个页（256KB）和 128 个页（512KB），页面大小均为 4KB。闪存存储芯片由 5120 个闪存块组成，其总容量取决于 SLC 块的数量，并在 1.2~2.4GB 变化。

仿真器使用三种类型的工作负载作为输入。这些块级别负载由 Blktrace 和 Diskmon 工具收集。由于 SLC 和 MLC 的读延迟接近，实验重点对两者的写性能进行比较。PhoneTrace 和 PCTrace 是分别从移动电话和个人电脑收集的真实 I/O。PhoneTrace 是在执行 SMS、PIMS、媒体播放器、游戏和网页浏览的 Qtopia Phone Edition 等手机应用的 FAT32 文件系统上收集的。PCTrace 是从运行文档编辑、电子表格、网页浏览、媒体播放器、游戏等若干应用程序的微软 Windows XP 桌面电脑提取的。IOzoneTrace 是在默认选项下执行 IOzone 基准测试程序收集的。

表 5-5 显示了负载的地址空间和数据写入量。图 5-22 说明了每个工作负载的写请求模式。在 PhoneTrace 和 PCTrace，有很多请求小于 8KB，并且其中的大多数在主机写入数据未超过 2MB 时就被更新，例如，平均写间隔时间（MTBW）小于 2MB。那些大于 32KB 的写请求其 MTBW 超过 1024MB。因此，数据的冷热和请求的大小密切相关。IOzone 负载有许多大尺寸的更新请求，因此其时间和空间局部性很强。

表 5-5　负载的 IO 特征

负载	地址空间（MB）	总体写入量（MB）
PhoneTrace	2036	10475
PCTrace	2005	7837
IOzoneTrace	1416	18640

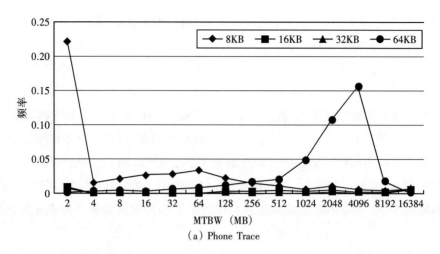

（a）Phone Trace

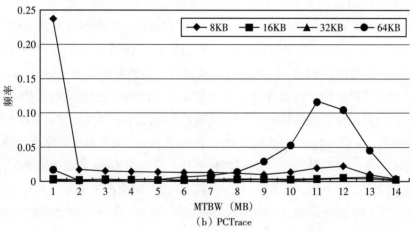

（b）PCTrace

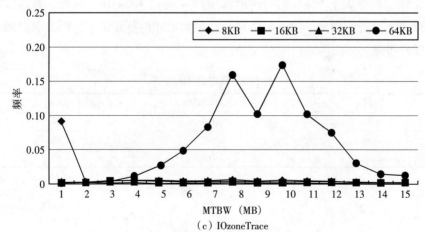

（c）IOzoneTrace

图 5-22　写请求的 MTBW 和大小分布

为了说明 Dual-FTL 的有效性，共进行了六组实验。第一，拿 Dual-FTL 与其他管理方案的性能进行比较。第二，观察 SLC 区域大小变化与性能变化之间的关系。第三，通过禁用某项技术手段的方式来评估它们所发挥的作用。第四，检测 Dual-FTL 的动态适应特征。第五，通过测量 MLC 区域的擦除次数来研究闪存芯片使用寿命的变化。第六，评估了 Dual-FTL 对 MLC 区域单元大小的敏感性。

（一）性能评价

如表 5-6 所示，Dual-FTL 和作为参考基线的 2Q/GCLOCK 技术比较性能。2Q/GCLOCK 方案采用 2Q 算法确定冷数据，如图 5-22（b）所示。实验测量了 Dual-FTL 在使用纯 MLC 模式或纯 SLC 模式时的性能表现，这两种情况下不存在 SLC 和 MLC 之间的页迁移。由于 SLC 模式只有 MLC 模式一半的存储空间，为了能覆盖工作负载，实验中 SLC 的块数量是 MLC 的两倍。由于 SLC 和 MLC 读性能相似，实验中着重考察写性能。

表 5-6　FTL 策略比较

策略名称	基线策略	2Q/GCLOCK	Dual-FTL
冷热数据区分	静态阈值（8KB，64KB）	2Q	动态阈值
SLC→MLC	1-Chance（CLOCK）	N-Chance（GCLOCK）	N-Chance（GCLOCK）提前迁移
MLC→SLC	无	热数据侦测	热数据侦测

实验采用了两种配置，即作为写入缓冲区的 SLC 区域占闪存总块数的 5% 或 10%。闪存存储设备只为文件系统提供了自身 80% 的可用存储空间作为逻辑空间。剩下的 20% 作为预留区（Over-provision）来提升 SLC、MLC 区域的垃圾回收效率。在 I/O 性能测量之前，实验假定逻辑存储空间已被数据占用。Dual-FTL 使用热单元侦测技术来检测热数据，因为它在利用数据空间局部性方面优于热页侦测技术。

在图 5-23，全部运行时间共包括六种闪存写入形式，即主机写入 SLC 区（SLC）、MLC 中热数据迁移到 SLC（MLC to SLC）、SLC 内部拷贝（SLC to SLC）、主机写入 MLC（MLC）、SLC 迁移到 MLC（SLC to MLC）和 MLC 内部拷贝（MLC to MLC）。Dual-FTL 的运行时间是 MLC 的 0.67~0.85 倍、SLC 的 1.2~1.49 倍。考虑到 SLC 芯片中块数量是双模芯片的两倍，可以说 Dual-FTL 的综合性能接近 SLC 芯片。和基线技术相比，Dual-FTL 性能更好，因为它通过增加 SLC 区域内部的迁移，减少了 SLC 区域到 MLC 区域的迁移。和 Dual-FTL 相比，8KB 阈值的基线技术令 MLC 区有更大的垃圾回收开销。64KB 阈值的基线技术以及 2Q/GCLOCK 引发大量 SLC-to-MLC 迁移，这是因为 SLC 中被写入了大量冷数据。如前所述，MixedFTL 和 flexFS 与 2Q/GCLOCK 类似，同样将所有写请求缓冲到 SLC 区。因此，MixedFTL 和 flexFS 会发生大量的 SLC-MLC 数据迁移，性能要比 Dual-FTL 差。

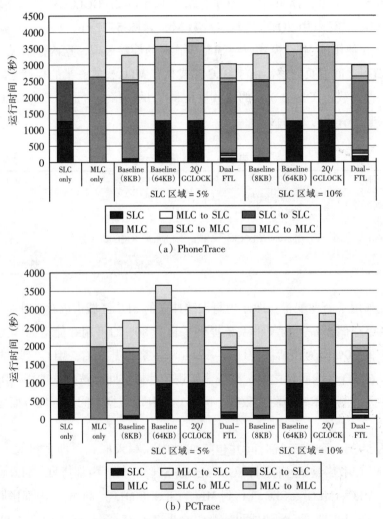

图 5-23 **Dual-FTL 和其他策略的比较**

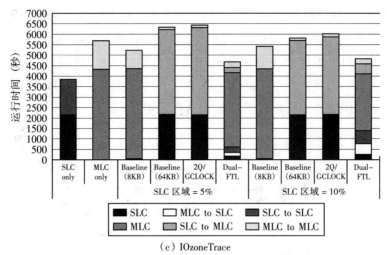

（c）IOzoneTrace

图 5-23　Dual-FTL 和其他策略的比较（续图）

对于不同的 SLC 区域大小，Dual-FTL 表现出相似的性能，因为它可以利用 N 次复活算法来充分利用 SLC。然而，基线技术表现出不规则的模式。例如，当基线技术使用 8KB 静态阈值时，具有大容量 SLC 区域的双模闪存存储器表现出更糟的性能，这是因为它的 MLC 区域更小。当 H 值为 64KB 时，IOzone 负载下的基线技术甚至表现出比纯 MLC 更糟的结果，这是因为很多冷数据被写入 SLC 区域，因此增加了从 SLC 分区到 MLC 分区的页面迁移。

（二）SLC 区域大小的影响

图 5-24 显示改变 SLC 区域大小时性能的变化。当 SLC 分区增大时，SLC 区域的写成本增大，MLC 区域写成本降低。然而，当 SLC 区域变得过大时，MLC 区域由于频繁的垃圾回收增大了 I/O 成本。当 SLC 区域所占比例达到 15% 时，总的 I/O 成本被最小化。因此，我们应该综合考虑 SLC 分区成本和 MLC 分区成本来确定最佳的 SLC 区域大小。此外，在确定最佳的 SLC 区域大小时，也应该考虑平衡 SLC 区域和 MLC 区域的磨损计数。

（三）各种技术的影响

为了验证 Dual-FTL 的各项技术，通过分别禁用不同的模块，实验中测试了 Dual-FTL 的几个不完整的版本，如图 5-25 所示。禁用"提前迁移"技术使性能小幅下降，因为动态冷热分离技术和动态低热集自适应技术能有效消除 SLC 区的冷数据。8KB 静态阈值版本也显示了类似完整版的结果，因为请求大小和负载中数据的热度密切相关。然而，它将更多的数据写入 MLC 区域，从而略微增加了

MLC 区域的垃圾回收成本。当使用 64KB 静态阈值而不是动态阈值时，SLC 区域写入太多的数据，因此从 SLC 区域到 MLC 区域的迁移大幅增加。对所有的负载，禁用了 HUD 的版本性能显著下降，因为它增加了 MLC 区域的写成本。对于 IOzoneTrace，如果我们用 1-机会算法代替了 N-机会算法，MLC 区域垃圾回收的成本将增加，因为许多低热数据是在 MLC 区域更新。

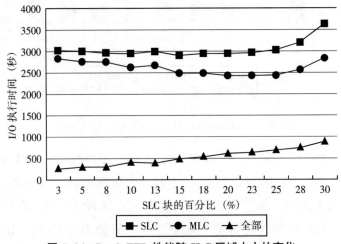

图 5-24　Dual-FTL 性能随 SLC 区域大小的变化

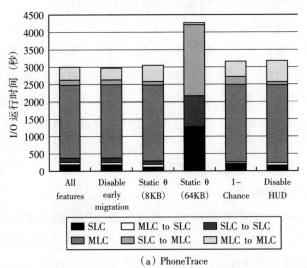

（a）PhoneTrace

图 5-25　Dual-FTL 不完整版本的性能比较

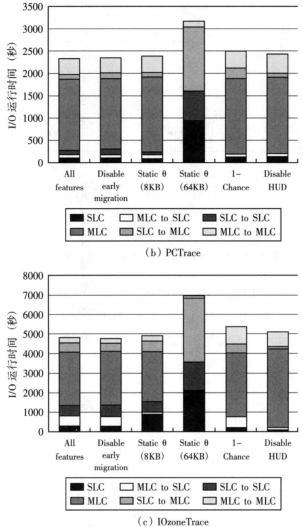

（b）PCTrace

（c）IOzoneTrace

图 5-25 Dual-FTL 不完整版本的性能比较（续图）

（四）h 和 N 的动态适应

实验也评估了 Dual-FTL 根据负载变化调整热数据阈值（θ）和温暖的集数（N）动态地。图 5-26 显示了 θ 的变化，以及 PhoneTrace 下 SLC 区域到 MLC 区域的页迁移率变化。在图 5-26 中（a）点，页迁移率为 0.02。因此，Dual-FTL 增加 θ 的值，由于迁移率小于 φ-ε（=0.5）。然而，在图 5-26 中（b）点，页迁移率是 0.34，这是大于页迁移率上限 φ+ε（=0.15）。因此，θ 值将被减小。

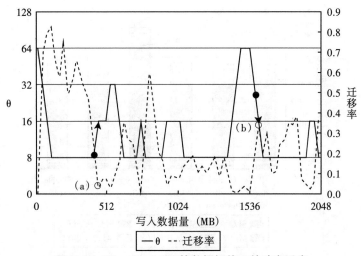

图 5-26 **PhoneTrace 下热数据阈值 θ 的动态适应**

图 5-27 显示了在 IOzoneTrace 负载下，低热集合的数目 N 和 SLC 区域的整体命中率的变化。观察窗口 M 为 2，上限（UB）和下限（LB）分别为 0.7 和 0.3。Dual-FTL 递减 N 值，因为在（a）点，W1 和 W2 的命中率均小于 LB，但在（b）点它增加 N 值，因为 W_N 的命中率大于 UB。

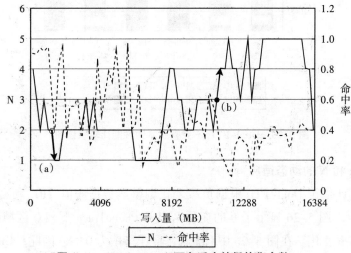

图 5-27 **IOzoneTrace 下自适应的低热集合数 N**

七、使用寿命评估

延长闪存的使用寿命是 MLC/SLC 双模闪存的一项重要目标。图 5-28 中显示 MLC 区域相对于纯 MLC 芯片的擦除次数。如图 5-28 所示，由于 Dual-FTL 能有效利用 SLC 区域，它可以显著减少 MLC 地区的擦除次数，从而提高闪存的使用寿命。Dual-FTL 减少擦除次数 13%~20% 和 20%~27% 相比，MLC 芯片在 SLC 地区是 5% 和 10%。因此，分配更多的块擦除次数的 SLC 区，MLC 区域减小。

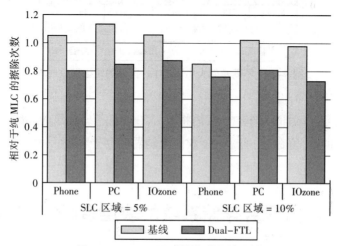

图 5-28　MLC 区域擦除次数的比较

八、MLC 区域的局部性

和作为基准的 8K 阈值相比，Dual-FTL 减少了擦除次数的 10%~25%。SLC 区域比例 5% 时，基线技术显示出甚至比纯 MLC 芯片更糟糕的结果，因为它不能有效地利用 SLC 区域，并且应该管理比纯 MLC 芯片更少的 MLC 块。因此，可以说 Dual-FTL 提高了 SLC/MLC 双模闪存存储器在寿命方面的优势。

九、总结

SLC/MLC 双模架构和 MLC 闪存相比可以提高 I/O 性能和闪存的使用寿命。为了最大限度地发挥这种混合架构的优势，最重要的是能够有效地利用 SLC/MLC 双模闪存的 SLC 区域。Dual-FTL 使用冷热数据检测算法和冷数据迁移的 N-机会算法，利用 SLC 区域来存储频繁更新的数据，调整一些政策来处理在运行时负载

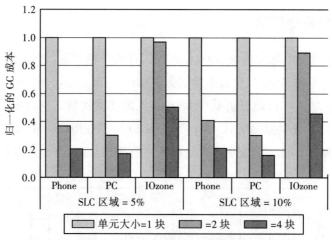

图 5-29　不同单元大小下 MLC 区域的垃圾回收成本

的动态变化。在今后的工作中，我们将研究如何确定 SLC 区的最佳大小，因为它会直接影响性能、寿命和 SLC/MLC 双模存储器的存储容量。

第四节　面向混合存储系统的块层多顺序流预取算法

一、引言

由于处理器的运算速度与存储系统的访问速度的差距越来越显著，减少应用程序 I/O 等待时间对存储系统而言意义重大。为了实现数据的快速访问，在数据访问路径中使用了多个层次的缓存，以减少访问磁盘所耗时间。除了传统的易失缓存外，许多现代存储系统利用以 NAND 闪存为基础的大型非易失性存储器作为二级缓存，以此来提高存储服务器中 I/O 访问的速度，这种由闪存加速设备和磁盘阵列组成的系统被称为混合存储系统。

顺序预取技术是一种提高 I/O 访问速度的传统技术。它可在应用程序访问数据前将数据加载到缓存中，从而有效地减少应用程序的 I/O 等待时间，解决处理器与磁盘之间的速度差距。顺序性（Sequentiality）指一组连续的 I/O 请求以顺序方式访问相邻的数据块，它是 I/O 负载的一种常见特征。顺序性之所以普遍存在源于这样一个事实，即文件系统和数据库往往在磁盘上以顺序模式存储数据。因此，许多常用的文件操作，如复制、扫描、备份或系统恢复都表现出顺序访问的特征。此外，一些重要的基准程序，如 TPC-D 和 SPC-2，也同样表现出强烈的顺序性。流（Stream）指由一个应用发出的多个 I/O 请求组成的序列。如果一个流的请求序列所访问的数据块在地址空间上是连续的，那么它被认定为顺序流。由于文件系统和存储系统之间语义不同，存储系统可用于顺序流侦测的信息是逻辑块地址（LBA）。顺序预取仅使用 LBA 信息，不必要求应用程序进行重构或文件系统提供任何额外语义，使问题得到简化，更易于部署。通过挖掘过去的数据块访问历史，基于顺序流的预取方案能够得到较高的预测精度。和其他种类的预测技术相比，顺序预取方案使用更为简单，因此被广泛地应用于各种大型存储系统中。

混合存储系统中，闪存缓存层的出现为预取技术带来了新的机遇，一方面闪存缓存具有大量的存储容量，另一方面闪存缓存的随机访问性能和吞吐率要高于磁盘阵列。因此，预取技术可以利用闪存缓存的容量优势执行激进预取，使单个预取请求从磁盘获取更多的连续数据，从而减少访问磁盘的等待时间。但是，闪存缓存同时也为预取技术提出了新的要求。首先，要求更加复杂的预取监控模块，从而提高预取数据被应用程序访问到的概率。其次，要求预取策略充分考虑闪存存储介质独特的物理特性，如异位更新和垃圾回收等。

与传统的非易失缓存不同，闪存缓存有如下几个特性：

首先，在闪存缓存中必须考虑内部的垃圾回收成本。也就是说，NAND 闪存是以页面（Page）和区块（Block）为单位组织起来的。一个典型的闪存页面的大小是 4KB，闪存区块由 64 个闪存页面（256KB）组成。在页面的基础上实行读取和写入，以区块为基础实行闪存擦除。虽然写入比读取要慢，但擦除是最慢的操作。闪存必须首先在区块上执行擦除功能，然后才可以在属于区块的页面上写入任何数据。闪存缓存上的每个页面可以具有以下三种状态中的一种，即有效（Valid）、无效（Invalid）和干净（Clean）。当数据被写入一个可用页面，即为有效状态。如果页面包含一个过期版本的数据，即被认为处于无效状态。需要说明的是，未经优化的缓存更新和缓存页面回收会导致大量无效页面。在闪存缓存没有多少空闲页面执行写入请求时，就会启用垃圾回收（Garbage Collection）机制来回收那些无效页面并且创建可用页面。以贪心策略为基础选择一个受害者（Victim）区块，如选择一个具有最多无效页面的区块。受害者块内的所有有效页面应该被复制，被写入另一个空闲块，这叫作写入放大（Write Amplification）。之后，将受害者块清除用以创建一个空闲区块。垃圾回收机制的效率是影响闪存缓存性能的主要因素之一。

其次，闪存缓存的使用寿命会因为写入放大问题而大大缩短。写入放大指物理写入闪存的数据量要比文件系统写入的数据量更多。每一个单层单元（SLC）最多可以承受 100K 次的擦除操作，而多层单元（MLC）的擦除寿命则只有 10K。可以看出，闪存缓存的写入放大成本很高，这对操作频繁的缓存来说危害很大。

为了解决了上述问题，本项目的工作包括以下几个方面：

（1）为基于闪存缓存的预取策略建立成本效益（Cost-benefit）模型，且将闪存的内部特性，特别是垃圾回收成本考虑在内。

（2）利用关系图工具来侦测工作负载的顺序性特征，并设计了选取最佳预取长度的算法，以平衡预取的力度和精度。

（3）将以闪存空间分割为缓存分区和预取分区。利用时间感知缓存分配策略来管理预提取数据的数据布局，据此可以将预取成本降到最低。

二、混合存储系统的软硬件体系结构

图 5-30 描述了混合存储系统的软硬件体系结构。该系统的主要硬件包括作为主要存储的磁盘部件和作为缓存的固态存储部件。磁盘部件作为永久性存储使

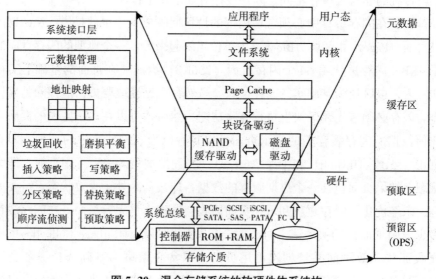

图 5-30　混合存储系统的软硬件体系结构

用，其组织形式主要为磁盘阵列；固态存储部件是一种基于 NAND Flash 的块级别磁盘缓存，通过复制磁盘存储中的热点数据来加快再次访问的响应速度，被称为闪存缓存（Flash Cache）。软件层位于通用块层，主要包括磁盘驱动和闪存缓存驱动。

闪存缓存作为具有重要意义的加速层出现，其软硬件构成有鲜明的特点。从图 5-30 可以看到，闪存缓存的硬件被集中在支持不同接口的板卡上；软件则由包含多个模块的块设备驱动构成。其中，预取模块是一个可选模块，提供对顺序流预取的开启与优化，目的是利用程序的空间局部性。随着闪存缓存的容量越来越大、速度越来越快，提前在闪存缓存中读入顺序 I/O 流即将要访问的数据，可以缩短系统响应时间并提高吞吐量，这是本项目要讨论的重点。

闪存缓存的存储介质通常被分为四个部分：元数据区、缓存区（Cache Area）、预留区（Over-Provision Space，OPS）和预取区。元数据区专用空间来存储元数据，闪存缓存中每一个缓存块都绑定了一个关联的元数据结构，其中一部分属性需要被持久存储，因而会和数据一道被写入闪存存储。缓存区又动态地划分为读区和写区，其中读区作为读缓存，而写区作为写缓冲，其目的在于提高垃圾回收效率。预留区指闪存缓存中为无效页预留的空间，它占缓存空间的比例将会影响垃圾回收的效率。增大预留区可以提高缓存内部垃圾回收的效率，但会因为减少了可用缓存空间从而影响命中率。预取区是专门存储预取数据的区域，通过特殊的写入和回收策略可以大幅提高垃圾回收的效率，是本项目讨论的重点。

三、混合存储系统的建模

本节提供混合存储系统中磁盘和闪存缓存的量化分析模型。系统的总体假设如下：

（1）混合存储系统由磁盘阵列和固态盘组成。

（2）系统中的固态盘作为磁盘阵列的上层磁盘缓存（称为闪存缓存）暂存热数据并预取数据。

（一）磁盘驱动器的建模

模型中采用时间作为性能指标对预取的成本和效益进行建模。相关的参数在表 5-7 中列出。其中，磁盘的服务时间包含三个组成部分：寻道时间、旋转时间和传输时间。寻道时间指把磁头移动到相应磁道的时间。旋转延迟指磁头旋转到目标扇区的时间。此处将寻道时间和旋转时间统称为定位时间，用 $T_{HDD}^{position}$ 表示。数据传输时间是和磁盘带宽相关的，其计算表达式为 $\dfrac{d \cdot PageSize}{B_{HDD}}$。

表5-7　混合存储系统模型的标记及含义

标记	含义
d	预取长度（以闪存页大小为单位）
PageSize	闪存页大小
B_{HDD}	磁盘带宽
$T_{HDD}^{Position}$	磁盘磁头的定位时间
p	被预取数据的访问概率
S	一个顺序流
S.Len	顺序流的长度
S.avgRL	顺序流的平均请求长度

对磁盘驱动器来说，一个长度为 d 的预取操作的成本计算表示式如式（5-7）所示。未启用预取的代价可以通过式（5-8）来计算，其中 P（S.Len，d）代表预取数据 d 被后续请求访问的概率。

$$C_{HDD}^{prefetch} = T_{HDD}^{position} + \frac{d. PageSize}{B_{HDD}} \qquad (5-7)$$

$$C_{HDD}^{non-prefetch}(d \cdot P(S.Len,\ d)) = \left[\frac{d \cdot P(S.Len,\ d)}{S.avgRL} \right] \cdot T_{HDD}^{position} +$$
$$\frac{d \cdot P(S.Len,\ d) \cdot PageSize}{B_{HDD}} \qquad (5-8)$$

预取的收益源自减少了访问硬盘的 I/O 等待时间。假定预取精度 P（S.Len，d）的值是恒定的，那么预取长度越大越好，因为这样可以减少硬盘访问次数。但是，预取数据被后续请求访问的概率随预取长度的增大而减小。在后续章节将提出一个关于预取的成本收益模型来计算预取长度和预取数据命中概率。

（二）闪存缓存的建模

在硬件层面，采用 PCIe 接口的主板插卡设备是高端闪存缓存的常见产品形式。如图 5-31 所示，该设备主要包含了四个组成部分，即闪存介质、控制器、RAM 和 ROM。

控制器内有一个嵌入式处理器，执行固件级别的代码，所承担的功能非常丰富，对固态盘的性能影响很大。它向上负责和主机进行通信，向下负责管理闪存

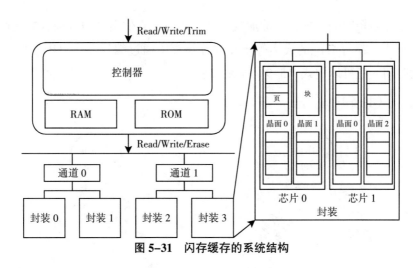

图 5-31　闪存缓存的系统结构

介质中的数据。闪存缓存内部通常使用一个小容量的 RAM 作为 Buffer Cache 来缓冲 I/O 数据并存储自身使用的数据结构，这点和硬盘驱动器中的缓存（Cache）非常相似。在运行时刻，逻辑和物理地址映射表的一部分、日志块数据，以及磨损均衡相关的数据被保存在其中。它还经常被用作写缓存，以优化小写性能。设计中包含一个 ROM 来存储 NAND 缓存本身的固件，从而在启动过程中起引导作用。固件在 BIOS 环境下运行，并负责电源故障恢复、分离检测，并处理驱动加载前的 I/O。

如图 5-31 的右侧部分所示，闪存介质的组织结构包含五个层次，即封装（Package）、芯片（Die）、晶面（Plane）、块（Block）和页（Page）。单个 Flash 芯片的操作速度有限，因而高性能的固态盘通过将上百个芯片以多通道（Channel）、多路（Way）的方式进行矩阵式互联来提高并发性。这种层级系统结构有两点好处，首先可以方便扩展存储容量，其次可以通过内部的并行机制提高系统吞吐量。

尽管基于固态盘的闪存缓存和基于 DRAM 的 Cache 有很多相似点，但它们也有一些显著的区别。对于传统的基于 DRAM 的 Cache 来说，缓存操作和预取操作的成本不高；然而，对于闪存缓存，其缓存的分配、写命中和淘汰操作引发的垃圾回收代价高昂，这是由闪存存储的内在特征决定的，这些因素在建模的时候必须给予充分考虑。

总的来说，闪存缓存中的存储页有三种状态，即干净（Clean）、有效（Valid）和无效（Invalid）。图 5-32 描述了三种状态之间的动态转换。对于被缓

存的数据和被预取的数据，当被加载到缓存中时，它们会被插入到分配模块指定
的干净页中。缓存分配的成本等于在闪存缓存中通过编程操作（Program）写入
数据的时间。它可以由式（5-9）推导出来。

$$C_{SSD}^{allocation}(d) = d \cdot C_{SSD}^{Page\ Program} \tag{5-9}$$

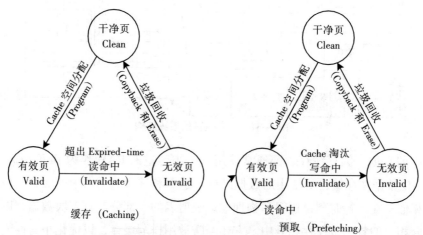

图 5-32　缓存区和预取区中页状态的动态转换

当缓存空闲空间耗尽时，必须淘汰掉一些现有数据从而为加载新的数据预留
存储空间。通常，LRU 或它的变种 CLOCK 被用来作为缓存数据的置换算法。但
是，对于预取数据，LRU 或 FIFO 都不是最佳的策略。在系统中，那些被访问过
的预取数据将被立刻淘汰掉。这样做的原因是，垃圾回收模块的效率受无效页总
数的影响，如果闪存缓存中有更多的无效页，垃圾回收策略可以找到拥有最少有
效页的块作为牺牲块（Victim Block）进行擦除，从而提高垃圾回收的效率。如
图 5-32 所示，预取区中的有效页，当它们的预期访问时间（Expired-time）小于
当前时间，系统会立即将它们淘汰掉，并转换为无效页。这样做的原因在于顺序
流的时间局部性很弱，长时间缓存这些难以被再次访问的数据会污染缓存空间。
读命中的成本可以由式（5-10）来计算。

$$C_{SSD}^{hit}(d) = d \cdot P(S.Len,\ d) \cdot C_{SSD}^{pageread} \tag{5-10}$$

当被缓存和预取来的数据最终被闪存缓存被淘汰时，会产生无效页。如果无
效页累积到一定阈值，垃圾回收操作会被触发，进而回收这些分散在各个块的无
效页。图 5-33 给出了垃圾回收的一个场景示例。假定每个存储块有四个存储页，

整个闪存缓存空间包括四个存储块。首先，拥有最多无效页的存储块被选作牺牲块。其次，牺牲块中的有效页被拷贝到写入指针（Write Pointer）指向的干净页中。最后，牺牲块被擦除，无效页占用的空间被释放出来。垃圾回收的代价可用式（5–11）计算出来。

$$C_{SSD}^{GC}(d) = ([u \cdot N] \cdot C_{SSD}^{copyback} + C_{SSD}^{erase}) \cdot \frac{d}{N} \tag{5-11}$$

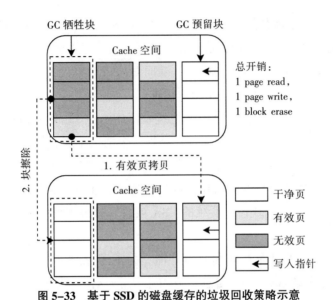

图 5–33 基于 SSD 的磁盘缓存的垃圾回收策略示意

在式（5–11）中，u 代表选定牺牲块的使用率，N 代表一个块中的页数量。这样，$[u \cdot N]$ 代表在牺牲块中有效页的数目。在图 5–33 中，牺牲块的 u 值为 1/4。显然，u 越小，GC 成本越小。

四、基于混合存储的多顺序流预取方案

（一）基于关系图的多顺序流预取

混合存储系统预取方案的设计重点在于为闪存缓存寻找效益最佳的预取长度。倘若没有一个合适的策略，预取长度可能过于保守或过于激进。保守的预取将增加磁盘访问次数，而激进的预取会导致预取到的大部分数据块未能获得应用程序访问，造成带宽浪费和缓存污染。为了解决该问题，本节利用基于关系图的多顺序流预取模型以得最优的预取长度，通过对磁盘访问次数和命中率进行折中平衡从而取得最佳预取收益。

顺序流侦测模块负责从工作负载中侦测顺序访问模式，它的功能主要有两个：识别新的顺序流和更新已识别顺序流的状态。为记录顺序流，专门设计了一种结构体来描述它的状态，该结构体通过多个属性值来描述一个数据流，包括新到请求的时间戳、平均请求长度、平均请求间隔和触发预取操作的 LBA。其中，触发下一次预取操作的 LBA 地址被称作触发器。每个已识别的顺序流在系统运行时都有一个关联的对象。所有的流对象由称为流队伍（Stream Queue）的 LRU 队列管理，每个顺序流的触发器地址和顺序流结构的指针作为键值对来构建哈希表。当一个请求到达时，系统在哈希表中搜索该请求是否会触发某个顺序流。如果是这样，这意味着一个流得到延续，继而对该流对象更新，并在 LRU 队列中将该流置顶，随后该流发出下一个预取请求。

为了识别新的顺序流，一个历史地址表（History Table）被用来记录 I/O 访问历史，作为进一步挖掘顺序流的基础。当一个请求不属于任何现有的顺序流，它的 LBA 在 History Table 中搜索。如果一个地址被命中，则表明出现了连续请求，应当创建一个新的数据流对象。随后，History Table 需要除去命中的地址。如果没有地址被命中，I/O 请求后续的 LBA 被插入 History Table 为未来的顺序流检测做准备。

顺序流检测模块涉及空间和时间开销。为了避免过多的空间开销，Histroy Table 只记录每个请求的 LBA 信息，只占用几个字节。此外，为限制流 Stream Queue 的数量和 History Table 地址表项，还分别设置了两个恒定的上限。Stream Queue 使用 LRU 替换策略，History Table 使用 FIFO 替换策略。

研究表明，顺序流已访问的数据块长度和剩余长度之间有很强的相关性，而且对于特定工作负载这种相关性是稳定的，如数据库负载和网络存储服务器负载。基于这些观察结果，设计了一种关系图（Relationship Graph）工具来挖掘这种相关性。借助该工具，可以计算出一个顺序流预取行为的命中概率，从而寻找最佳预取长度。

如图 5-34 所示，关系图的每一个顶点（Vertex）表示一个独特的长度，其长度单位等于存储页大小。例如，如果一个工作负载最大的顺序流长度为 n，那么其关系图将包含 n 个顶点来表示所有可能顺序流长度。每个顶点包含两个属性字段：Len 和 Count。Len 字段代表了一个长度，Count 字段代表当前工作负载中那些已经结束的长度等于或大于 Len 的数据流的总计数。一个流已访问的长度和剩余长度之间的关系被表示为一个边权，这体现了空间局部性的强度。例如，edge

（A，B）等 2，代表已经有两个已完成的数据流，其长度从 1 增长到 3。此外，用 P（X，Y）表示预取请求的命中概率。在此函数中，X 表示顺序流当前的长度，Y 为假定的预取长度。考虑流的当前长度和预取长度都为 1 时，该预取操作的命中的概率为 P（1，1）= edge（A，A）/A.Count=40%，当的预取长度调整为 3 时，命中率为 P（1，3）= edge（A，C）/A.Count=10%。

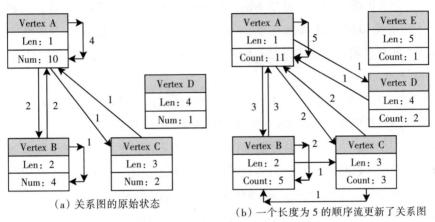

（a）关系图的原始状态

（b）一个长度为 5 的顺序流更新了关系图

图 5-34　关系图的更新

如果一个顺序流长时间没有被触发，它将被淘汰出 Stream Queue，此时 SoAP 认为该顺序流已终结。随之，算法使用该顺序流的长度来更新关系图。图 5-34 提供了一个关系图的更新示例。其中，图 5-34（a）描述了关系图的初始状态，此时它已经统计了 10 个顺序流的信息，其中包括 6 个长度为 1 的顺序流，2 个长度为 2 的顺序流，1 个长度为 3 的顺序流和 1 个长度为 4 的顺序流。接着，长度为 5 的顺序流终止后激活了关系图的更新过程。如图 5-34（b）所示，在此过程中顺序流的最大长度变为 5，因此一个新的顶点 E 应被建立。随后，每个顶点的长度字段如果小于 5，需要让其 Count 字段自增 1。此外，对于任一条边（X，Y），如果 X.Len+Y.Len≤5，那么其边权增加 1。

在实际部署中，维护关系图的开销是可以忽略不计的，原因有两个方面。首先，关系图的更新频率是比较低的，因为只有在一个顺序流终止后关系图的更新过程才会被激活。其次，关系图中的最大顶点数量有一个上限，以避免产生不必要的开销。例如，扫描（Scan）操作会产生一些长度特别大的顺序流，为这些顺序流在关系图中建立过多顶点是没有必要的。假设关系图的顶点上限用 n 表示，可以计算出它在最坏的情况下消耗的主存储器空间是 4N2 字节，更新关系图的时

间复杂性为 O（n2）的。由于闪存页大小作为长度单位其粒度较大，在实际工作
负载中顺序流的长度根据闪存页大小归一化后，通常远小于上限 n。

（二）闪存缓存分区策略

为了减少垃圾回收成本，系统把闪存缓存拆分为两个子空间，一个作为缓存
数据区，另一个作为预取数据区。把预取区独立出来的依据在于预取数据的访问
特征和缓存数据的访问特征截然不同。缓存区是用来挖掘时间局部性，通常使用
LRU 作为置换策略。其依据在于，闪存缓存是底层磁盘缓存，上层的 DRAM
Cache 过滤了数据访问的短期时间局部性，因而被缓存数据的下次访问距离
（Re-use Distance）很大。

与之不同，预取数据显示出很强的空间局部性，但是其时间局部性很弱。因
此，一旦预取数据在被预测的时间段内未被后续 I/O 访问或者已被后续 I/O 命中，
就要立即调出 Cache。这是因为继续在 Cache 中保留这些预取数据很难获取更多
的缓存命中，所以必须调出它们为新到的数据预留空间。考虑到两者在访问特征
和驻留时间不同，如果把两者混淆存储，势必给闪存缓存的垃圾回收造成额外
负担。

通过把缓存分为缓存区和预取区，能够减少牺牲块的 u 值，从而降低垃圾回
收的成本。图 5-32 给出了一个例子，用以说明缓存分区的意义。图 5-35 的左侧
给出未分区的状态，右侧给出分区时的状态。图 5-35 中，假设每一个闪存块包
含 4 个页，并且闪存缓存总共包含四个块。C_i 代表第 i^{th} 个被缓存的数据页，P_i 代
表第 i^{th} 个被预取的数据页。如图 5-35（a）中所示，初始时刻闪存缓存中有四个缓
存页和四个预取页。随后，如图 5-35（b）所示，预取页（P1、P2、P3 和 P4）的
数据已经被访问过或者超过预期时间未被访问，所以它们需要调出缓存。这样，
就产生了四个无效页。为了回收这些无效页，垃圾回收过程被激活。在回收过程
中，牺牲块中所有的有效页只有首先被拷贝到干净页中，才能将其擦除。在这个
例子中，当闪存缓存被分为预取区和缓存区，只需要一次块擦除，因为 u 为 0。
这样垃圾回收的代价非常小。反之，如果没有对闪存缓存进行分区，需要 12 次
拷贝，四次擦除才能回收那些无效页。

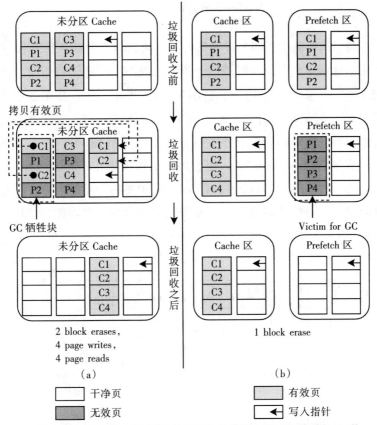

图 5-35 把基于 SSD 的磁盘缓存分为缓存区和预取区的好处

（三）时间感知的闪存缓存分配策略

顺序预取是针对存储设备特征进行优化的，因此为闪存缓存设计的预取操作应当充分考虑闪存介质中数据布局的物理特征。为了最小化闪存缓存的预取成本，系统使用了一种时间相关的 Cache 分配策略。通过该策略，牺牲块的 u 值可以降低到接近于 0。本策略的思想是将预期访问时限（Expired Time）接近的预取数据在物理空间上存放在一起。此外，预取的基本粒度需要等于页大小。任何预取请求必须首先和页边界对齐，然后被分割成多个页大小的子请求，每个子请求都包含一个完整页，且赋予了一个 Expired Time 属性作为时间戳。当系统为基于页的预取子请求分配缓存空间时，Expired Time 值临近的子请求被写入同一个块中相临近的页。通过针对数据物理布局的优化，从而可以最小化预取操作的 GC 成本。

$$\text{expectedT}_i = \text{currentT} + \frac{2 \cdot i \cdot SS \cdot S.\text{avgT}}{EP_{\text{len}}} \tag{5-12}$$

假定当前工作负载中有四个被触发的顺序流，每一个都需要预取一个块大小的数据。那么这四个预取请求将被进一步分割为 16 个页级别子请求。假定 $P_{s_i}^{t}$ 表示顺序流 S_i 的一个页级别子请求，它的 Expired Time 为 t_i。如图 5-36 所示，位于左侧的传统分配策略只有一个写入指针，并将顺序写入，不去考虑 Expired Time。与之不同，右侧称为时间相关的分配策略按照 Expired Time 分配干净页。也就是说，它努力将 Expired Time 相近的子请求聚集在一起。因而，t_{now} 等于 t_1 时，传统 cache 分配策略的 u 值为 3/4，而时间相关的分配策略的 u 值为 0。这可以证明时间相关的分配策略可以减小基于闪存缓存的预取操作的垃圾回收开销，因为 u 和 GC 成本是成正比的。

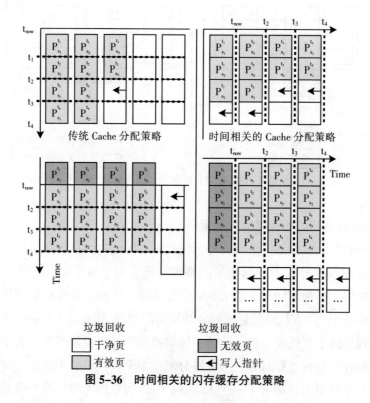

图 5-36　时间相关的闪存缓存分配策略

（四）成本收益模型

基于闪存缓存的预取成本包含磁盘访问开销、缓存分配开销、读开销和垃圾回收开销，可以通过式（5-13）推导出来。预取的收益可以通过未启用预取时的数据访问开销来表示，可以通过式（5-14）推导出来。预取的收益（Earning）可以通过式（5-15）进行量化。

$$\text{Cost} = C_{HDD}^{prefetch}(d) + C_{SSD}^{allocation}(d) + C_{SSD}^{hit}(d) + C_{SSD}^{GC}(d) \tag{5-13}$$

$$\text{Benefit} = C_{HDD}^{non-prefetch}(d \cdot P(S.Len，d)) \tag{5-14}$$

$$\text{Eearning} = \text{Benefit} - \text{Cost}$$

$$= \left(\left[\frac{d \times P(SlLen，d)}{S.avgRL} - 1\right]\right) \cdot T_{disk}^{position} - \frac{(1 - P(S.Len，d) \cdot PageSize)}{B_{disk}} \cdot d -$$

$$(C_{SSD}^{pageprogram} + P(S.Len，d) \cdot C_{SSD}^{pageread}) \cdot d - \frac{[u \cdot N] \cdot C_{SSD}^{copyback} + C_{SSD}^{erase}}{N} \cdot d \tag{5-15}$$

系统使用了循环迭代法来求出能够最大化整体收益的预取长度。首先，将 d 的初始值设为 1，终值设为关系图中长度的上限，步长设置为 1，通过循环计算不同 d 值下的收益值 E（Earning）。能够带来最大 E 值的 d 被记录下来当作最优预取长度。需要注意的是，此处 u 值取 0，这是因为默认使用了时间相关的 Cache 分配策略。

五、实验验证

（一）实验平台设计

通过闪存缓存模拟器来测试预取方法是否行之有效。该模拟器的设计基于 Disksim 模拟器的 4.0 版本以及固态盘扩展包。在模拟实验中，闪存存储器的相关参数在表 5-8 中列出。

表 5-8　模拟器参数配置

设备	参数	配置
SSD	数量	1
	接口	SATA
	容量	4G
	Dies/Package	1
	Planes/Die	1
	Blocks/Plane	16384
	Pages/Block	64
	页大小	4K
	页编程时间	300 μs
	页读取时间	125 μs

续表

设备	参数	配置
SSD	Copyback	225 μs
	块擦除时间	1.5 ms
	垃圾回收阈值	5%
HDD	数量	3
	接口	SATA
	定位时间	4.7 ms
	带宽	72 m/s

为了研究系统对于性能和可靠性的影响，使用了一组企业级工作负载来测试其相关性能，即 RAD、Live Map（LM）和 MSN。RAD 负载是从运行 SQL server 服务的 RADIUS 后台认证服务器中收集的。LM 负载是从微软公司提供卫星图片的 Live Maps 服务器中收集的，其访问特征是顺序读取。前台服务器（TFE）获取用户请求并转发给后台服务器（TBE）。MSN 是从微软的几个文件服务器中收集的。其中，CFS 服务器存储元数据信息，它用来管理哪些文件属于哪些用户。表 5-9 对这些负载的基本特征进行总结，包括读写操作的平均请求大小、读请求的百分比、顺序度和请求间隔时间。

表 5-9　工作负载特征

负载类型	标记	平均请求大小 读/写（KB）	读比例 （%）	顺序度 （%）	请求间隔 （ms）
RAD	RAD-BE	106.0/11.6	20.0	58.1	11.85
Live Map	LM-TBE	53.04/61.90	78.9	70.4	3.87
MSN	MSN-CFS	9.71/8.67	73.8	8.3	6.58
MSN	MSN-BEFS	10.68/11.15	67.2	4.35	1.10

本项目提出的预取策略称为 FLAP（FLash-aware Prefetching）。用来和 FLAP 进行比较的策略包括传统预取（Traditional Prefetching），不分区预取（No Partition）和不预取（No Prefetching）。首先，不预取策略代表整个 Flash Cache 仅仅作为一个纯 Cache 来捕捉数据访问的时间局部性，而不去用预取操作捕捉空间局部性。其次，传统预取代表 Linux 的预取策略。该种策略逐渐增加预取窗口到一个可调节的阈值（默认 128K）。需要注意的是，在传统预取策略中结合使用了本项目提出的分区方法。最后，不分区策略表示未使用分区方法的传统预取策略。

（二）性能评定与讨论

在实验中，对 FLAP 进行了一系列的性能测试，分别针对了命中率、平均响应时间和固态盘内部的擦除次数。

1. 命中率（Hit Rate）

图 5-37 在多种负载下对使用不同闪存缓存预取策略的系统进行命中率测试。在图中可以发现，系统在运行之初需要一定的时间来预热（Warm-up）闪存缓存，预热完成后 Cache 的命中率才变得稳定。在图 5-37（a）~（b）中用到的 LM-TBE 和 RADBE 都是顺序性较强的负载。如设计预期，FLAP 的表现要优于其他策略。在预热阶段，No Prefetching 策略的表现最差，因为 Cache 策略相对被动，必须等待数据被重新访问。与之相对，FLAP 和其他类型的预取策略相比预热速度更快，因为 Cache 策略相对被动，数据调入后的下次重用举例更长一些。而预

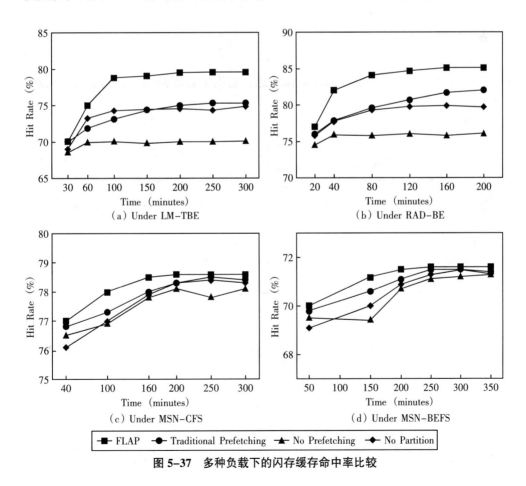

（a）Under LM-TBE
（b）Under RAD-BE
（c）Under MSN-CFS
（d）Under MSN-BEFS

■— FLAP   ●— Traditional Prefetching   ▲— No Prefetching   ◆— No Partition

图 5-37 多种负载下的闪存缓存命中率比较

取策略更为积极主动地获取数据，在短时间内就可以增加 Cache 被命中的次数。在命中率逐渐稳定时，FLAP 的命中率比 No Prefetching、Traditional Prefetching 和 No Partition 的命中率分别高出 13.55%、5.71%和 6.28%。FLAP 的表现要归功于关系图带来的高预取精度。此外，将顺序数据单独在预取区存放，有助于减少缓存污染。在图 5-37（c）~（d）中用到的 MSN-CFS 和 MSN-BEFS 都是连续性较差的负载。这几种策略得到了相似的性能，这是因为没预取策略难以发挥作用。

2. 平均响应时间（Average Response Time）

图 5-38 在多种负载下对使用不同闪存缓存预取策略的系统平均响应时间进行测试。值得注意的是，作为磁盘缓存的 DRAM Cache 的存储容量始终是后端存储的 0.5%。从图中可以发现，平均响应时间随着闪存缓存容量的增加而减小。这体现了系统性能和非易失缓存容量之间的关系。需要注意的是，在 DRAM 缓

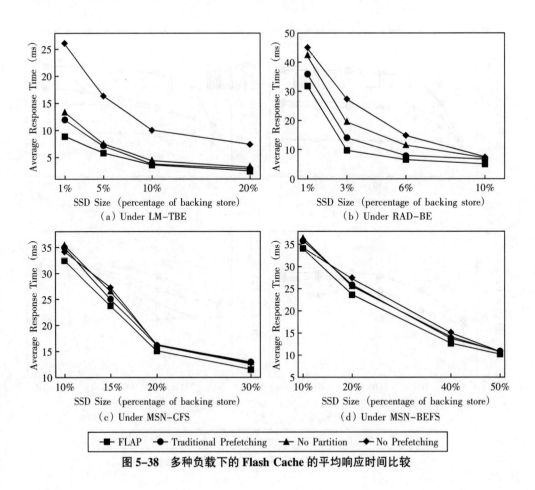

图 5-38　多种负载下的 Flash Cache 的平均响应时间比较

存较小时，FLAP 相对于其他策略的优势更大。这是因为，FLAP 在 Cost-benefit 模型的支持下预取精度更高，从而减少了缓存的污染。此外，分区策略和时间相关的数据布局策略减少了固态盘内部的垃圾回收开销，因为提升了系统性能。

3. 擦除量（Erase Times）

在图 5-39 中，对不同预取策略下闪存层内部的磨损程度进行比较。其中 FLAP without Partition 表示顺序流数据和缓存数据被混合存放。FLAP without Time-aware Allocation 表示采用了预取分区策略，但是没有采用时间相关的 Cache 分配策略来优化数据布局。磨损程度在此处被量化为擦除操作的次数，然后和没有预取情况下的擦除操作次数进行归一化。图中的 y = 1.0 处的横线代表没 No Prefetch 策略下的磨损情况。

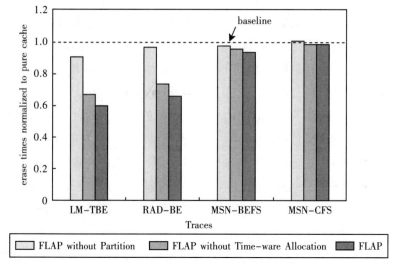

图 5-39　不同预取策略下闪存缓存内部磨损情况比较

通过比较后，可以发现在高顺序度的负载 LM-TBE 和 RAD-BE 下，FLAP 的磨损比 No Prefetch 少了 41%。这显示出分区策略和时间相关的数据分布策略在很大程度上控制了闪存缓存内部垃圾回收过程中的拷贝开销。由于时间局部性差、空间局部性强的顺序流数据被安排到预取区，Cache 空间没有被顺序流污染，而预取区域的无效页以没有写放大的方式被垃圾回收，所以擦除次数大大降低了。此外，从图中可以发现，FLAP 优于 FLAP without Time-aware Allocation，而 FLAP without Time-aware Allocation 又优于 Flap without Partition。这说明分区策略和时间相关的数据布局，对于减少闪存层内部的垃圾回收时的合并开销有很大作用。在顺序度弱的负载下，几种预取策略的内部擦除次数减少幅度很小，这是因为顺序预取量化模型在预取收益小时，会停止预取。

六、相关工作

根据系统结构的不同，相关的预取工作可划分为三类：磁盘预取技术、闪存缓存技术和基于闪存的预取技术。

（一）磁盘预取技术

顺序预取是磁盘存储之上最流行的预取方式，相关的研究有很多。一些研究提出激进式大预取可以显著地减少预取的成本。例如，STEP 利用激进式预取来提高磁盘 I/O 响应时间，减少磁盘访问量。AMP 利用渐进调整的启发式策略不断增大顺序流的预取长度和触发页距离，从而增加聚合带宽。

一些研究则把研究重心放在提高预取精度上来。Cao 等提出让文件系统支持应用程序来自由管理自己的预取、缓存和调度。Chang 等提出通过特殊的方式执行应用程序来分析该预取哪些数据，而不必修改应用程序的代码。C-Miner 通过挖掘块之间的联系进行预取。TAP 采用了基于表的预取方法，它在其内部采用了一个 I/O 记录表来记录了一段时间内非连续访问的地址，通过和新到请求的地址进行比较来侦测顺序流。STEP 使用一个平衡树结构来侦测新的顺序流。

由于缓存空间是系统中最为稀缺的存储资源，很多研究重点讨论了预取数据在缓存中的管理问题。SARC 算法将 Cache 空间划分为预取缓存（Prefetch Cache）和重用缓存（Re-reference Cache），并根据负载顺序度强弱来动态平衡两者的大小。美国罗切斯特大学的 Li 等使用了一种基于梯度下降的贪婪算法（A Gradient Descent-Based Greedy Algorithm），通过在多个时间窗口来微调预取缓存的大小，并感知微调后 Cache 命中率的变化情况来得到最佳的预取缓存和重用缓存之间的配比。TAP 使用了一种下向压力法（Downward Pressure），即在命中率稳定的前提下逐渐减少预取缓存的大小，使预取缓存占用的空间尽可能的小。

（二）闪存缓存技术

构建由磁盘和固态盘组成的混合存储系统，利用两者在价格、性能、能耗和可靠性的互补性来优化外存储系统是当前的研究热点。相当一部分混合存储系统方案将工作重点放在如何利用固态盘作为磁盘存储的块缓存设备来提升系统性能。例如，Intel 公司的迅盘（Turbo Memory）使用基于 NAND Flash 的 PCIe 存储卡作为磁盘的块缓存来加速系统启动、优化随机访问和通过减少磁盘活动从而节省能耗。NetApp 的 Byan 等设计了位于虚拟机监视器（hypervisor）的闪存缓存系统 Mercury。Mercury 的优势在于将闪存缓存作为所有虚拟主机的共享化存储，从而不必为每个虚拟主机单独配置专享的直连式闪存缓存（Direct-Attached Storage，DAS）。FlashVM 是在 Linux 内核中构建的基于 Flash 存储器进页面调度的虚拟内存系统。通过修改页面的读取、分配和写回的代码来优化页面调度系统。Hystor 将由固态盘和磁盘构成的混合系统作为一个单独的块设备进行管理。通过在运行时监控 I/O 访问特征，可以高效地识别那些最适宜于存放在 SSD 中的块数据。FlashTier 为 Flash 缓存设计了专用接口。借助于对地址映射表的高效管理，该系统不但提高了系统性能，也保证了系统故障时维护数据一致性并快速恢复 Flash 缓存数据的能力。

（三）基于闪存的预取技术

一些研究者将预取技术和固态盘技术结合起来提高系统性能和用户体检，但是这些策略采用的存储介质和运行平台和 FLAP 有较大差异。例如，Flashy-Prefetching 设计了专门预取 SSD 数据的算法。该系统通过访问模式侦测和回馈机制动态控制预取行为的激烈程度。同本项目不同，该系统是将 SSD 中的数据预取到 DRAM 缓存中，并非将磁盘数据预取到 SSD 中。FAST 使用基于固态盘的预取策略来加快 PC 中程序的启动速度。其核心思想在于将 CPU 的计算时间和 SSD 的 I/O 时间重叠起来。与之不同，FLAP 的重点在于提高大规模存储系统的运行时性能。

七、小结

以固态盘为基础的闪存缓存在存储系统中发挥重要的性能加速作用，同时它有其独特特性：内部 GC 操作和有限的使用寿命。这些特点对于以闪存缓存为基础的顺序预取技术而言极具挑战性。配备众核处理器以及 T 字节闪存缓存的存储服务器，是技术发展的必然趋势，因此将更加复杂和更强大的顺序预取方案融入其中以提高顺序访问的性能是极富价值的研究。

本项目引入了一个以关系图作为在给定长度的流中确定预取请求命中概率的工具。此外，将该工具与闪存感知成本效益模型相结合，以便根据工作负载的顺序性强度来探讨最优预取长度，从而使预取的效益最大化，同时避免了由于预取不准确所造成的性能损失和存储介质损害。

本项目设计了一种块层多流预取技术，以使预取算法适应混合存储系统的闪存缓存层。闪存层被分割为缓存分区和预取分区。另外，为了提高内部垃圾回收效率，时间感知分配方案应用于预取分区。该预取技术不仅广泛适用于以磁盘阵列和固态盘为基础的混合存储系统，而且适应于拥有闪存加速层和顺序工作负载的任何存储系统。

第五节　云存储环境下基于 HDFS 的海量小文件装箱算法

一、引言

当前，由于 Hadoop 的流行，大部分的云存储系统都在使用 HDFS（Hadoop Distributed File System）文件系统。HDFS 是一种具有高容错性的分布式文件系统模型，可以部署在支持 JAVA 运行环境的廉价服务器或虚拟机上，通过多副本技术来保证吞吐量和可靠性。

HDFS 采用主从式架构（Master/Slave Architecture），集群中包含一个名称节点（Name Node）和若干数据节点（Data Node）。为了简化其内部结构，HDFS 的默认文件块（Block）大小为 64M。然而，这种粗粒度的设计导致其对小尺寸文件的存储效率不够理想。HDFS 文件系统的元数据信息集中存储在名称节点中，如果系统存在大量的小文件则会耗费名称节点大量的内存资源，这无疑会影响名称节点的性能，制约整个集群的存储效率。然而，最新的研究发现云存储系统中存在大量的小文件。例如，美国西北太平洋国家实验室的一份研究报告表明，云存储系统中有 94% 的文件小于 64MB，58% 的文件小于 64KB。因此，如何提高 HDFS 中小文件的存储效率，成为当前云存储领域的研究热点之一。

当前相关研究的主要思想是将小文件合并为大文件。其设计思路可分为两类，一种是利用各种归档技术实现小文件合并；另一种则是针对具体的应用提出特定的文件合并方法。利用归档技术处理小文件的研究成果较多。例如，Mackey 等利用 HAR 技术实现小文件的合并，从而提高了 HDFS 中元数据的存储效率。余思、桂小林等采用序列文件技术将小文件合并为大文件，结合多属性决策理论寻找合并文件的最优方式，通过将大量的小文件输入到一个 Sequence File 文件中，从而把大量的小文件数据变成大文件数据，其目标是减少 Name Node 中的元数据数量，节省数据传输时间。

另外，一些研究成果基于具体的应用提出了相应的小文件存储解决方案。例如，Liu 等结合 WebGIS 访问模式的特点，将小文件组合为大文件并为其建立全局索引，从而提高了小文件存储效率。He 等对医疗大数据领域中基于 HDFS 的小文件的访问策略进行了优化。赵晓永等对原生 HDFS 进行了扩展，通过在名称节点中引入一级索引和富元数据节点，丰富了元数据信息，为进一步的业务扩展提供了支持。张春明等以中华字库工程为研究背景，提出以预加载方法来调换章节内页面和图片顺序的方法，通过舍弃 HDFS 文件块末尾的小空间对小文件的存储进行优化。

总之，上述研究成果的重点均在于如何合并文件，忽略了将文件上传到 HDFS 前的预处理环节。针对这一问题，本项目提出云存储环境中基于二维装箱算法的小文件装箱算法。其思路是在合并小文件之前，使用二维装箱算法对小文件进行合并，使合并文件的大小尽可能地接近 HDFS 文件系统的默认块，从而高效地使用存储空间并减少块级别的元数据量。

二、背景知识

(一) HDFS

典型的 HDFS 集群由单个名称节点和多个数据节点组成。名称节点的作用主要有三个：第一，管理文件系统的命名空间，维护文件系统树及整棵树内所有的文件和目录。文件系统树的信息通过命名空间镜像文件和编辑日志文件永久保存在本地磁盘上。第二，名称节点在内存中记录每个文件的块信息，这些信息会在系统启动时由数据节点重建。第三，名称节点也负责响应外部客户端（Client）的访问。

数据节点是文件系统的工作节点，存放实际的数据块，可以根据需要存储并检索数据块，响应创建、删除和复制数据块的命令，并且定期向名称节点发送所存储数据块列表的心跳信息。名称节点获取每个数据节点的心跳信息，数据节点据此验证块映射和文件系统元数据。在 HDFS 中，一个文件被分配到一个或多个块存储在数据节点，每个块具有一定数量的副本。

图 5-40 给出了 HDFS 中通过客户端发起文件写入请求的步骤。首先，客户端向名称节点发起文件写入的请求。其次，名称节点根据文件大小和文件块配置

情况，将它管理的数据节点的信息返回给客户端。最后，客户端将文件划分为多个块，根据数据节点的地址信息，按顺序写入到每一个数据节点的块中。图 5-40 中也给出了客户端发起文件读取请求的步骤。首先，客户端向名称节点发起文件读取的请求。其次，名称节点返回存储文件的数据节点的信息，然后由客户端读取文件信息。

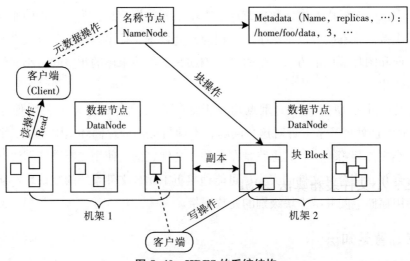

图 5-40　HDFS 的系统结构

如图 5-40 所示，在处理海量小文件的情景下，HDFS 名称节点的内存消耗会非常大。这是因为文件系统的元数据存储在单个名称节点中，每个文件都需要在名称节点的内存中维护其元数据信息。随着小文件数量的增大，名称节点的内存资源会快速消耗，从而成为整个集群的性能瓶颈。此外，如果不对小文件进行合并，每个小文件都会单独占用一个块，就会造成存储空间的巨大浪费。如果降低文件块的大小，HDFS 的块数量就会增大，这会引起元数据量的激增，导致名称节点成为系统瓶颈。

（二）二维装箱

二维装箱问题（Two-Dimensional Bin Packing，2DBP）是运筹学领域的一个经典问题。它对物体在二维空间的摆放进行优化。该问题可以描述为：宽、高分别为 w_i、h_i 的 n 个矩形物体在多个尺寸相同的矩形箱体中摆放，在满足一定的约束（重量约束、空间利用率约束）条件下，如何令使用的矩形箱体数量最少。在本项目中，可以将 HDFS 的文件块视为箱体，将待合并的小文件视为需要装箱的物体。本项目的目标是，通过优化装箱算法最大限度地提高 HDFS 存储空间的利用率。

Gilmore 和 Gomory 首次给出了二维装箱问题的 2DBP 模型。物体集合有多种装箱模式，在枚举所有这些模式的基础上，提出了一种列生成方法，令 A_i 是由二元数 a_{ij} 构成的 n 维向量，如果物体 i 属于箱子 j 则 a_{ij} 等于 1，否则就等于 0，从而所有可能的装箱模式构成一个矩阵 A。其中的列向量 x_j（j = 1，…，m）表示第 j 种装箱模式，对应的二维装箱问题的数学模型为：

$$\begin{cases} \text{minimize} \sum_{j=1}^{m} x_j \\ \text{subject to} \sum_{j=1}^{m} a_{ij} x_j = 1; \ i = 1, 2, \cdots, n; \ j = 1, 2, \cdots, m; \ x_j \in \{0, 1\} \end{cases} \quad (5\text{-}16)$$

通过求解一个与其相关的从属问题，即 0-1 背包问题，可以给出了一个生成列的动态规划方法。为了降低 2DBP 问题的固有复杂性，可以通过相对容易处理的物品分层装箱采用一个两阶段动态规划方法来解决二维装箱问题。

三、小文件装箱算法 TPSF

（一）TPSF 算法

针对基于 HDFS 的云存储系统中小文件存储效率不高的问题，本项目提出基于二维装箱的 TPSF（Two-dimensional Packing for Small Files）算法。该算法的目标是尽可能地提高 HDFS 每个块内存储空间的利用率，并保证云存储系统中缓存文件存储到 HDFS 的归档时间。

总的来说，TPSF 文件的合并过程分为两个阶段。首先，TPSF 算法在用户上传小文件后并不需要立即装箱。在实际的应用环境中，当用户在云存储系统中通过客户端上传大量小文件时，服务器首先设置一个缓冲区，只有在缓冲区中数据总量大小设定阈值（本项目取 64M）时再进行装箱。对于大于 64M 的文件，TPSF 将其直接上传到 HDFS。文件装箱的优先级取决于其装箱权值，权值高的文件优先装箱。装箱权值根据文件大小设定其初始值。在装箱过程中，为了避免某些权值低的小文件长时间不能被装箱的问题，TPSF 根据这些文件在云存储服务器上的缓存时间来动态调整其权值，从而增大其装箱的优先级。这样做的目的是使文件装箱的优先级随着等待时间的增加而增加。本项目的加速度参数 a 设为 2，即一个小文件若错过一次装箱则其权值增加一倍。假设 HDFS 的文件块大小为 64M，箱体大小则被设为 63M，余下的 1M 用来存放块内文件合并后的索引信息。其次，采用文件流的方式合并小文件，目标是提升文件合并的效率。最后，TPSF 将合并后的装箱文件提交给 HDFS，进行数据归档。算法的相关参数在表 5–10 中进行说明。TPSF 算法的伪代码如表 5–11 所示。

表 5–10　TPSF 算法符号定义

符号	描述
f_i	要装箱的第 i 个文件
F	缓冲区中的文件集合 $F = \{f_1, f_2, \cdots, f_n\}$
n	缓冲区中文件的个数
a	文件的优先级变化速率，设定为 2
FileArray [MD5] [key]	存储文件信息的二维数组，第 1 列表示文件的 MD5 值，第 2 列表示文件的权值
Key	文件的权值
Flevel	文件的优先级
y	等待合并的文件数量 y

表 5–11　算法 1 TPSF 的算法伪代码

（1）初始化过程，定义一个二维数组 FileArray [MD5] [key]，其中权值初始化为文件大小；
（2）读入缓冲区的所有文件大小，更新数组 FileArray [MD5] [key]，如果数组中已经存在 MD5 值相同的文件，将对应的权值乘以 2；
（3）新增的文件在数组中按权值从大到小进行排序。如果文件权值总大小大于 63M，$\sum_{i=1}^{n}$ FileArray[i] [2]≥63M，开始进行装箱，否则退出程序，等待下次装箱调度；
（4）从权值最大的文件 f_i 开始装箱。如果放入文件 f_i 后，文件的总大小小于 63M，则存放 f_{i+1}，从数组中把文件 f_i 的记录删除，循环这个过程，直到所有的可以装箱的文件都合并到一起；
（5）计算装箱后的文件的实际大小，如果小于 62M（装箱阈值），再从数组中查找文件进行装入，返回（2）；
（6）将排列好的文件生成索引，附在合并后的文件后面，调用 HDFS 命令将文件上传到 HDFS 上，计算需要合并的文件个数 y；
（7）上传成功，返回（2）

　　之所以第五步需要再次查找装箱，是因为在第二步中某些小文件可能因为多次未装箱致其权值增加。优先装入这个小文件后，将产生一段被虚拟占用的空间，所以需要确认装箱后文件的实际大小。TPSF 算法理想情况下的时间复杂度为 $T(n)=O(n \times \log n)$，最坏情况下的时间复杂度为 $T(n)=O(n^2)$。

（二）文件合并过程

　　确定待装箱的文件序列后，TPSF 算法需要将序列中的文件进行合并。考虑到文件合并的速度，本项目使用基于 JAVA 的文件流读写方法进行合并。合并操作的算法伪代码如表 5–12 所示。

表 5–12　算法 2 TPSF 的文件合并算法伪代码

(1) 计算要合并的文件总数，将待合并的文件集合标记为 $F = \{f_1, f_2, \cdots, f_y\}$；
(2) 令 $j = 1$，j 表示集合 F 中文件的序号，且 $1 \leqslant j \leqslant y$；
(3) 创建文件流 in = new FileInputStream(f_j)，F 中的文件读入，当 $j > y$ 时，转到 (5)；
(4) 进行文件合并，$j = j + 1$，返回 (3)；
(5) 将合并后的文件提交到 HDFS 服务器，结束

需要强调的是，当用户删除数据时，需要把装箱后的合并文件读回缓存区进行拆解，删除指定文件，再与缓存区中现有的文件进行合并装箱。当用户查询文件时，可能出现文件缓存在云存储服务器的缓冲区中，且尚未上传到 HDFS 的情况。因此，查询操作需要对 HDFS 索引和云存储服务器的缓冲区同时进行查询，合并两者查询结果后返回给用户。

四、实验及结果分析

本节主要通过实验来验证 TPSF 算法的性能。实验中将 TPSF 与原生 HDFS 以及基于 SequenceFile 的小文件合并算法进行对比分析。在实验中，主要从小文件占用的存储空间、名称节点中元数据量以及数据节点的内存使用情况进行对比测试。实验中所采用的主要数据集如表 5–13 所示。

（一）实验环境

实验平台为包含五个节点的 Hadoop 集群，包含一个名称节点和四个数据节点。详细的环境配置参数如表 5–13 所示。

表 5–13　实验环境参数配置

组件	详细描述
Hadoop 版本	0.23.5
Name Node 节点	1
Data Node 节点	4
OS	Ubuntu 14.04
CPU	Name Node 节点 Intel I7–6700 3.4G Data Node 节点 Intel I5–4590 3.3G
内存	Name Node 节点 4G Data Node 节点 2G
网络	100M

（二）实验结果及分析

1. 小文件占用存储空间对比测试

实验中用到了两个数据集（见表 5-14）。数据集 DataSet1 包含 8571 个小文件，总大小 1.49G 字节（Windows7 的系统文件）；数据集 DataSet2 包含 1000 个 1M 字节的文件（通过 Linux 的 dd 命令生成）。在实验中 HDFS 的副本参数（dfs.replication）设置为 1。在上传完成后，使用 Linux 的 du 命令观察目录的存储空间使用情况。

如表 5-14 所示，对于 DataSet1，相对于原生 HDFS，TPSF 减少了 99.53% 的存储开销。对于 DataSet2，存储开销减少了 98.24%。这说明，通过 TPSF 的文件合并方法可以显著降低小文件的存储占用空间。

表 5-14 不同数据集下存储空间占用情况对比

数据集	小文件描述	生成方式	上传到 HDFS 后的大小
DataSet1	8571 个文件，文件总大小为 1.49G	TPSF 算法合并后再上传	2.3G
		原生 HDFS 系统	488G
DataSet2	1000 个 1M 文件，总大小 1G，dd 命令生成	TPSF 算法合并后再上传	1.1G
		原生 HDFS 系统	62.5G

2. 名称节点中小文件元数据量对比测试

本实验测试随着小文件数量的增加，对名称节点中元数据内存占用量的影响。测试采用的海量小文件数据集由基准程序生成，文件大小在 50K~1M，符合正态分布。如图 5-41 所示，横轴为小文件数量，纵轴表示名称节点的内存占用

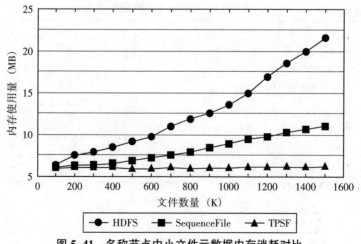

图 5-41 名称节点中小文件元数据内存消耗对比

量。通过观察可以发现，使用 TPSF 的名称节点中元数据内存占用量明显低于 Sequence File 和原生 HDFS 方法。这是由于通过装箱算法对文件合并后，存储到 HDFS 上的块数量大为减少，降低了元数据量。此外，基于 MD5 的去冗方法，也起到了减少元数据量的作用。

3. 数据节点中小文件内存消耗对比测试

为了考察 TPSF 算法对数据节点内存占用量的影响，测试中记录了在上传和空闲状态时数据节点的内存使用情况。如图 5-42 所示，在文件读写时，原生 HDFS 的平均内存占用率为 56%，而使用 TPSF 算法时数据节点平均内存占用率

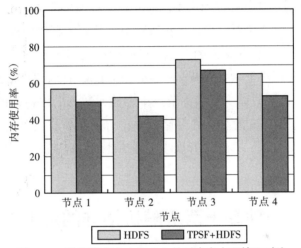

图 5-42　数据节点中上传小文件时内存占用情况对比

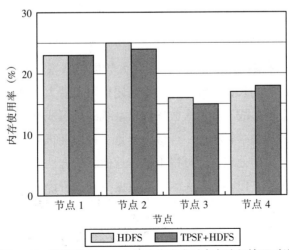

图 5-43　数据节点中小文件上传完成时内存消耗情况对比

为 42%。这是因为通过 TPSF 算法对小文件进行预处理，多个小文件可以合并在一个块中顺序上传，并通过 MD5 进行了去冗，增加了传输效率的连续性，减少数据传输量和不必要的资源开销。同时，可以观察到在空闲状态下，原生 HDFS 和 TPSF 的平均内存占用率分别为 21% 和 19.5%，相差不大。这表明 TPSF 通过集中上传小文件，可以延长数据节点的空闲时间。这也说明 TPSF 在空闲状态下的系统开销较小，基本可以忽略不计。

五、结束语

针对 HDFS 对小文件存储效率不高的问题，本项目设计并实现了基于二维装箱的 TPSF 算法。该算法通过设计装箱策略对上传到云存储服务器中小文件进行缓存和合并处理，使合并文件的大小尽可能地接近 HDFS 的块大小，然后上传 HDFS 进行归档。相对于原生 HDFS 和 Sequence File 方法，TPSF 能够降低小文件占用的存储空间，同时减少了名称节点中存储元数据的内存开销。实验结果表明，TPSF 提高了 HDFS 的小文件存储效率，有助于节省内存资源和存储空间。在未来的工作中，将进一步深入开展小文件预处理过程中的去冗算法研究。

第六节 一种基于两级随机抽样的近似求解方法

一、引言

大数据时代，有限的 IT 资源难以满足大数据信息系统持续增长的需求。与此同时，作业运行时间长、能源消耗大等问题也阻碍着大数据信息系统的进一步发展。为了面对上述挑战，降低大数据信息系统的求解成本，本项目提出了一种基于大数据处理的近似求解方法。近似求解是一种以随机取样技术为基础，通过仅对小规模数据子集的处理，即可得出整体近似解的方法。虽然该技术以损失一定的计算精度为代价，但它能够大幅降低数据处理的资源成本、缩短作业运行时间，并降低系统能耗。

近似求解的应用范围较为广泛，涵盖了数据分析、机器学习、蒙特卡罗计算、图像、音频和视频处理等诸多领域。近似求解在大数据处理领域的一个案例是：某网站运营商需要分析网站页面的访问量，因而需要对百 GB 以上的 Web 访问日志进行日常分析处理，经过分析发现，精确地求出每个页面的访问次数是不必要的，相对性地掌握页面受欢迎程度即可够满足用户需求。因此，可以通过随机抽样方法仅分析部分日志文件，估算出页面访问次数的近似解，并提供误差界和置信水平，这样就可以在满足用户需求的前提下缩短数据分析时间，降低硬件投入。

现有研究对大数据背景下的近似求解问题提出了若干方法。有些学者提出了一种基于 Map Reduce 的在线查询方法，其主要思想是修改 Hadoop，从而打破 Map 阶段和 Reduce 阶段之间的时间分界，即使 Reduce 任务未全部完成亦可输出中间结果作为近似解。然而，这种方法忽略了近似解的误差计算，运算精度受限。有些学者提出了 GRASS 方法，该方法通过测算作业中不需要执行的任务数从而终止那些掉队的任务以加快作业运行速度。这种方法可以有效处理掉队任务，但是难以根据误差界条件来中止非掉队任务。有些学者重点研究了基于聚类方法的近似求解，其中贾洪杰等采用近似加权核 k-means 算法，仅使用核矩阵的一部分来求解大数据的谱聚类问题。杨煜等提出使用 t 最近邻稀疏化近似相似 Laplacian 矩阵来设计了基于 MapReduce 的并行近似谱聚类算法。以上两种方法可以缩短计算时间，解决内存瓶颈，然而它们并非通用的近似计算方法，应用范围受到限制。

本项目设计并实现了一种基于两级随机抽样的近似求解模型。该系统根据用户提出的误差界要求，通过组合簇抽样率和簇内抽样率使系统在最短时间内求出近似解和置信区间。展开来说，系统首先对作业的数据集进行分簇并通过随机抽样选取一个簇子集，进一步为每个选中的簇启动 Map 任务。其次，在每个 Map 任务中对簇的成员进行簇内随机抽样，仅处理簇成员的一个子集并生成中间键值对。最后，在规约阶段通过 Reduce 任务根据用户提出的误差界求出近似解和置信区间。

为了验证本项目提出的近似求解方法，我们在 Map Reduce 程序框架之上构建了近似求解的原型系统。实验通过多种数据集和相关数据分析应用对簇抽样、簇内抽样的特点进行了详细的分析，验证了 Map Reduce 下结合簇抽样和簇内抽样加快作业运行的可行性和有效性。

本节第二部分结合统计学理论对基于簇抽样和簇内抽样的两级随机抽样进行形式化分析；第三部分详细描述了近似求解系统的框架结构和相关算法；第四部

分给出实验结果与分析；第五部分进行总结。

二、问题描述

假设大数据集总体容量为 Z，将 Z 个成员放入 N 个不相交的簇中，每个簇 i 包含 M_i 个成员，因而满足 $Z = \sum_{i=1}^{N} M_i$ 假设簇 i 的每个成员 j 都有一个关联值 v_{ij}，那么聚合后的关联值之和为 $\sum_{i=1}^{N} \sum_{j=1}^{M_i} v_{ij}$。

通过无放回简单随机抽样从 N 个簇中随机抽取 n 个簇，接着再从第 i^{th} 号簇的内部随机抽取 m_i 个成员，本项目称为两级随机抽样。通过对随机样本进行关联值的聚合计算，可以求出估计值 $\hat{\tau} = \frac{N}{n} \sum_{i=1}^{n} \left(\frac{M_i}{m_i} \sum_{j=1}^{m_i} v_{ij} \right)$。根据中心极限定理，取置信水平为 95%，置信区间为 $[\hat{\tau} - \epsilon, \hat{\tau} + \epsilon]$，其中，$\epsilon$ 为误差界，它等于 $t_{n-1, 1-\alpha/2} \sqrt{\hat{Var}(\hat{\tau})}$，其中，$\hat{Var}(\hat{\tau})$ 为样本的标准差，等于 $N(N-n)\frac{s_u^2}{n} + \frac{N}{n}$ $\sum_{i=1}^{n} M_i (M_i - m_i) \frac{s_i^2}{m_i}$。$s_u^2$ 表示簇的样本方差；s_i^2 为第 i^{th} 个簇内成员的样本方差。考虑到样本容量的规模，采用的概率模型是自由度为 n–1，置信度为 1–α 的 T 分布，即 student 分布。为了保证置信度水平为 95%，本项目取值为 $t_{n-1, 0.975}$。

在进行近似计算之前，用户提交的作业应包括数据集、Map 函数、Reduce 函数、置信水平（95%）、误差界 B%。其中，误差界 $B = \epsilon/\hat{\tau} \times 100$。如何去满足给定误差界，并尽可能地降低运行时间，需要动态调整簇抽样比率 n/N 和簇内抽样比率 m_i/M_i。

三、系统设计

（一）系统结构

本项目基于 MapReduce 架构提出了基于两级随机抽样的近似求解框架（见图 5-44）。该系统将近似求解过程分解为五个阶段，即作业提交、簇抽样、映射（Map）、簇内抽样和规约（Reduce）。深入来说，作业提交阶段由用户提交作业（Job）相关信息，包括数据集、Map 函数、Reduce 函数、置信水平和目标误差界等求解条件。在簇抽样阶段，系统设定分簇大小并对数据集进行分簇，继而通过随机抽样方法选取簇子集。如图 5-44 所示，一个由五个簇组成的数据集仅启动三个 Map 任务对簇 1、簇 2 和簇 4 进行处理，簇 3 和簇 5 因未被取样而不需系统处理。通常情况下，数据集的簇大小与 HDFS 的文件块大小保持一致。在映射阶段，每个被取样的簇 i 作为一个 Map 任务被分布到集群的各个节点中，并随之拷贝 Map 函数。在簇内抽样阶段，对每个簇 i 进行簇内随机抽样，即在簇 i 中选取一个成员子集。簇中每个被选中的成员 j 经 Map 函数处理后生成中间结果，即二元组 $\langle k，v_{ij}\rangle$，其中 v_{ij} 是和簇 i 内部成员 j 的关联值。如图 5-44 所示，簇内取样由簇 1 中第 2、4 个成员，簇 2 中全部成员，簇 4 中第 1、3、5 个成员构成。这些被选取部分成员将进行 Map 处理，以并行方式运行从而得到中间键值对。最后，在规约阶段，将 Map 阶段生成的所有中间结果进行规约。如果作业生成多个中间键，每个键的关联值聚合会被作为一个独立的运算过程。例如，图 5-44 中在 Map 阶段生成三个中间键 k1、k2 和 k3，其中 k1 和 k3 由 reduce1 来规约，k2 由 reduce2 来规约。当给定键的聚合结果满足了用户要求的近似求解条件（误差界和置信水平）时输出近似解的置信区间。

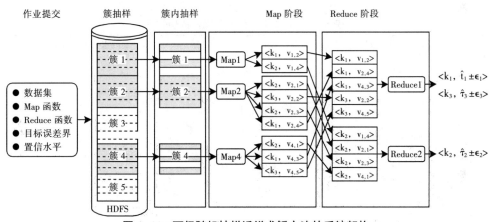

图 5-44　两级随机抽样近似求解方法的系统架构

（二）近似求解算法

为了满足目标误差界，系统需要选取适当的簇抽样率和簇内抽样率。鉴于簇抽样率和簇内抽样率的不同组合能够得到相似的误差界，能使作业运行时间最短的抽样率组合才是系统所需要的。

设数据集包含 N 个簇，用户指定的目标误差界为 B%。为了达到用户给定的目标误差界，需要满足约束条件 $\epsilon \leqslant B\% \times \hat{\tau}$，即 $t_{n-1,1-\alpha/2}\sqrt{\mathrm{Var}(\hat{\tau})} \leqslant B\% \times \hat{\tau}$。若要令系统在最短时间内完成作业，就要对作业运行时间进行最小化求解。设作业仍需运行的时间为 t，$t = n_2 t_{map}(\bar{R}，\bar{r})$。其中，$n_2$ 表示尚未结束的 Map 任务数，

t_{map} （$\bar{R}$，$\bar{r}$）表示一个有$\bar{R}$个成员的 Map 任务在已经处理了$\bar{r}$个成员的时候，完成剩余任务所需的时间。单个 Map 任务的运行时间模型为 t_{map}（R，r）$= t_0 + Rt_r + rt_p$。其中，t_0 表示启动一个 Map 任务的基准时间，t_r 和 t_p 分别表示读取一个成员和处理一个成员所消耗的时间。因此，$\widehat{Var}(\hat{\tau}) = N(N-n)\dfrac{s_u^2}{n} + \dfrac{N}{n}CVAR$，而 $CVAR = n_2\bar{R}(\bar{R}-\bar{r})\dfrac{\bar{s}^2}{\bar{r}} + \sum_{i=1}^{n_1} R_i(R_i-r_i)\dfrac{s_i^2}{r_i}$。其中，$s_i^2$ 是簇成员关联值的方差，$\bar{s}$ 是 $\bar{r}$ 的方差。也就是说，有些 Map 任务虽然尚未完成就可以提前结束。那些已经完成的 Map 任务，会被用来计算方差。根据从 n_1 中已经结束的 Map 任务可以收集并统计结果，从而估算 t_0、t_r、t_p、$\bar{R}$ 和 $\bar{s}$。接下来，按照约束条件：$t_{n-1,1-\alpha/2}\sqrt{\widehat{Var}(\hat{\tau})} \leqslant X\% \times \hat{\tau}$，$n = n_1 + n_2$，且 $n_2 \leqslant N - n_1$，系统用折半法来求解 n_2 和 $\bar{r}$，从而确定簇抽样率和簇内抽样率。近似求解算法的伪代码如表 5-15 所示。

表 5-15 算法 1 近似计算算法的伪代码

输入：数据集 Z，分簇数量 N，map( )函数，reduce( )函数，目标误差界 B%，置信水平 L，集群所有节点 Map 槽数之和 C

输出：带误差的近似解 $\{\langle k_1, \hat{\tau}_1 \pm \epsilon_1 \rangle, \langle k_2, \hat{\tau}_2 \pm \epsilon_2 \rangle, \cdots, \langle k_i, \hat{\tau}_i \pm \epsilon_i \rangle\}$

(1) $\omega \leftarrow \lceil N/C \rceil$

(2) If $\omega = 1$ then

(3) $n_1 \leftarrow random(N)$，使 $n_1 < N$/* 从 N 中随机抽取 n_1 个簇 */

(4) Else

(5) $n_1 \leftarrow random(N)$，使 $n_1 \leftarrow C$

(6) End if

(7) 运行任务集 n_1，计算 t_0、t_r、t_p.

(8) For $i = 2, 3 \cdots \omega$

(9) $n_i < N - n_1 - n_2 \cdots - n_{i-1}$，$n_i < C$，折半查找计算 n_i 和 $\bar{r}$.

(10) $n_i' \leftarrow random(n_i)$

(11) For each task in n_i'

(12) $\{\langle key, v_{mid} \rangle\} \leftarrow MapReduceDistribution(task)$

(13) $\{\langle key, v_{fin} \rangle\} \leftarrow ReduceDsitribution(\{\langle key, v_{mid} \rangle\})$

(14) For each k_i in $\{key\}$

(15) $\hat{\tau} = \dfrac{N}{n}\sum_{i=1}^{n}\left(\dfrac{M_i}{m_i}\sum_{j=1}^{m_i} v_{ij}\right)$

(16) $\epsilon = t_{n-1,1-\frac{\alpha}{2}}\sqrt{N(N-n)\dfrac{s_u^2}{n} + \dfrac{N}{n}\left(n_2\bar{R}(\bar{R}-\bar{r})\dfrac{\bar{s}^2}{\bar{r}} + \sum_{i=1}^{n_1} R_i(R_i-r_i)\dfrac{s_i^2}{r_i}\right)}$

(17) If $\epsilon/\hat{\tau} \leqslant$ B% & & L

(18) Output：$\langle k_i, \hat{\tau}_i \pm \epsilon_i \rangle$

(19) If $\forall \{k | k \in key\}$ is outputted

(20) 停止所有运行中的 map 任务，Return

(21) End if

(22) End if

(23) End for

(24) End for

(25) End for

需要强调的是，近似求解系统主要针对需要多波次运行的 MapReduce 作业。系统从 N 中选取一个子集 n_1 进行首波次 Map 任务。当这波任务完成时，系统从这些任务中搜集信息，随之为尚未运行的任务波次指定簇抽样比率和簇内抽样比率。缺省设置中，如果一个作业根据客户指定的误差界进行多阶抽样，系统将第一波 Map 任务作为引导波次运行，该波次不进行簇内抽样。接下来，系统收集引导波任务的统计结果来求解剩余运行时间 t 的最优问题，并以此为依据为下一波 Map 任务设置簇抽样和簇内抽样比率。第二波任务之后，系统基于之前的 2 波任务选择抽样比率，然后迭代运行，直到满足用户指定的求解条件。

同时，系统需要考虑某些轻量级作业仅包含单波 Map 任务的特殊情况。这种情况下，需要用户通过设置参数来管理系统的运行。通过配置，用户可以指定第一次 Map 任务仅包含少量任务。在第一波 Map 任务得到的统计结果后，再选择簇抽样和簇内抽样比率，从而为接下来的第二波 Map 任务服务。这种方法减少了 Map 任务运行的数量，并允许系统为这些即使一个波次就能完成的作业选择簇抽样和簇内抽样比率。这种采用引导波的求解方法，可能会导致轻量级作业的运行时间增加，这是因为原本仅需一波运行的 Map 任务需要分为两个任务波次运行。但是，这种引导波方法可以增加系统吞吐量，减少能耗消耗，因为它减少了 Map 任务的运行数量。

四、实验结果与分析

（一）实验平台

实验从作业运行时间和计算精度两个方面评估近似求解系统的性能。为了测量计算精度，实验中计算了真实误差和置信区间。真实误差即近似解除以精确解，置信区间指置信度为 95% 的置信区间。实验中的近似解是在 Hadoop 环境下通过五趟测试，最后取平均值产生的。

实验采用的集群由一个主控节点（Job Tracker）和九个计算节点（Task Tracker）组成，节点配置如表 5-16 所示。

表 5-16　节点配置参数

项目	配置说明
CPU	4 核 Intel Xeon 2.4GHz
主存	8 GB
硬盘	500G 7200RPM SATA

项目	配置说明
网络带宽	1Gbps
OS	CentOS Linux 6.6
JVM 版本	Java 1.6.0
Hadoop 版本	1.1.2
Map 槽	8 slot
Reduce 槽	1 slot

试验选用维基百科的快照作为数据集。该数据集未压缩时为 40G，压缩后为 9.8GB，包含的文档数量超过 1400 万个。这些文档存储在 HDFS 中，均匀分布在集群内的各计算节点上。由于簇大小为 64MB，9.8G 数据集共包含 161 个簇，对应的 161 个 Map 任务被分成两个波次在集群中运行。

基于维基百科文档，共进行了两个具有代表性的大规模网页数据分析试验，即 WikiLength 和 WikiPagerank。前者，在 Map 阶段为每一篇字数为 s 的文章生成一个键值对<s，1>，接下来在 Reduce 阶段对每个值为 s 的键进行聚合操作，最后生成文档长度的直方图。后者，在 Map 阶段为指向文档 a 的每个链接生成一个键值对<a，1>，然后在 Reduce 阶段对每个值为 a 的键进行计数，最后为链接到同一文章的文章数目计数。

（二）测试分析

为了观察簇抽样和簇内抽样结合起来对运行时间的影响，项目对 Wikilength 应用进行了运行时间测试。图 5-45 描述了实验结果，其纵轴为作业运行时间，横轴为逐渐增大的簇内抽样率，水平的灰色区域为多趟精确计算的作业运行时间区间。当簇抽样率为 100%、簇内抽样率为 1% 时，运行时间可以缩减 21%，其置信水平为 95% 的近似解误差界为 0.81%，实际误差为 0.34%。对簇抽样和簇内抽样相结合的观察可以发现，簇抽样对缩短运行时间的效果更显著。从图 5-45 中可以观察到，单独进行 50% 的簇抽样的话，即使不进行簇内抽样，亦可将运行时间减小到低于 105 秒。反之，不采用簇抽样，仅进行 1% 的簇内抽样，运行时间只能减小到 137.5 秒。因此，我们认为簇抽样对运行时间的影响更大。这和我们的预期相符，因为簇抽样不会对已删除 Map 任务进行 I/O 访问和处理；而对簇内抽样而言，即便一个 Map 任务中未抽样的部分不需要被处理，仍然需要读出全部成员。

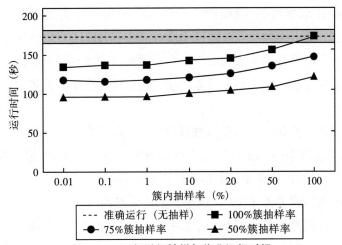

图 5-45　两级随机抽样与作业运行时间

为了观察簇抽样和簇内抽样对近似计算精确度的影响，进行了对 WikiLength 的误差实验。实验结果见图 5-46，其纵轴为误差，横轴为逐渐增加的簇内抽样率。近似解为置信水平等于95%的置信区间。横轴中，若输入数据的抽样比率为1%，这意味着每个 Map 任务中每100个成员内仅随机处理其中的一个。在该实验中，以长度1000字节的文档为例，精确计算的结果是230793，近似解为 221802±9165。因而，实际误差为8991，即（230793－221802）/230793＝3.89%，而估算误差为9165/221802＝4.13%。观察图 5-46 可以发现，当簇抽样率固定为

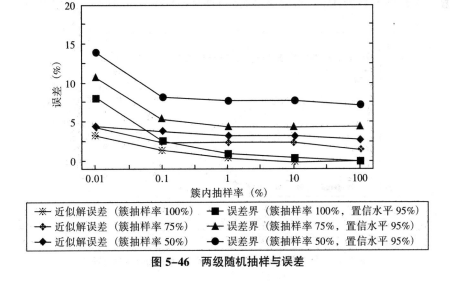

图 5-46　两级随机抽样与误差

50%，簇内抽样率提高到100%时，置信区间的误差界为7.38%，实际误差为2.83%。因此，我们认为减小簇抽样率会导致置信区间扩大。其原因有两方面：首先，簇内的数据往往在临近的时间产生，因而具有明显的局部性。其次，簇内抽样相对于簇抽样能够增加更多的随机性，这是因为在实验设置中簇大小远大于簇数量。

需要指出的一点是，多级随机抽样存在一定的局限性。例如，WikiLength的近似计算版本会丢失一些聚合数量比较小的键值对。在1%的输入数据抽样中，近似计算报告的键有1028个，而精确计算报告的键有5018个。但是，这些未发现的键值对的实际误差低于197，远小于估计误差界。

在确定目标误差界的前提下，需要关注如何通过动态调节簇抽样率和簇内抽样率来满足给定的误差界，并尽可能地缩短运行时间。实验的数据集是维基百科的访问日志，它包含了访问日期、受访页面和请求大小等信息。通过对数据进行Map Reduce处理，计算出用户访问频率高的项目和页面。实验结果如图5-47所示，横轴为以指数方式增长的目标误差界，左侧纵轴为误差，右侧纵轴为运行时间。我们可以看到，如果目标误差界小于0.05%，为了满足误差界，系统难以启动近似计算。在这种情况下，系统运行时不进行抽样，因而也不存在误差。由于运行时间和无抽样的精确计算相近，可以看出系统开销基本上可以忽略不计。当目标误差界在0.05%~0.5%时，系统开始启动簇内抽样从而节省37%以上的运行时间。当目标误差界高于0.5%，系统能够进一步启动簇抽样降低运行时间。例如，当目标误差界为1%，系统能够将运行时间从908秒降低到360秒。可以看

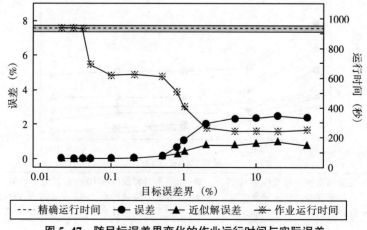

图5-47 随目标误差界变化的作业运行时间与实际误差

出，当目标误差界大于 2%时，第一波 Map 任务运行完毕后就满足了目标误差界，因而余下未结束的任务以及下一波任务都会被取消执行。通过这种手段，系统最多能够减少 79%的运行时间。如图 5-47 中 95%置信度的曲线所示，系统中所有实验中均满足了目标误差界。

五、结语

研究大数据系统中的近似求解算法具有重要的意义。本节以降低数据处理成本和作业时间开销为目标，开展了基于两级随机抽样的研究。首先，提出了两级随机抽样的量化分析模型；其次，设计了基于 Map Reduce 的近似求解系统架构；最后，讨论了多波次运行方式下，通过组合两级抽样率以满足误差要求，并最小化作业运行时间的方法。实验结果验证了提出方法的正确性和高效性。由于 Map Reduce 是当前服务器集群环境下最流行的大型应用程序框架，在其中嵌入一个通用的近似计算方法有较大的推广应用价值。在未来的工作中，我们将进一步开展近似求解算法在较复杂的聚合与极值计算中的研究。

第六章　基于 Hadoop 构建云存储系统

【本章导读】

本章从实践的角度出发，介绍了如何通过 VMWare Workstation 构建一个简单的 Hadoop 集群，并基于 HDFS 开发一个采用 SSH 架构的云存储系统。

第一节　系统架构

本云存储平台以浏览器/服务器模式提供云存储服务，其中 Web 服务器运行 HDFS API 应用程序，作为 HDFS 客户端与 Hadoop 集群进行交互。平台中的 Web 服务器使用 tomcat 来搭建，数据库服务器由 MySQL 构成，数据库存储用户账号信息和文件信息。该云存储平台的数据存储环境为 Hadoop 集群，即由运行 HDFS 文件系统的服务器组成。

云存储平台是层次化结构模型，共分为四层，从上到下依次是：用户访问层、数据服务层、数据管理层和数据存储层。本章设计的云存储平台层次结构模型如图 6-1 所示。

在进行云存储平台应用开发时，本项目选择 JAVA 作为开发语言，MyEclipse 作为集成开发环境，并选用满足 J2EE 规范的 SSH（Struts Spring Hibernate）开源框架进行分层开发，前端页面采用 jsp+javascript+jquery 技术来实现。开发平台采用了 MySQL 数据库存储用户信息、目录信息和文件信息，并通过计算 MD-5 值实现去重功能。

云存储平台的主要功能包括三大模块，即用户管理、文件管理和目录管理。三个模块下的功能如图 6-2 所示。

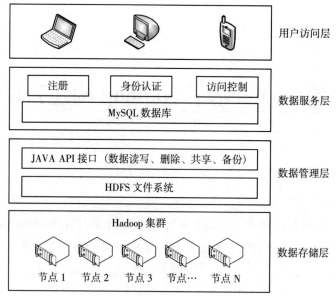

图 6-1　云存储平台系统结构

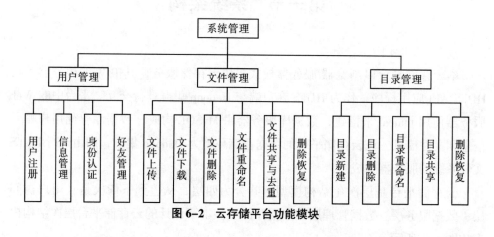

图 6-2　云存储平台功能模块

　　在原型系统构建中，Hadoop 集群通过 VMWare Workstation 的虚拟机进行部署。包括 1 台 Name Node（主机名为 master）节点和两台 Data Node（主机名分别为 Slavel、Slave2）节点组成，所有节点的操作系统为 CentOS 6.6，其主机名和 IP 地址分别为：

master 192.168.100.1

slave1 192.168.100.2

slave2 192.168.100.3

第二节　基础配置

一、Linux 系统安装

为了方便部署和调试，系统的原型通过 VMWare Workstation 来搭建。操作系统采用 CentOS 6.6 桌面版。其安装步骤如下：

（1）打开 VMware Workstation，在 VMware Workstation 对话框中，点击"创建新的虚拟机"；

（2）如图 6-3、表 6-4 所示，在弹出的"新建虚拟机向导"对话框中，根据提示设置虚拟机，此处使用 centOS 6.6 桌面版镜像安装虚拟机，系统命名为 master，用户名密码均设置为 hadoop。

图 6-3　新建虚拟机

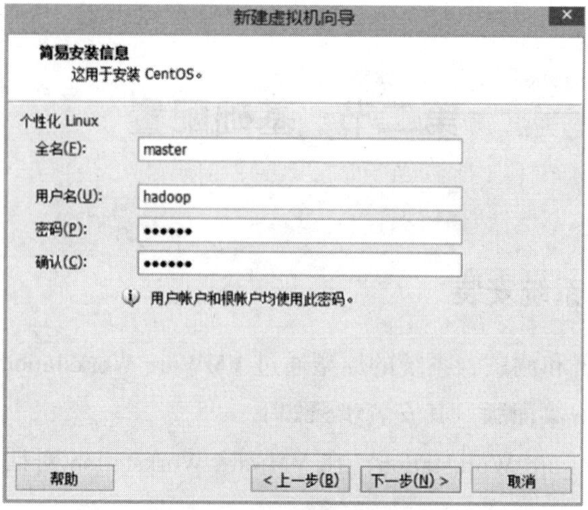

图 6-4　设置用户名和密码

二、JDK 环境配置

因为 Hadoop 是基于 Java 语言开发的，所以要配置 Java 的编译和运行环境。

（1）安装 JDK1.8.0_51。下载 jdk-8u51-linux-x64.gz，将文件拖放到虚拟机里面。

（2）打开控制台，用 su 命令切换 root 用户，其密码为 hadoop：

#su

（3）新建 java 安装路径/usr/local/java

#mkdir /usr/local/java

（4）将桌面上的 jdk*.gz 文件复制到/usr/local/java，然后 tar 命令解压：

#cd Desktop/

#ls

#cp jdk-8u51-linux-x64.gz /usr/local/

#tar xvf jdk-8u51-linux-x64.gz

上面的步骤亦可以简化为一行命令：

#tar -xvf jdk-8u51-linux-i586.tar.gz-C /usr/local/java/

（5）解压完成后，配置 java 环境变量，主要是修改/etc/profile 文件

#vi/etc/profile

按键盘键 i，将状态转为可编辑。在文件的尾部添加如下代码：

\#JDK8 setting

JAVA_HOME=/usr/local/java/jdk1.8.0_51

JRE_HOME=$JAVA_HOME/jre

PATH=$PATH：$JAVA_HOME/bin：$JRE_HOME/bin

CLASSPATH = ：$JAVA_HOME/lib/dt.jar：$JAVA_HOME/lib/tools.jar：$JRE_
HOME/lib

export JAVA_HOME JRE_HOME PATH CLASSPATH

（6）编辑完成后，按键盘 Esc 键，退出编辑状态，输入命令：wq，单击回车
键，保存退出。

（7）执行命令. /etc/profile 刷新 JDK 配置。

\#. /etc/profile

（8）执行 java，javac，java-version 查看 JDK 配置结果。

（9）为了测试 JDK 环境，首先在桌面新建文件 T1.java，然后编辑它：

\#vi T1.java

输入 hello world.经典代码：

public class T1

public static void main （String ［］ args）

｛

System.out.println （" Hello world!"）；

｝

按 Esc 键，输入：wq 保存退出。使用 javac 命令编译文件，并用 java 命令执
行它：

\#javacT1.java

\#javaT1

若程序正常运行，则表示 JDK 环境配置完成。

三、配置 Hadoop 环境变量

为了方便虚拟机的克隆，加快 Hadoop 的安装，需要在/etc/profile 尾部加入以
下内容：

\#HADOOP 2.7.1 setting

export HADOOP_HOME=/usr/local/hadoop/

export PATH=$PATH：$HADOOP_HOME/bin/

export PATH=$PATH：$HADOOP_HOME/sbin

export HADOOP_MAPARED_HOME=$｛HADOOP_HOME｝

export HADOOP_COMMON_HOME=$｛HADOOP_HOME｝

export HADOOP_HDFS_HOME=$｛HADOOP_HOME｝

export YARN_HOME=$｛HADOOP_HOME｝

export HADOOP_CONF_DIR=$｛HADOOP_HOME｝/etc/hadoop

export HDFS_CONF_DIR=$｛HADOOP_HOME｝/etc/hadoop

export YARN_CONF_DIR=$｛HADOOP_HOME｝/etc/hadoop

export HADOOP_COMMON_LIB_NATIVE_DIR=${HADOOP_HOME}/lib/native

export HADOOP_OPTS="-Djava.library.path=$HADOOP_HOME/lib"

保存后，令环境变量生效：

#source /etc/profile

最后一行的意思是解决 spark 中本地 hadoop 运行库加载失败的解决方案。无论是 Master 服务器，还是 Slave 服务器，都需要使用该设置。

四、关闭防火墙

在部署 Hadoop 时，如果不关闭防火墙可能出现节点间无法通信的情况。当然集群一般是处于局域网中的，因此关闭防火墙一般也不会存在安全隐患。

如图 6-5 所示，为了禁用 Master 服务器的防火墙，需要在 CentOS 中，单击菜单 System->Administration->Firewall，输入密码，将防火墙禁用（Disable）。

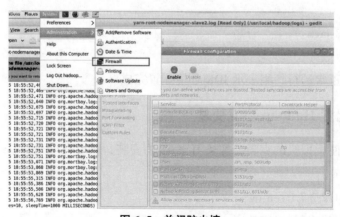

图 6-5　关闭防火墙

五、虚拟机克隆

(一)克隆概述

克隆是制作现有虚拟机副本的过程。已经存在的虚拟机叫作克隆的父本,克隆结束后得到的虚拟机被称为副本。克隆有两种类型:完整克隆和连接克隆。完整克隆可以得到一个和克隆副本相互独立的虚拟机,克隆结束后它不需要共享父本。其过程是完全克隆一个父本,并且和父本完全分离。它从父本的当前状态开始克隆,克隆结束后和父本就没有再关联了。连接克隆是产生父本的一个副本,但是共享使用父本的磁盘文件。这样节省空间,并且可以使用相同的父本软件配置环境。连接克隆是从父本的一个快照克隆出来的,其需要使用到父本的磁盘文件,如果父本不可使用(比如被删除),那么连接克隆也不能使用了。要特别说明的是,由于连接克隆是从父本的快照克隆出来的,所以要正确使用连接克隆,必须要保证制作克隆时的快照是可访问的。

克隆有两个特点:①在克隆的系统中所做的更改不影响父本,在父本中的修改也不会影响克隆的系统。②克隆的系统的网卡 MAC 地址和 UUID 均和父本不同。

(二)克隆的过程

因为不能克隆处于开机状态或者休眠状态的虚拟机,所以在克隆前必须先关闭虚拟机父本。

(1)选择要被克隆的虚拟机父本;

(2)点击菜单"虚拟机"(VM)—"管理"(Manage)—"克隆"(Clone),运行克隆向导,按下一步;

(3)选择从父本的当前状态或者是快照开始克隆。实验需要制作一个完整克隆,所以选择克隆自"虚拟机中的当前状态";

(4)按下一步,选择克隆类型,我们选择"创建完整克隆";

(5)按下一步,输入克隆生成的副本的虚拟机名字,并人工更改副本所在位置;

(6)点击完成,克隆开始。

(三)克隆 Master 生成 Slave1 和 Slave2

实验过程需要用到三个虚拟机,分别是 Master、Slave1 和 Slave2。Slave1 和 Slave2 与 Master 的系统配置有很多重叠的部分。因此,为了节约 Slave1 和 Slave2 的虚拟机安装时间,可以通过 VMWare Workstation 克隆 Master 虚拟机,快速生成 Slave1 和 Slave2 的虚拟机。

六、修改主机名

（1）控制台打开，su 命令切换 root 用户。

（2）修改主机名：

#vi /etc/sysconfig/network

按键盘 i 进入输入模式，将 HOSTNAME 的值改为 master，另外两台分别改为 slave1，slave2。修改完成后，重启生效。

#reboot

七、分配 IP 地址

如图 6-6 所示，在虚拟机设置中设置其网络连接模式为"VMnet0（自动桥接）"。

图 6-6 设置虚拟机网络连接模式

在终端输入命令：system-network-config，将弹出如图 6-7 所示窗口。

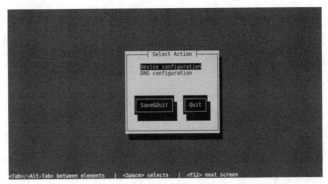

图 6-7　配置 IP 地址

单击回车键，进入图 6-8 窗口，选择网络适配器 eth0。

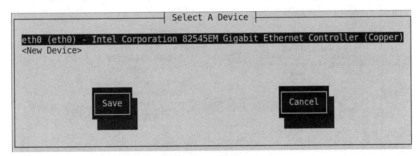

图 6-8　选择网卡

在图 6-9 所示窗口中，为适配器设置静态 IP 地址，将 master 节点的 IP 地址设为 192.168.100.1，子网掩码设置为 255.255.255.0。

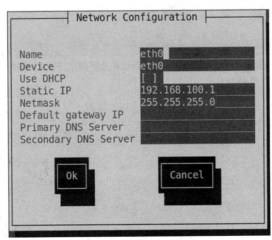

图 6-9　配置 IP 地址

在完成了 master 节点的 IP 配置后，按照同样的方法配置 Slave1 和 Slave2 节点，将其 IP 地址分别设为 192.168.100.2 和 192.168.100.3。接下来重启网络服务：

#service network restart

并用命令查看配置的 IP：

#ifconfig

如果不是用户配置的 IP，需要将虚拟机中网络适配器生成的 MAC 地址替换掉 CentOS 配置文件中的 MAC 地址。如图 6-10 所示，在 VMWare Workstation 中，查看虚拟机的 MAC 地址。

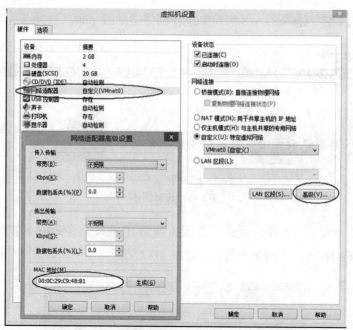

图 6-10　在虚拟机中获取网络适配器的 MAC 地址

输入以下命令，并参照图 6-11 修改 mac 地址。

#vi ifcfg-eth0

图 6-11　修改 MAC 地址

八、配置 SSH 免密码登录

(一) 启动无密码登录

CentOS 在默认设置中并没有启动 SSH 的无密码登录，因此需要修改每台服务器的/etc/ssh/sshd_config 配置文件。

打开虚拟机的终端，输入命令：

#vi /etc/ssh/sshd_config

删除下述两行首部的 "#"。

#RSAAuthentication yes

#PubkeyAuthentication yes

按下 Esc 键，输入：wq 命令保存并退出。

(二) 生成 rsa

输入命令生成公钥：

#ssh-keygen -t rsa

/root 下面就会生成.ssh 文件夹。如图 6-12 所示，生成 rsa 公钥时，每次在控制台显示的方框图案都不同。

(三) 合并公钥到 authorized_keys 文件

在 Master 服务器，进入/root/.ssh 目录，通过 SSH 命令合并

#cat id_rsa.pub>> authorized_keys

#ssh root@192.168.100.2 cat~/.ssh/id_rsa.pub>> authorized_keys

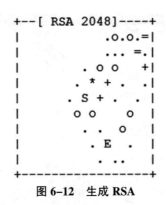

图 6-12　生成 RSA

#ssh root@192.168.100.3 cat ~/.ssh/id_rsa.pub>> authorized_keys

（四）复制公钥到 Slave 服务器

把 Master 服务器的 authorized_keys、known_hosts 复制到两个 Slave 服务器的/root/.ssh 目录（Master 里面的 authorized_keys，包含了 master 和 Slave1、Slave2 的全部公钥）。

#scp /root/.ssh/authorized_keys root@192.168.100.2：/root/.ssh

#scp /root/.ssh/authorized_keys root@192.168.100.3：/root/.ssh

#scp /root/.ssh/known_hosts root@192.168.100.2：/root/.ssh

#scp /root/.ssh/known_hosts root@192.168.100.3：/root/.ssh

（五）测试

#ssh root@192.168.100.2

#ssh root@192.168.100.3

也可以写成：

#ssh root@slave1

#ssh root@slave2

如果不需要输入密码，就表示 SSH 免密码登录设置成功。

第三节　Hadoop 集群配置

Hadoop（2.7.1）集群的配置可以分为两步，第一步在 Master 上配置完成，第二步使用 scp 命令复制文件到 Slave1 和 Slave2 子节点中。

一、Master 配置

下载并解压 hadoop 文件：

#tar-xvf hadoop-2.7.1.tar.gz

这将生成一个名为 hadoop-2.7.1 文件夹，将这个文件夹复制到/usr/local 目录下面：

#cp hadoop-2.7.1 -r /usr/local

切换到/usr/local 目录下，将文件夹重命名：

#cd /usr/local

#mv hadoop-2.7.1 hadoop

在 hadoop 目录下面创建数据存放的文件夹，即 tmp、hdfs、hdfs/data 和 hdfs/name：

#mkdir tmp

#mkdir hdfs

#mkdir hdfs/data

#mkdir hdfs/name

进入目录/usr/local/hadoop/etc/hadoop，修改七个文配置件。

1. slaves

编辑 slaves 文件，添加 slave 节点的 IP 地址，每个节点占一行。

#vi slaves

在 slaves 中加入两行：

192.168.100.2

192.168.100.3

2. core-site.xml

编辑 core-site.xml 文件，在其中添加以下配置信息。

\<configuration>

\<property>

\<name>fs.defaultFS\</name>

\<value>hdfs：//192.168.100.1：9000\</value>

\</property>

```
<property>
<name>hadoop.tmp.dir</name>
<value>/usr/local/hadoop/tmp</value>
</property>
<property>
<name>io.file.buffer.size</name>
<value>131702</value>
</property>
</configuration>
```

其中，fs.defaultFS 表示"系统默认分布式文件 URI"。hadoop.tmp.dir 的默认值为"/tmp"。尽量手动配置这个选项，否则的话都默认存在了系统的默认临时文件/tmp 里。并且手动配置的时候，如果服务器是多磁盘的，每个磁盘都设置一个临时文件目录，这样便于 mapreduce 或者 hdfs 等使用的时候提高磁盘 I/O 效率。

Hadoop 访问文件的 I/O 操作都需要通过代码库。因此，在很多情况下，io.file.buffer.size 被用来设置缓存的大小。不论是对硬盘或者是网络操作来讲，较大的缓存都可以提供更高的数据传输，但这也就意味着更大的内存消耗和延迟。这个参数要设置为系统页面大小的倍数，以 byte 为单位，默认值是 4KB，一般情况下，可以设置为 64KB（65536byte）。

3. hdfs-site.xml

编辑 hdfs-site.xml 文件，在其中添加以下配置信息。

```
<configuration>
<property>
<name>dfs.Name Node.name.dir</name>
<value>file：/usr/local/hadoop/hdfs/name</value>
<final>true</final>
</property>
<property>
<name>dfs.Data Node.data.dir</name>
<value>file：/usr/local/hadoop/hdfs/data</value>
<final>true</final>
</property>
```

```
<property>
<name>dfs.replication</name>
<value>2</value>
</property>
<property>
<name>dfs.name node.secondary.http-address</name>
<value>192.168.100.1：9001</value>
</property>
<property>
<name>dfs.webhdfs.enabled</name>
<value>true</value>
</property>
</configuration>
```

4. mapred-site.xml

编辑 mapred-site.xml 文件，在其中添加以下配置信息。

```
<configuration>
<property>
<name>mapreduce.framework.name</name>
<value>yarn</value>
</property>
</configuration>
```

5. yarn-site.xml

编辑 mapred-site.xml 文件，在其中添加以下配置信息。

```
<configuration>
<property>
<name>yarn.nodemanager.aux-services</name>
<value>mapreduce_shuffle</value>
</property>
<property>
<name>yarn.nodemanager.aux-services.mapreduce.shuffle.class</name>
<value>org.apache.hadoop.mapred.ShuffleHandler</value>
```

```
</property>
<property>
<name>yarn.resourcemanager.address</name>
<value>master：8032</value>
</property>
<property>
<name>yarn.resourcemanager.scheduler.address</name>
<value>master：8030</value>
</property>
<property>
<name>yarn.resourcemanager.resource-tracker.address</name>
<value>master：8031</value>
</property>
<property>
<name>yarn.resourcemanager.admin.address</name>
<value>master：8033</value>
</property>
<property>
<name>yarn.resourcemanager.webapp.address</name>
<value>master：8088</value>
</property>
</configuration>
```

6. hadoop-env.sh

添加 export JAVA_HOME=/usr/local/java/jdk1.8.0_51 到图 6-13 中圈选位置。

7. yarn-env.sh

添加 export JAVA_HOME=/usr/local/java/jdk1.8.0_51 到图 6-14 中圈选位置。

```
# Set Hadoop-specific environment variables here.

# The only required environment variable is JAVA_HOME.  All others are
# optional.  When running a distributed configuration it is best to
# set JAVA_HOME in this file, so that it is correctly defined on
# remote nodes.

# The java implementation to use.
#export JAVA_HOME=${JAVA_HOME}
```

```
export JAVA_HOME=/usr/local/java/jdk1.8.0_51
```

```
export HADOOP_PREFIX=/usr/local/hadoop
```

```
# The jsvc implementation to use. Jsvc is required to run secure datanodes
```

图 6-13　配置 Hadoop-env.sh

```
# some Java parameters
# export JAVA_HOME=/home/y/libexec/jdk1.6.0/
if [ "$JAVA_HOME" != "" ]; then
  #echo "run java in $JAVA_HOME"
  JAVA_HOME=$JAVA_HOME
fi

if [ "$JAVA_HOME" = "" ]; then
  echo "Error: JAVA_HOME is not set."
  exit 1
fi
```

```
export JAVA_HOME=/usr/local/java/jdk1.8.0_51
```

```
JAVA=$JAVA_HOME/bin/java
JAVA_HEAP_MAX=-Xmx1000m
```

图 6-14　配置 yarn-env.sh

二、复制 Master 到 Slave 上

将配置好的文件用 scp 命令同步到其他 Slave 节点上。分别执行下面两行命令：

#scp-r /usr/local/hadoop root@slave1：/usr/local

#scp-r /usr/local/hadoop root@slave2：/usr/local

如果识别不出 Slave1 和 Slave2，也可以用 IP 地址替换掉 Slave1 和 Slave2 的名字。

三、启动 Hadoop

在 Master 服务器上启动 Hadoop，Slave 节点会自动启动。首先对 Name Node

进行初始化：

#cd /usr/local/hadoop

#bin/hadoop name node –format

随后，可以启动 hadoop：

sbin/start–all.sh

四、Web 访问 Hadoop

完成以上步骤后，在浏览器地址栏中输入 http：//192.168.100.1：8088，正常情况下将出现如图 6-15 所示的页面。

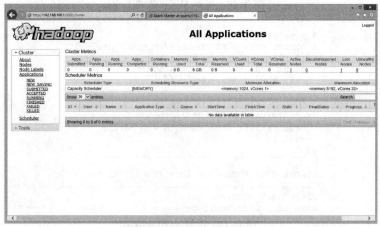

图 6–15　Hadoop 集群首页

注意，只有图 6-15 中 activie nodes 的数目不为 0 才表示 Hadoop 集群配置成功。如果为 0，则需要检查上面的步骤中是否出现疏漏。

在浏览器地址栏中输入 http：//192.168.100.1：50070，则可看到 Datanode 的详细信息，如图 6-16 所示。

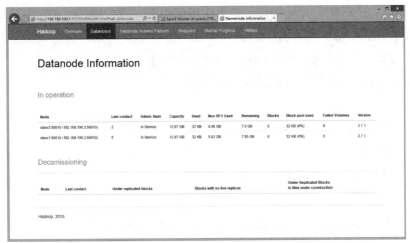

图 6-16　查看 Hadoop 的 Datanode 信息

第四节　HDFS 的 Java 客户端编写

Apache 基金会的 Hadoop 项目提供了一类 api 可以通过 java 工程操作 hdfs 中的文件，包括文件打开、读写、删除，目录的创建、删除，读取目录中所有文件等。到 http：//hadoop.apache.org/releases.html 下载 Hadoop，解压后把所有 jar 加入项目的 lib 里。

在 Eclipse 中通过 java 代码操作 HDFS 时，通常需要安装 Elipse 的 Hadoop 插件。并在源代码中引用相关 jar 包：

import org.apache.hadoop.conf.Configuration；

import org.apache.hadoop.fs.FileStatus；

import org.apache.hadoop.fs.FileSystem；

import org.apache.hadoop.fs.Path；

对 HDFS 的操作主要包含以下几个步骤：①得到 Configuration 对象；②得到 File System 对象；③进行文件操作。

一、文件上传

上传文件所使用的类为 org.apache.hadoop.fs.FileSystem。客户端要想访问

HDFS 集群，进行相关文件操作，必须使用该类来实现。通过该类，客户端建立与集群中 Name Node 的连接，然后与 Name Node 节点通信，进行相关交互，调用该类的相关方法完成元数据的相关操作。文件上传的代码主要如下：

```
public static void uploadFile( )throws Exception{
        //加载默认配置
        FileSystem fs=FileSystem.get(conf);
        //本地文件
        Path src =new Path("D:\\6");
        //HDFS 位置
        Path dst =new Path("hdfs://192.168.1.100:9000/root/");
        try{
                fs.copyFromLocalFile(src,dst);
        }catch(IOException e){
                // TODO Auto-generated catch Block
                e.printStackTrace( );
        }
        System.out.println("上传成功........");
        fs.close( );//释放资源
}
```

二、文件下载

下载文件的主要代码如下：

```
public static void downloadFileorDirectoryOnHDFS( )throws Exception{
        FileSystem fs=FileSystem.get(conf);
        Path p1 =new Path("hdfs://192.168.1.100:9000/root/myfile//my2.txt");
        Path p2 =new Path("D://7");
        fs.copyToLocalFile(p1,p2);
        fs.close( );//释放资源
        System.out.println("下载文件夹或文件成功……");
}
```

三、文件删除

删除文件的示例代码如下：

```
public static void deleteFileOnHDFS( )throws Exception{
    FileSystem fs=FileSystem.get(conf);
    Path p =new Path("hdfs://192.168.1.100:9000/root/abc.txt");
    fs.deleteOnExit(p);
    fs.close( );//释放资源
    System.out.println("删除成功……");
}
```

四、重命名文件夹或文件

重命名文件或文件夹的示例代码如下：

```
public static void renameFileOrDirectoryOnHDFS( )throws Exception{
    FileSystem fs=FileSystem.get(conf);
    Path p1 =new Path("hdfs://192.168.1.100:9000/root/myfile/my.txt");
    Path p2 =new Path("hdfs://192.168.1.100:9000/root/myfile/my2.txt");
    fs.rename(p1,p2);
    fs.close( ); //释放资源
    System.out.println("重命名文件夹或文件成功……");
}
```

五、创建文件夹

创建文件夹的示例代码如下：

```
public static void createFileOnHDFS( )throws Exception{
    FileSystem fs=FileSystem.get(conf);
    Path p =new Path("hdfs://192.168.1.200:9000/root/abc.txt");
    fs.createNewFile(p);
    //fs.create(p);
    fs.close( ); //释放资源
    System.out.println("创建文件成功.....");
}
```

六、读取文件夹内容

读取文件夹内容的示例代码如下：

```
public static void readHDFSListAll( )throws Exception{
    //流读入和写入
    InputStream in=null;
    //获取 HDFS 的 conf
    //读取 HDFS 上的文件系统
    FileSystem hdfs=FileSystem.get(conf);
    //使用缓冲流,进行按行读取的功能
    BufferedReader buff=null;
    //获取日志文件的根目录
    Path listf =new Path("hdfs://192.168.1.100:9000/root/myfile/");
    //获取根目录下的所有 2 级子文件目录
    FileStatus stats[ ]=hdfs.listStatus(listf);
    //自定义 j,方便查看插入信息
    int j=0;
    for(int i = 0; i < stats.length; i++){
    //获取子目录下的文件路径
        FileStatus   temp[ ]=hdfs.listStatus(new Path(stats[i].getPath( ).toString
( )));

        for(int k = 0; k < temp.length; k++){
            System.out.println("文件路径名:"+temp[k].getPath( ).toString( ));
            //获取 Path
            Path p=new Path(temp[k].getPath( ).toString( ));
            //打开文件流
            in=hdfs.open(p);
            //BufferedReader 包装一个流
            buff=new BufferedReader(new InputStreamReader(in));
            String str=null;
            while((str=buff.readLine( ))! =null){
```

```
        System.out.println(str);
    }
    buff.close();
    in.close();
}
}
hdfs.close();
}
```

七、删除文件夹

删除文件夹的示例代码如下：

```
public static void deleteDirectoryOnHDFS()throws Exception{
    FileSystem fs=FileSystem.get(conf);
    Path p =new Path("hdfs://192.168.1.100:9000/root/myfile");
    fs.deleteOnExit(p);
    fs.close(); //释放资源
    System.out.println("删除文件夹成功……");
}
```

第五节　云存储平台展示

本节将简单演示一些云存储平台的主要功能。用户首先要要注册账户，然后可以登录云存储平台，进入到个人的云存储空间。每个用户有自己的主文件夹，下面包含了子文件夹和文件。用户的 home 页面如图 6-17 所示。

上传文件的界面如图 6-18 所示。

图 6-17　用户的 home 页面

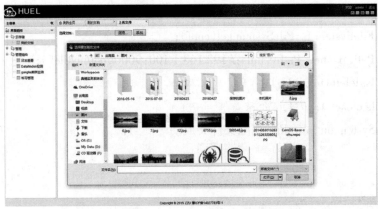

图 6-18　上传文件的界面

下载文件的界面如图 6-19 所示。

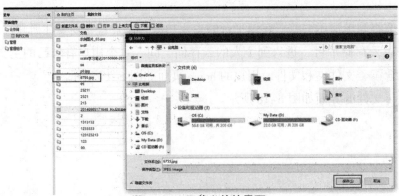

图 6-19　下载文件的界面

删除的界面如图 6-20 所示。

图 6-20 删除文件的界面

第七章 基于 Open Stack Swift 构建云存储系统

【本章导读】

Open Stack 是一个具有巨大的行业发展动力,并拥有一个充满活力的社区的云计算平台。本章首先回顾 Open Stack 的发展历程。其次,介绍了其系统结构。再次,重点介绍了 Open Stack 的对象存储服务 Swift,分析了其组织结构、一致性模型、核心算法、数据结构和对外接口。最后,以实践的角度梳理了基于 Open Stack Swift 构建云存储系统的安装、使用、管理过程。

第一节 Open Stack 介绍

一、Open Stack 概述

2010 年 7 月,Open Stack 开源云计算项目由美国国家航空航天局(National Aeronautics and Space Administration,NASA)和 Rackspace 公司共同启动。现在全球有 15000 多名开发者和 135 个国家共同参与 Open Stack 的开发。Open Stack 是用 Python 语言开发的,采用 Apache 2.0 许可协议,是一个自由软件和开放源代码项目。Open Stack 通过多个相互联系的服务提供基础设施即服务(Infrastructure as a Service,IaaS)类型的云计算解决方案。各个服务之间通过各自的 REST 风格的 API 相互联系。根据用户的需求,可以选择安装 Open Stack 的部分或全部服务,建立公有或私有的云存储服务。

Open Stack 目前获得了大量硬件和软件厂商的支持,Open Stack 基金会的白金会员包括 AT&T、HP、IBM、Rackspace、RedHat 等,黄金会员包括 Cisco、

Dell、华为、Intel、VMware、Yahoo 等。因为大量的组织和个人的加入，Open Stack 的组件、服务和工具在开发速度和软件质量上都在不断提高，逐渐形成了一个大的生态系统。

二、Open Stack 服务关系模型

Open Stack 项目主要包含以下几个子项目：计算服务（Computer Service，项目名称为 Nova）、对象存储服务（Object Storage Service，项目名称为 Swift）、块存储服务（Block Storage Service，项目名称为 Cinder）、镜像服务（Image Service，项目名称为 Glance）、身份认证服务（Identity Service，项目名称为 Keystone）、网络服务（Networking Service，项目名称为 Neutron）和控制面板 (Dashboard Service，项目名称为 Horizon)。Nova 用于管理 Open Stack 环境中计算实例的生命周期，包括生成、调度、停止虚拟机，计算服务可以水平扩展。Swift 用于存储和检索任意的非结构化数据对象，具有非常好的容错性和扩展性，在 Open Stack 环境中主要用于存储虚拟机镜像。Cinder 为运行的实例提供持久性的块存储。Glance 用于存储和检索虚拟机的镜像文件，计算服务在预备实例时会应用此服务。Keystone 为 Open Stack 的其他服务提供认证和授权服务。Neutron 把网络连接作为一个服务提供给其他的 Open Stack 服务，比如计算服务，可以支持多种网络供应商和网络技术。Horizon 提供一个与 Open Stack 底层服务交互的网页界面，通过此 UI 界面用户可以开启一个实例、分配 IP 地址、配置访问控制等。Open Stack 的各个服务之间相互协作共同提供 IaaS 类型的云服务，各个服务交互关系如图 7-1 所示。

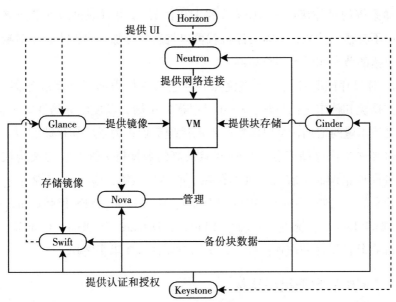

图 7-1　Open Stack 的服务关系模型

第二节　Swift 介绍

一、对象存储服务 Swift

　　Open Stack 的子项目 Swift 是由 Rackspace 公司开发的分布式对象存储服务，于 2010 年献给 Open Stack 开源社区作为其最初的核心子项目之一，为 Open Stack 云计算平台提供虚拟机镜像存储服务。Swift 是一个对象存储服务，所有数据以"对象"的形式组织，具有强大的扩展性、冗余性和持久性。Swift 通过在软件层面引入一致性散列技术和数据冗余技术牺牲一定程度的数据一致性，在廉价的硬件设备上构建高可用性和可伸缩性的分布式对象存储服务。Swift 主要用于解决海量静态文件或非结构化数据存储问题。本项目将客户端磁盘上的数据实体称为"文件"，云存储端的数据实体称为"对象"。

　　Swift 有以下几个关键特性：对象存储服务中所有的对象都有一个 URL；所有对象的副本尽量分散存储在各个区域（Zone）；所有的对象都有自己的元数据；

对象存储系统的对外接口是 REST 风格 HTTP API；可以通过增加节点来线性扩展集群而不会牺牲性能；不需要停机就可以将新节点加入集群中；不需要停机就可以将出错的节点和磁盘移除集群。

    Swift 对象存储服务具有诸多优点，使它成为优秀的云存储服务器端组件：①随着数据流和请求量的增加，Swift 可以横向扩展，以使服务的性能不会降低。为了满足请求量的增加，可以向集群添加代理节点；为了增加存储能力，可以向集群中添加磁盘或存储节点。②Swift 有极高的数据持久性，它的架构被设计成容忍各种硬件错误而不宕机，且不存在中心节点故障。③Swift 是基于行业优秀的组件开发的，比如，rsync、MD5、SQLite、Memcache、XFS 和 Python；Swift 运行在现成的 Linux 系统上，比如，Ubuntu、Debian、RedHat、CentOS、Fedora 等，Swift 在软件层面处理硬件故障，所以对硬件的要求很宽松。

二、Swift 的数据组织结构

    Swift 对象存储服务中的数据分三级：账户（Account）、容器（Container）和对象（Object）。一个账户包含多个容器，一个容器包含多个对象。这里的账户用来做顶层的隔离机制，是 Swift 中的概念，它和 Keystone 中的租户（Tenant）一一对应；容器类似磁盘分区，用于容纳对象；对象是由对象数据和元数据组成的整体，是 Swift 中数据的基本存储单元，Swift 规定云存储端的一个对象的大小不能超过 5GB。为了记录集群中的对象，每个 Account 和每个 Container 都对应一个单独的分布在集群中的 SQLite 数据库，如图 7-2 所示。一个 Account 数据库存储了此 Account 下 Container 相关的信息，一个 Container 数据库存储了此 Container 下的 Object 相关的信息。

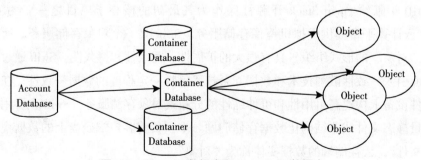

图 7-2　**Account 数据库和 Container 数据库**

划分（Partition）是已存数据的集合，包含 Account 数据库、Container 数据库、Object 数据实体，是 Swift 复制系统的核心。一个 Partition 就是磁盘上面的一个文件夹和一个与之对应的记录文件夹中所包含内容的哈希表，可以看作一个仓库中的"箱子"，系统把"箱子"当作一个紧密结合的实体在集群中移动。一个"箱子"要比大量的"小物件"容易处理，所以这种方式可以减少数据实体在系统中移动的次数。系统在上传、下载、复制对象时都需要操作 Partition。Partition 的实现是非常简单的。

如果所有的存储节点都在一个机房中，那么一旦发生断电、网络故障或自然灾害等，那么集群中的数据将不能访问甚至永久丢失。为了解决这类问题，Swift 引入区域（Zone）的概念，对机器的物理位置进行隔离。在一个集群中，Zone 是较大范围的数据划分形式，它把数据与其他 Zone 中的数据隔离开来。在较小的部署状态下，一个 Zone 既可以是一个磁盘或几个磁盘，也可以是一台服务器；在更大的部署规模下，一个 Zone 可以是一个机架或一个机房，甚至一个数据中心。在存储数据的多个副本时，Swift 使各个副本尽可能地分散存储在多个 Zone 中来保证数据的高可用性和高持久性。一个 Zone 中出现的故障不会对整个集群的可用性造成影响，这是因为一个 Zone 中的副本损坏而其他 Zone 中的副本仍是可用的。

三、Swift 的整体架构

Swift 对象存储服务包含三类服务：代理服务（Proxy Server）、存储服务（Storage Server）和一致性服务（Consistency Server）。其中，存储服务提供了磁盘设备上的存储服务，细分为三类服务：账户服务（Account Server）、容器服务（Container Server）和对象服务（Object Server）。一致性服务负责查找并解决由硬件故障和数据损坏引起的错误，包括三类服务：复制服务（Replicator）、更新服务（Updater）和审计服务（Auditor）。如图 7-3 所示，这些服务相互协作，共同组成了 Swift 对象存储系统的整体架构。

代理服务（Proxy Server）是对象存储服务的公共界面，提供了 REST 风格的 HTTP API，处理发送到云存储端的全部的 API 请求。当 Proxy Server 收到了一个请求时，它根据请求的 URL 查询账户、容器或对象的位置，并且路由请求到相应位置。代理服务采用 Shared Nothing Architecture（SN）架构，Swift 对象存储集群中不存在集中存储的状态，没有性能瓶颈，没有单点故障，使得代理服务可以

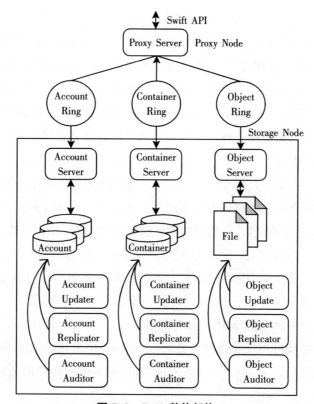

图 7-3 Swift 整体架构

根据工作负载情况自由扩展。

对象服务（Object Server）是一个非常简单的二进制对象存储服务，提供对象元数据和内容服务。对象以文件的形式存放在存储节点的文件系统上，元数据存放在文件的扩展属性中，因此这需要存储节点的文件系统支持扩展属性。

容器服务（Container Server）最重要的工作就是处理对象列表，除此之外，容器服务还提供容器的元数据和相关统计信息。容器的信息包括对象列表以 SQLite 数据库文件的形式存储，和对象一样存储于集群中的任意位置。

账户服务（Account Server）跟容器服务非常的相似，负责处理容器的列表，提供账户相关的元数据和统计信息。

复制服务（Replicator）当面对临时的网络停机或者驱动失败时，用来保持系统的一致性。它会比较本地的数据（账户、容器、对象）和每一个远端副本，来确保它们全都包含最新的版本，如果发现不一致就会使用远程文件同步工具 rsync 来同步。

更新服务（Updater）：如果服务器出现故障或者高负载，数据不能被立即更新时，这些更新任务将会被保存到本地文件系统的队列里。更新服务会在系统恢复正常后执行失败的更新。

审计服务（Auditor）运行在每个存储节点的后台，持续地扫描磁盘来检测账户、容器和对象的完整性。如果发现数据损坏，审计服务就会将该损坏的文件移到隔离区，然后由复制服务用一个完好的拷贝来替代该文件。如果发现其他的错误，审计服务会把它们记录到日志中。

四、Swift 的数据一致性模型

集群中的服务器、磁盘、网络都可能存在异常，为了提高服务的可用性Swift 将数据冗余存储多份，每一份称为一个副本。当一个副本出错或丢失，可以读取其他的副本。由于多个副本同时存在，保证各个副本的一致性是 Swift 对象存储的核心之一。

假设有三个客户端 A、B、C 相互独立。从客户端的角度看，一致性包含三种情况：①强一致性（Strong Consistency）。假如 A 先更新了存储系统中的对象，存储系统保证客户端 A、B、C 的后续读取操作总能得到一致的结果，即最新版本的数据。②弱一致性（Weak Consistency）。假如 A 先更新了存储系统中的对象，存储系统不能保证客户端 A、B、C 读取到的数据是一致的，有的客户端可能读取最新版本的数据，有的可能读取到了旧版本的数据，弱一致性一般用于对一致性要求比较低的场景。③最终一致性模型（Eventual Consistency）。其弱一致性的一种特例，存储系统保证如果后续没有新的写操作更新对象，所有的读取操作"最终"都会得到对象的最新版本的数据。

根据 CAP 理论：一致性（Consistency）、可用性（Availability）和分区可容忍性（Tolerance of Network Partition）三者是不能同时满足的。为了达到高可用性和无限横向扩展能力，Swift 采用 Quorum 机制，一种分布式系统中常用的，用来保证数据冗余和最终一致性的投票算法。Swift 采用的策略是写操作必须符合 $W > N/2$，读操作满足 $R + W > N$（定义 N 为数据的副本总数；W 为写操作被确认的副本数量；R 为读操作访问的副本数量），因此可以保证读操作与写操作的副本集合至少产生一个交集。Swift 默认配置是 $N = 3$，$W = 2 > N/2$，$R = 2 > N - W$，即每个对象会存在三个副本，$W = 2$ 表示至少需要更新两个副本才返回写成功，$R = 2$ 表示同时读取两个副本，然后比较时间戳来确保读取到的是最新版本。

五、Swift 的对外接口

Swift 对象存储服务通过代理节点对外提供 REST 风格的 HTTP 接口，对账户、容器和对象进行增加、读取、更新和删除等操作。所有的接口可以总结为表 7-1。

表 7-1　Swift 的 REST 风格的 HTTP 接口

资源类型 URL	账户 /account/	容器 /account/container	对象 /account/container/object
GET	获得容器列表	获得对象列表	获得对象的内容和元数据
PUT	—	创建容器	创建、更新或拷贝对象
POST	创建、更新或删除账户的 元数据	创建、更新或删除容器的 元数据	创建、更新或删除对象的 元数据
DELETE		删除容器	删除对象
HEAD	获得账户的元数据	获得容器的元数据	获得对象的元数据

六、Swift 的核心算法和数据结构

（一）一致性哈希算法

Swift 对象存储服务区别于传统的单机存储系统在于能够将数据分散存储到多个节点。将数据存放在成千上万台服务器后，首先需要解决的问题是数据的寻址问题，即如何在对象和物理存储位置之间建立映射关系；其次需要尽量保证多台服务器之间的负载是均衡的。Swift 是基于一致性哈希（Consistent Hash）算法，通过计算可将对象均匀分布到多个存储节点上，在增加或删除节点时可大大减少需要移动的数据量。简单地说，一致性哈希算法的基本思想是将对象和存储节点都映射到同一个哈希数值空间中，从而建立对象到存储节点的映射关系。

为了便于进行高效的移位操作，一致性哈希算法通常将哈希值映射到一个 32 位的二进制数值空间中，即 $0 \sim 2^{32}-1$ 的数值空间。如图 7-4 所示，可将这个数值空间想象成一个首尾相连的环，即哈希环。假设集群中有三个存储节点 1、2、3，按照节点的哈希值的大小将其映射到哈希环上；有四个对象 a、b、c、d，计算它们的哈希值并将其映射到哈希环。对象到存储节点的映射方法是：对象存放到哈希环上顺时针方向第一个大于或者等于该对象的哈希值的节点。因为对象和存储节点的哈希值都是固定的，所以这种映射关系也是固定的。所以图 7-4 中对象 b 存放到节点 2 上，对象 d 存放到节点 1 上，对象 a、c 存放到节点 3 上。

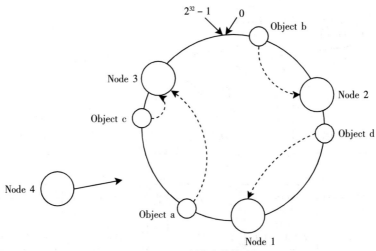

图 7-4　一致性哈希算法

　　假设把节点 1 从集群中移除，那么受影响的只有原来映射到节点 1 上的对象，图 7-4 中受影响的只有对象 d，它将重新映射到节点 3 上。若向集群中添加一台存储节点 4，其哈希值位于对象 a 和对象 c 之间，那么集群中受影响的对象只有环形空间中位于节点 4 和节点 1 之间的对象。只有对象 a 受影响，再将其重新映射到节点 4 上即可。可以看出，一致性哈希算法的优点在于移除/添加节点时只会影响到哈希环中相邻的节点，而对其他节点没有任何影响，一致性哈希算法在很大程度上减少了数据迁移。

　　采用一致性哈希算法进行物理地址的映射，在实际的应用中仍具有一定的局限性。例如，各个节点在哈希环上分布是不均匀的，一致性哈希算法不能保证绝对的负载均衡，可能会出现大量的对象映射到同一个节点上而其他节点上的对象数量很少的情况。Swift 并不是将存储节点直接映射到哈希环上，而是将"虚拟节点"（Virtual Node）映射到哈希环上，"虚拟节点"就是分区（Partition）。这种策略使得节点分布更加均匀，达到负载均衡的效果。如图 7-5 所示，整个映射过程就是先通过一致性哈希算法将对象映射到虚拟节点上，然后通过 Ring 将虚拟节点映射到实际的物理存储节点上，完成寻址过程。为了使存储能力强的存储节点分配到更多的 Partition，存储节点被赋予一个总量（Weight）属性。如果设置 2TB 容量的存储节点的 Weight 为 200，而 1TB 的为 100，那么前者分配到的 Partition 数将是后者的两倍。

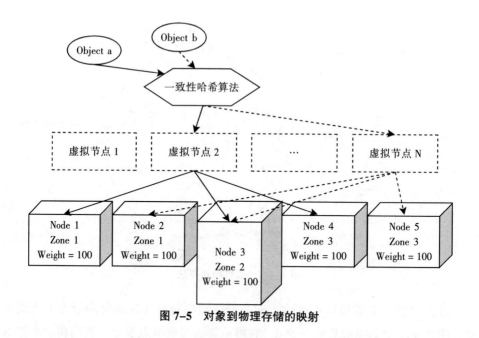

图 7-5　对象到物理存储的映射

（二）数据结构环（Ring）

环（Ring）的作用是把 Partition 映射到磁盘上的物理位置。Ring 代表 Account、Container、Object 到物理位置的映射，Account 数据库、Container 数据库、Object 都有各自对应的 Ring，这三种 Ring 以相同的方式工作。当需要对 Account、Container、Object 执行某些操作时，就需要与对应的 Ring 交互来确定它们在集群中的位置。Ring 也负责决定当故障发生时应该由哪个 Device 接手故障中的数据。

Ring 的创建和管理由 Swift 中的一个工具 ring-builder 来完成，并且被序列化到磁盘上：account.ring.gz、container.ring.gz、object.ring.gz。集群中的服务进程会不定期地检查 Ring 文件的修改时间，如果需要就会把它们重新加载到内存中。Ring 使用 Zone、Device、Partition 和 Replica 来维护这些映射信息。创建 Ring 的时候，需要指定三个重要的参数：Partition Power（决定了集群中 Partition 的数量）、Partition 副本的数量、限制移动 Partition 至多一次的时间间隔（单位为小时）。每个 Partition 在集群中都默认有三个副本，每个 Partition 的位置都记录在 Ring 的映射中。Ring 可以保证 Partition 全部的副本尽可能地分散存储在多个 Zone 中的存储节点上。假设 Ring 的 Partition Power 为 P，每个 Partition 的副本数为 R，集群中存储节点的总数为 N，则每个存储节点存储的 Partition 的数量 M

为：$M = 2^P \times R \div N$。假设将 Ring 分成 $2^{11} = 2048$ 个 Partition，集群中有五个存储节点，每个数据存三个副本，所以每个节点上存储的 Partition 总数为 $2^{11} \times 3 \div 5 \approx$ 1129。若再向集群中添加一个存储节点，则每个节点上的 Partition 总数为 $2^{11} \times 3 \div 6 = 1024$，为了平衡各个存储节点中的 Partition，其他的节点只需要向第六个节点移动大约 205 个 Partition 即可。

（三）数据读写流程

假设集群中数据存储三个副本。客户端通过 REST 风格的 HTTP 请求上传一个 Object 到指定的 Container，如图 7–6 所示。当集群收到请求后，首先，由 Proxy 节点计算出数据待存储的位置，需要根据 Account 名称、Container 名称和 Object 名称，通过一致性哈希函数计算出对象所要"进驻"的 Partition。其次，查询 Ring 来找出哪些存储节点包含了待"进驻"的 Partition。接着，数据被存入每个包含有指定 Partition 的存储节点中，此时需要进行一次仲裁，至少 2/3 的写操作必须成功，即必须保证至少两份数据写成功，再给用户返回文件写成功的消息。最后，Container 数据库被异步更新以反映这个 Container 增加了一个 Object。

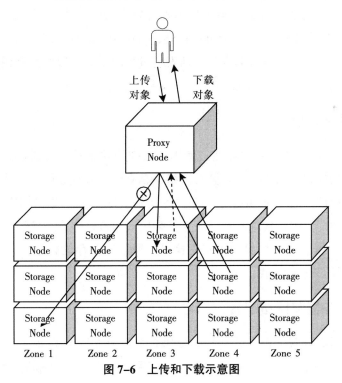

图 7–6　上传和下载示意图

客户端发送一个读取某个对象的请求，如图 7-6 所示。Proxy 节点收到请求后根据请求的信息，通过一致性哈希算法计算出对象所在的 Partition 的名字。然后通过 Ring 查找出包含该 Partition 的三个存储节点，请求被转发到存储节点。至少需要有两个存储节点"表示"存有该对象的完好无损的副本，然后 Proxy 节点从中选择一个版本最新的副本下载。读取账户和容器的流程与读取对象的流程类似。

第三节　安装 Swift

前文介绍了 Open Stack Swift 的系统结构，本书介绍 Open Stack Swift 的安装细节。本书使用的 Open Stack 版本为 Havana 版本。安装 Swift 需要前期的认真规划和几个具体步骤。最简单的是单节点部署，复杂一些的安装需要在若干代理节点和存储节点上部署。存储节点根据地理位置和联网方式，可以通过 Region 和 Zone 进行组织，其数量在理论上可以达到千台级别。在部署时，需要配置代理节点和存储节点的数量。本节的内容包括安装过程的手册，以及高级用户为简化安装用到的工具，如 Puppet 和 Chef。

一、硬件环境

因为 Swift 的功能是对象存储，使用什么样的硬盘必须规划好。网络也是需要重点考虑的内容，因为不论是公有网络、私有网络或独立网络都要解决存储服务器之间的通信。对于 Swift 来说，千兆网速是最低要求，建议使用万兆网速。

在本书的配置中，代理和存储服务器采用双四核处理器、12G 的内存、15 块 2TB 的硬盘。Swift 为数据保留了三份拷贝，所以实际存储容量为 10TB。图 7-7 为 Swift 集群的节点配置图。

二、服务器和网络配置

试验中所有的服务器安装乌班图操作系统，版本号为 12.04。需要构建的网络有三个：公网（Public Network）、存储网（Storage Network）和复制网络（Replication Network）。

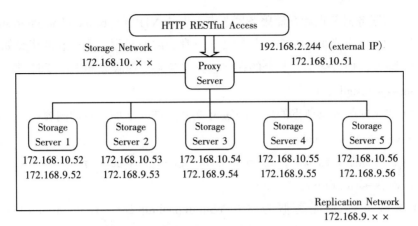

图 7-7　Open Stack 的 Swift 集群节点配置

公网：代理服务器连接到该公网，通过该网络外部可以访问代理服务器内部的 API。

存储网：存储网是私有网络，不允许外界直接访问。所有的存储服务器和代理服务器都连接到这个网络。代理服务器和存储服务器，存储服务器之间的通信都依赖这个网络。在试验中，该网络的 IP 地址范围是 172.168.10.0/172.168.10.99。

复制网络：复制网络也是一个私有网络，不允许外界去访问。它是复制任务的专属网络，只有存储服务器连接到这个网络，而代理服务器并不连接到这个网络。在试验中，该网络的 IP 地址范围是 172.168.9.0/172.168.9.99。

三、预安装步骤

为了方便服务器之间的通信，编辑 /etc/hosts 文件，加入每个服务器的主机名（Hostname）。所有节点都要这行这个步骤，下面给出了代理服务器节点中 etc/hosts 文件的内容。

```
127.0.0.1              localhost
192.168.2.244          swift–proxy
172–168.10.51          s–swift–proxy
172.168.10.52          swift–storage1
172.168.10.53          swift–storage2
172.168.10.54          swift–storage3
172.168.10–55          swift–storage4
172.168.10.56          swift–storage5
```

在代理服务器节点和存储服务器节点上安装NTP（Network Time Protocol）服务，其目的是让节点间的服务能够同步，不存在时间延迟。预安装的步骤如下：

（1）配置代理服务器，其余的存储服务器参照代理服务器来设置时间：

#apt-get install ntp

（2）在代理服务器节点的/etc/ntp.conf文件中加入下面一行的内容：

#server ntp.ubuntu.com

（3）在存储服务器节点，在/etc/ntp.conf文件加入下面一行的内容：

#server s-swift-proxy

并将服务器地址类似与"0. ubuntu.pool.ntp.org，1. ubuntu.pool.ntp.org，2. ubuntu.pool.ntp.org，3. ubuntu.pool.ntp.org"的内容注释掉。

通过下面的命令重启每个服务器的NTP服务：

#service ntp restart

四、下载并安装 Swift

乌班图的云档案仓库为用户提供了安装Open Stack最新版本的功能。下载和安装Swift的步骤如下：

（1）启动安装Open Stack最新版本的功能，并在每个节点使用下面的命令来安装最新版本的Swift。

#apt-get install python-software-properties

#add-apt-repository cloud-archive：havana

（2）使用下面的命令更新操作系统。

apt-get. update apt-get dist-upgrade

（3）在所有的Swift节点，通过下面的命令安装必备软件。

apt-get install swift rsync memcached python-netifacespython-xattr python-memcache

（4）为Swift创建一个文件夹，给用户访问该文件夹的权限。

#mkdir -p /etc/swift

#chown -R swift：swift /etc/swift

（5）创建一个/etc/swift/swift.conf配置文件，在swift-hash节增加一个变量swift_hash_path_suffix。接下来，使用Python-c"from uuid import uuid4；print uuid4（）"或penssl rand -hex 10生成一个独特的哈希字符串，并将其分配给该

变量。

［swift-hash］

random unique string that can never change（DO NOT LOSE）swift_hash_path_suffix = sLSDQfffedFUHIj j akM

增加另外一个称为 swift_hash_path_prefix 的变量到 swift-hash 节，非陪另外一个哈希字符串。这些字符串将在哈希过程中使用来决定环中的映射。文件 swift.conf 在集群中所有的节点中内容都是一样的。

五、设置存储服务器节点

在每个存储服务器节点安装 swift-account、swift-container、swift-object 和 xfsprogs（XFS Filesystem）包。

apt-get install swifr-account swift-container swift-object xfsprogs

（一）格式化并挂载硬盘

要在每个存储服务器节点上，需要确定将用于存储数据的硬盘。首先，将格式化硬盘，并将它们安装到一个目录；其次，迅速将其用于存储数据，不需要对这些硬盘创建任何 RAID 级别或子分区，因为这对于 Swift 是没有必要的。操作系统将安装在单独的磁盘上。

首先，确定要用于存储的硬盘，并对它们进行格式化。在我们的存储服务器，已经确定了磁盘 sdb、sdc 和 sdd 来存储数据。

需要对 sdb 执行以下四个操作。这四个步骤要在 sdd 和 sdc 上重复：

（1）使用下面的命令为 sdb 创建分区并生成文件系统。

#fdisk /dev/sdfc

#rr.3cfs.xfs /dev/sdbl

（2）接下来，创造/srv/node 目录，用来安装文件系统。允许 Swift 的用户能够访问该目录。这些操作可以通过以下命令执行：

#mkdir-p /srv/node/sdbl

#chown-R swift：swift /srv/node

（3）在硬盘 sdb 中为 sdb1 分区在 fstab 中建立一个条目。这将在每次启动时自动挂载 sdb1 到"/srv/node/sdb1"。在/etc/fstab 文件添加下面的命令行：

/dev/sdbl /srv/node/sdbl xfs noatime，nodiratime，nobarrier，logbufs=8 0 0

（4）用以下命令挂载 sdb1 到/srv/node/sdb1。

```
# mount /srv/node/sdbl
```

（二）RSYNC 和 RSYNCD

为了让 Swift 执行复制数据的功能，我们需要执行下列步骤建立 rsync 和 rsyncd.conf：

（1）在/etc 文件夹创建 rsyncd.conf 文件并加入以下内容：

```
# vi/etc/rsyncd.conf
```

```
uid = swift
gid = swift
log file = /var/log/rsyncd.log
pid file = /var/run/rsyncd.pid
address = 172.168.9.52
[account]
max connections = 2
path = /srv/node/
read only = false
lock file = /var/lock/account.lock
[container]
max connections = 2
path = /srv/node/
read only = false
lock file = /var/lock/container.lock
[object]
max connections = 2
path = /srv/node/
read only = false
lock file = /var/lock/object.lock
```

172.168.9.52 是 IP 地址，在网络复制此存储服务器。为相应的存储服务器使用适当的复制网络 IP 地址。

（2）然后我们需要编辑/etc/default/rsync 文件，并设置 RSYNC_ENABLE 为 true，命令如下：

RSYNC ENABLE=true

（3）我们必须用以下命令启动 rsync 服务：

service rsync start

（4）接下来，我们使用以下命令创建 Swift 缓存目录 recon，然后设置其权限：

mkdir-p /var/swift/recon

使用以下命令完成权限设置：

chown-R swift：swift /var/swift/recon

在每一个存储服务器上重复这些步骤。

（三）设置代理服务器节点

本节解释设置代理服务器节点的步骤如下：

仅在代理服务器节点上安装以下服务：

#apt-get install swift-proxy memcached python-keystoneclientpython-swiftclient python-webob

我们将使用 Open Stack Keystone 服务认证。所以，我们需要创建 proxy-server.conf 文件并添加以下内容：

#vi /etc/swift/proxy-server.conf

添加下面的配置信息 proxy-server.conf 文件

```
［DEFAULT］
bind_port＝8888
user＝swift
［pipeline：main］
pipeline＝healthcheck cache authtoken keystoneauth proxy-server
［app：proxy-server］
use＝egg：swift#proxy
allow_account_management：＝true
account_autocreate＝true
［filter：Jceystoneauth］
use＝egg：swift#keystoneauth
operator_roles＝Member，admin，swiftoperator
［filter：authtoken］
```

```
paste.filter_factory = keystoneclient.middleware.auth_token：filter_factory
#    Delaying the auth decision is required to support token-less
#    usage for anonymous referrers（'.r：*'）.
delay_auth_decision = true
#    cache directory for signing certificate
signing_dir = /home/swift/keystone-signing
#    auch_*settings refer to the Keystone server
auth_protocol = http
#    the hostname of the proxy server
auth_host = swift-proxy
auth_port = 35357
#    the same admin_token as provided in keystone.conf
admin_tolcen = Random Token
#    the service tenant and swift userid and password created in Keystone
admin_tenant_name = admin
adinin_user = admin
admin_password = vedadmsl23
[filter：cache]
use = egg：swift#memcache
[filter：catch_errors]
use = egg：swift#catch errors
```

编辑 proxy-server.conf 文件，设置正确的 auth_host、admin_token、admin_tenant_name、admin_user 和 admin_password（参考下面的 keystone 设置部分）。

下一步，我们创建一个 keystone-signing 目录，并使用下面的命令给 Swift 用户提供权限：

#mkdir -p /home/swift/keystone-signing

#chown -R swift：swift /home/swift/keystone-signing

（四）环设置

Open Stack Swift 架构环（Ring）包含从用户 API 请求到账户、容器或对象物理位置的映射信息。账户将有一个生成器文件，其中将包含该账户的映射信息。

类似地，将有一个容器和对象的生成器文件。

生成器文件是使用以下命令创建的：

#cd /etc/swift

#swift-ring-builder account.builder create 18 3 1

#swift-ring-builder container-builder create 18 3 1

#swift-ring-builder object.builder create 18 3 1

可以有 2^{18} 个分区（Partition）来存储数据。要确定分区的数量，首先估计磁盘的最大数量，然后将这个数字乘以 100，然后将其凑成 2 的次方数。选择一个小于实际需求的数字并不会导致系统崩溃，从存储的角度来说，它只会导致集群负载的不平衡。选择一个大于所需的数字将影响性能。参数 3 表示将存储三个数据副本。参数 1 表示在 1 小时内分区的移动次数不能大于 1。

在 Swift 存储中，硬盘可以分为 Zone，并且可以根据 Zone 来设置 Ring。存储服务器的每个硬盘都属于一个特定 Zone。这有助于 Swift 将数据复制到不同的 Zone。如果在某个特定 Zone 中有故障，可以从其他 Zone 的数据副本中提取数据。在一个多 Region 的配置环境中，如果有一个特定 Region 失败，那么数据可以从其他 Region 获取。

下面的命令语法用于将存储服务器硬盘设备添加到环生成器文件中。请注意，硬盘所属的 Zone 和 Region 由一个输入参数提供。权重参数（100）表示与其他磁盘相比将在这个磁盘上放置多少数据。

运行以下命令将硬盘添加给环。为了增加对 sdb1 设备的映射，运行下面的命令：

#swift-ring-builder account.builder add rlzl-172.168.10.52：6002\R172.168.9.52：6005/sdbl 100

#swift-ring-builder container.builder add rlzl-172.168.10.52：60\01R172.168.9.52：6004/sdbl 100

#swift-ring-builder object.builder add rlzl-172.168.10.52：6000R\172.168.9.52：6003/sdbl 100

在前面的命令，172.168.10.52 是包含 sdb1 设备的存储节点在存储网络中的 IP 地址，172.168.9.52 是相同存储节点在复制网络的 IP 地址。

我们需要运行相同的命令添加剩余的存储服务器的 sdb1、sdc1、sdd1，要将上面的命令中的存储网络 IP 地址和复制网络 IP 地址替换为对应的存储服务器的地址。

最后一步是创建环文件，该文件将由 Swift 进程使用。完成这一步需要使用再平衡命令，如下所示：

#swift-ring-builder account.builder rebalance

#swift-ring-builder container. Builderrebalance

#swift-ring-builder obj ect.builder rebalance

在运行上述命令，将创建以下文件：account.ring.gz，container.ring.gz 和 object. ring.gz。将这些文件复制到集群中的所有节点的 etc/swift 目录中。

此外，请确保在每一个节点上/etc/swift 拥有 Swift 的用户权限。使用下面的命令设置用户权限：

#chown-R swift：swift /etc/swift

现在我们可以按照如下方式启动代理服务：

#service swift-proxy restart

（五）在所有存储节点上的启动服务

现在，存储服务器已经有了环文件（account.ring.gz、container.ring.gz 和 object.ring.gz），我们可以用以下命令启动存储服务器的 Swift 服务：

#service swift-object start

#service swift-object-replicator start

#service swift-object-updater start

#service swift-object-auditor start

#service swift-container start

#service swift-container-replicator start

#service swift-container-updater start

#service swift-container-auditor start

#service swift-account start

#service swift-account-replicator start

#service swift-account-reaper start

#service swift-account-auditor start

通过使用以下命令启动存储服务器的 rsyslog 和 memcached 服务：

#service rsyslog restart

#service iaemcached restart

（六）支持多 Region

在多 Region 的安装中，我们在一个区域中涉及一个存储节点池，剩余的区域包含其他存储节点。可以为所有的 Region 提供一个单端点（Endpoint），也可以给每个区域一个端点。在环生成器安装过程中，Region 由参数指定。客户端可以访问任何端点并执行操作（创建、删除等），并且它们将被复制到其他 Region。代理服务器的配置文件在特定区域包含 read_affinity 和 write_affinity。

测试配置包含两个代理服务器和五个存储节点。通过创建两个 endpoint，相应创建了两个区域。endpoint 的列表输出如下：

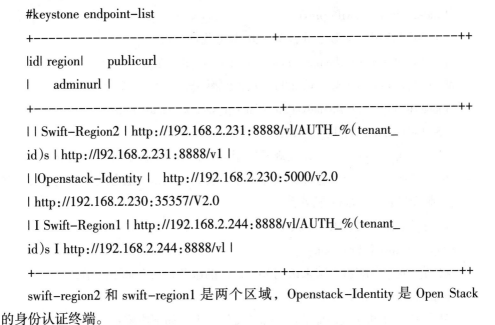

```
#keystone endpoint-list

+-------------------------------+-------------------------++
|id| region|      publicurl
|     adminurl |
+-------------------------------+-------------------------++
| | Swift-Region2 | http://192.168.2.231:8888/vl/AUTH_%(tenant_
id)s | http://l92.168.2.231:8888/v1 |
| |Openstack-Identity |   http://192.168.2.230:5000/v2.0
| http://192.168.2.230:35357/V2.0
| I Swift-Region1 | http://192.168.2.244:8888/vl/AUTH_%(tenant_
id)s I http://192.168.2.244:8888/vl |
+-------------------------------+-------------------------++
```

swift-region2 和 swift-region1 是两个区域，Openstack-Identity 是 Open Stack 的身份认证终端。

（七）身份认证服务（Keystone）

Keystone 服务负责身份认证。Keystone 服务对外提供了端点，供用户使用用户名和证书来连接。通过 Keystone 服务的身份验证后，令牌将被缓存，用于进一步的 API 调用，随之将各种其他的 Open Stack API 端点返回给用户。在 Keystone 中，用户具有账户证书，并与一个或多个租户关联。同时，用户可以得到一个角色，例如，管理员角色，这时它被赋予比普通用户更多的权限。

考虑一个用户连接到一个 Swift 端点来读取一个对象的场景。当一个用户发送一个带有令牌的 API 调用到 Swift 端点，这个令牌被 Swift 端点返回 Keystone 进行验证。一旦通过 Keystone 的验证，它返回一个成功的代码到 Swift 端点。Swift

服务接下来会执行该 API，从而读取对象。

接下来将介绍安装和配置 Keystone 服务所需的关键步骤。

首先，安装 MySQL。Keystone 使用 MySQL 作为自身的数据库。MySQL 的安装步骤如下：

（1）通过使用以下命令在代理服务器安装 MySQL 数据库和客户端软件：

root@swift-proxy：/home/vedams# apt-get install python-mysqldbrnysql-server

（2）在代理服务器节点编辑/etc/mysql/my.cnf 文件，分配代理服务器的主机名到 Bind-address，命令如下：

Bind-address = swift-proxy

（3）通过使用以下命令重启 MySQL 服务代理节点：

root@swift-proxy：/home/vedams# service mysql restart

（4）利用 mysql_secure_installation 命令删除匿名用户，如下：

root@swift-proxy：/home/vedams# mysql_secure_installation

（5）响应删除匿名用户的提示，选择 yes。

其次，安装 Keystone。在大规模应用场景，Keystone 需要在专用服务器上安装，但对于本示例，可以选择在代理节点上安装 Keystone 服务。下面的步骤描述如何安装和设置 Keystone 服务：

使用以下命令安装 Keystone 服务。

#apt-get install keystone

必须生成一个随机令牌来访问 Keystone 的服务，命令如下所示：

#openssl rand-hex 10

然后编辑/etc/keystone/keystone.conf 文件，更改如下内容：

用随机生成的令牌替换 admin_token：

Admin_token = Random Token

使用下面的命令，将 SQLite 替换为 MySQL 数据库连接：

connection = mysql：//keystone：vedamsl23@swift-proxy/keystone

配置 MySQL 后，要确保 SQLite 文件已经被删除；否则，需要手动删除 SQLite 文件。运行以下命令，列出 /var/lib/keystone 目录的内容，如果存在 keystone.sqlite 删除该文件：

#sudo ls-la/var/lib/keystone/

然后，创建 Keystone 数据库的用户，并使用以下命令授予权限：

```
root@swift-proxy：/home/vedams# mysql-u root-pvedamsl23
Welcome to the MySQL monitor. Commands end with；or \g.
Your MySQL connection id is 38
Server version：5.5.34-0ubuntu0.12.04.1 （Ubuntu）
Copyright(c)2000，2013，Oracle and/or its affiliates. All rights reserved.
Oracle is a registered trademark of Oracle Corporation and/or its
affiliates. Other names may be trademarks of their respective
owners.
Type 'help;'or'\h' for help. Type '\c' to clear the current input statement
mysql> CREATE DATABASE keystone；
Query OK，1 row affected （0.00 sec）
mysql＞GRANT ALL PRIVILEGES ON keystone.*TO 'keystone'@'localhost'
IDENTIFIED BY 'vedamsl23';
Query OK，0 rows affected （0.00 sec）
mysql＞GRANT ALL PRIVILEGES ON keystone.* TO 'keystone'@'IDENTIFIED
BY 'vedamsl23'
Query OK，0 rowsaffected （0.00 sec）
mysql＞quit：
Bye
root@swift-proxy：/home/vedams#
```

接下来，我们使用以下命令来检查 Keystone 数据库同步，并重新启动 Keystone 服务：

\#　keystone-manage db_sync

\#　service keystone restart

导出下列环境变量：

\#　export　OS_SERVICE_TOKEN=Random Token

\#　export　OS_SERVICE_ENDPOINT=http：//swift-proxy：35357/v2.0

然后，建立了一个租户，用户和角色来对输入凭据进行身份验证。一旦经过身份验证，可以访问 Swift 服务和端点。然后，为管理员用户创建了一个租户，一个被称为 admin 的管理员用户，以及一个管理任务的角色。然后，向 admin 用户添加一个 admin 角色。这是显示在下面的命令行：

    #   keystone tenant-create--name=admin-description=" Admin Tenant"

    #   keystone user-create--name=admin--pass=vedamsl23--email=test@gmail.

com

    #   keystone role-create--name=admin

    #   keystone user-role-add--user=admin--tenant=admin--role=admin

下面的截图显示了执行前面的命令的输出：

```
root@swift-proxy:/home/vedams# keystone tenant-create --name=admin --description="Admin Tenant"
+-------------+----------------------------------+
|  Property   |              Value               |
+-------------+----------------------------------+
| description |           Admin Tenant           |
|   enabled   |               True               |
|     id      | f570de35b6dc4a4d81a24516d049173a |
|    name     |              admin               |
+-------------+----------------------------------+
root@swift-proxy:/home/vedams# keystone user-create --name=admin --pass=vedams123 --email=test@gmail.com
+----------+----------------------------------+
| Property |              Value               |
+----------+----------------------------------+
|  email   |          test@gmail.com          |
| enabled  |               True               |
|    id    | 77461f6a3763462b890cdacaac034afa |
|   name   |              admin               |
+----------+----------------------------------+
root@swift-proxy:/home/vedams# keystone role-create --name=admin
+----------+----------------------------------+
| Property |              Value               |
+----------+----------------------------------+
|    id    | 814ffecf0bbc4221a9ab98618d159ded |
|   name   |              admin               |
+----------+----------------------------------+
root@swift-proxy:/home/vedams# keystone user-role-add --user=admin --tenant=admin --role=admin
root@swift-proxy:/home/vedams#
```

然后，我们创建另一个用户称为"swift-user"，并将其添加到租户称为"swift-tenant"。用户给出了成员访问的角色。下面的截图显示了创建过程：

```
root@swift-proxy:/home/vedams# keystone tenant-create --name=swift-tenant --description="Swift Tenant"
+-------------+----------------------------------+
|  Property   |              Value               |
+-------------+----------------------------------+
| description |           Swift Tenant           |
|   enabled   |               True               |
|     id      | bd1e87f876e541a4acc42803430a1b2b |
|    name     |           swift-tenant           |
+-------------+----------------------------------+
root@swift-proxy:/home/vedams# keystone user-create --name=swift-user --pass=vedams123 --email=swiftuser@gmail.com
+----------+----------------------------------+
| Property |              Value               |
+----------+----------------------------------+
|  email   |        swiftuser@gmail.com        |
| enabled  |               True               |
|    id    | 0b81ddf04865444bbbdd4be417a392fc |
|   name   |            swift-user            |
+----------+----------------------------------+
root@swift-proxy:/home/vedams# keystone user-role-add --user=swift-user --tenant=swift-tenant --role=_member_
root@swift-proxy:/home/vedams#
```

Keystone 服务跟踪各种已经安装的 Open Stack 服务，并跟踪它们在网络中的位置。为了保持对服务的跟踪，使用 Keystone 的 service-create 命令创建 ID，命令如下所示：

    #   keystone service-create --name=keystone --type=identity\ --description= "Keystone Identity Service"

    #   keystone service-create --name=swift --type=object-store\ --description= "swift Service"

下面的截图显示了执行前面的服务创建命令的输出：

```
root@swift-proxy:/home/vedams# keystone service-create --name=keystone --type=identity --description="Keystone Identity Servi
ce"
+-------------+----------------------------------+
|  Property   |              Value               |
+-------------+----------------------------------+
| description |     Keystone Identity Service    |
|     id      | a9c2d44442464975bb50e296fcc584b4 |
|    name     |             keystone             |
|    type     |             identity             |
+-------------+----------------------------------+
root@swift-proxy:/home/vedams# keystone service-create --name=swift --type=object-store --description="Swift Object storage s
ervice"
+-------------+----------------------------------+
|  Property   |              Value               |
+-------------+----------------------------------+
| description |     Swift Object storage service |
|     id      | a0ab378728b148fd9c9a0534d1d6a227 |
|    name     |              swift               |
|    type     |           object-store           |
+-------------+----------------------------------+
root@swift-proxy:/home/vedams#
```

然后，我们需要使用端点创建命令指定 Keystone 服务端点和 Swift 到 Keystone 的服务端点。在下面的命令，swift-proxy 是代理服务器的主机名：

#keystone endpoint-create--service-id KEYSTONE_SERVICE_ID

--region RegionOne --publicurl 'http：//swift-proxy：5000/v2，0r'

--adminurl 'http：//swift-proxy：35357/v2.0'

-internalurl 'http：//swift-proxy：5000/v2.0'

#keystone endpoint-create --service-id SWIFT_SERVICE_ID

--region regionOne

--publicurl 'http：//swift-proxy：8888/v1/AUTH_%（tenant_id）s'

--adminurl 'http：//swift-proxy：8888/v1'

--internalurl 'http：//swift-proxy：8888/v1/AUTH_%（tenant_id）s'

下面的截图显示了执行前面的端点创建命令的输出：

接下来将重置环境变量，因为现阶段已经不再需要它们。此时将调用 REST API，并为之提供用户名和密码。重置环境变量的命令如下所示：

#unsetOS_SERVICE_TOKEN

```
root@swift-proxy:/home/vedams# keystone endpoint-create --service-id a9c2d44442464975bb50e296fcc584b4 --region regionOne --pu
blicurl 'http://swift-proxy:5000/v2.0' --adminurl 'http://swift-proxy:35357/v2.0' --internalurl 'http://swift-proxy:5000/v2.0
+-------------+------------------------------------------+
|  Property   |                  Value                   |
+-------------+------------------------------------------+
|  adminurl   |       http://swift-proxy:35357/v2.0      |
|     id      |    cdade3f814ac48c1b1a365839685c18f       |
| internalurl |       http://swift-proxy:5000/v2.0        |
|  publicurl  |       http://swift-proxy:5000/v2.0       |
|   region    |                 regionOne                |
|  service_id |     a9c2d44442464975bb50e296fcc584b4     |
+-------------+------------------------------------------+
root@swift-proxy:/home/vedams# keystone endpoint-create --service-id a0ab378728b148fd9c9a0534d1d6a227 --region regionOne --pu
blicurl 'http://swift-proxy:8888/v1/AUTH_%(tenant_id)s' --adminurl 'http://swift-proxy:8888/v1' --internalurl 'http://swift-p
roxy:8888/v1/AUTH_%(tenant_id)s'
+-------------+------------------------------------------+
|  Property   |                  Value                   |
+-------------+------------------------------------------+
|  adminurl   |            http://swift-proxy:8888/v1     |
|     id      |       479d9efffcd3452a8d90a4c00c35dc04    |
| internalurl | http://swift-proxy:8888/v1/AUTH_%(tenant_id)s |
|  publicurl  | http://swift-proxy:8888/v1/AUTH_%(tenant_id)s |
|   region    |                 regionOne                |
|  service_id |     a0ab378728b148fd9c9a0534d1d6a227     |
+-------------+------------------------------------------+
root@swift-proxy:/home/vedams#
```

#unsetOS_SERVICE_ENDPOINT

现在使用管理员用户和密码申请一个身份验证令牌。该步骤可以验证在配置的端点上 Keystone 服务配置正确并正常运行。

通过如下命令对一个特定用户请求令牌，这样就检验了身份验证工作是否正常运行：

#keystone--os-username=admin--os-password=ADMIN_PASS \

--os-tenant-name=admin--os-auth-url=http：//swift-proxy：35357/v2.0 token-get

最后，通过运行下面的命令来列出用户、租户、角色和端点（先前生成的随机令牌被命名为 Random Token），从而测试 Keystone 服务：

#keystone--os-token=RandomToken--os-endpoint=http：//swift-proxy：35357/v2.0\user-list

#keystone--os-token=RandomToken--os-endpoint=http：//swift-proxy：35357/v2.0\tenant-list

#keystone--os-token=RandomToken--os-endpoint=http：//swift-proxy：35357/v2.0\role-list

#keystone--os-token=RandomToken--os-endpoint=http：//swift-proxy：35357/v2.0\endpoint-list

第四节　使用 Swift

本节介绍访问 Swift 的各种机制。使用这些机制，能够实现验证账户、列出容器、创建容器、创建对象、删除对象等功能。为了访问 Swift 集群，Swift 提供了一些基于 Swift API 的工具和库，包括 Swift Client CLI、cURL 客户端、HTTP REST API、JAVA 库、Ruby Open Stack 库、Python 库等。本节将重点介绍如何使用 Swift 客户端 CLI、cURL 客户端、HTTP REST API 来访问 Swift 并执行基于容器和对象的各种操作。同时，将使用 EVault 公司的 Long-Term Storage（LTS2）云存储证明 Swift 的使用。

一、安装客户端

本节讨论安装 cURL 客户端和 Swift 客户端 CLI 命令行工具。实验是在 Ubuntu 12.04 Linux 环境下进行的，如果安装环境不同，请参阅其 Linux 发行套件的命令集。需要注意，这两种工具在 Windows 和 Mac 操作系统也是可以安装的。安装 cURL 客户端和 Swift 客户端 CLI 的命令如下：

cURL，是一种命令行工具，可以用来传输各种协议的数据。下面的命令用于 cURL 安装。

#apt-get install curl

Swift 客户端 CLI，是一个用来访问和执行 Swift 集群操作的工具。使用以下命令安装此工具：

#apt-get install python-swiftclient

REST API 客户端，通过 REST API 访问 Swift 的服务，可以使用第三方工具如 Fiddler Web 调试器来支持的 REST 架构。

二、使用身份验证创建令牌

为了访问容器或对象，首先要做的是通过向身份验证服务发送请求来对用户进行身份验证，并得到一个有效的令牌，其次在随后的命令中使用它以执行各种操作。一种方法是使用 Keystone 认证，还有另一种方法称为 swauth 认证。此处不对 swauth 的细节进行讨论。下面的命令是用来获取有效的 Keystone 认证令牌：

#curl–X POST–i https：//auth.lts2.evault.com/v2.0/Tokens–H 'Content–type：application /json' –d' ｛"auth"：｛"passwordCredentials"：｛"username"："user"，"password"："password"｝," tenantName" ："tenant 1" ｝｝'

在上面的命令中，https：//auth.lts2.evault.com/v2.0 是 EVault 公司的认证端点，还一并提供了用户名、密码和租户名称。

生成的令牌如下（它已被截断，以更好的可读性）：

Token=MIIGIwYJKoZIhvcNAQcCoIIGFDCCBhACAQExCTAHBgUrDgMCGjCCBH kGCSqGSIb3DQEHAaCCBGoEggRme...yJhY2Nlc3MiOiB7InRva2VuIjogeyJpc3N1ZWR fYXQiOiAiMjAxMy0yMS0yNlQwNjoxODo0Mi4zNTA0NTciLCU+KNYN20G7KJO05bXb bpSAWw +5Vfl8zl6JqAKKWENTrlKBvsFzO –peLBwcKZXTpfJkJxqK7Vpzc –NIygSwP– WjODs--0WTes+CyoRD

此令牌随后被用作访问 Swift 的命令参数，例如，在下面的命令中：

curl–X HEAD–i https：//storage.lts2.evault.com/v1/26cef4782cca4e5aabbb9497b 8c1ee1b

–H 'X–Auth–Token：token' –H 'Content–type：application/json'

三、显示账户、容器或对象的元数据信息

本节介绍如何能够获得有关账户、集装箱或对象的信息。

（一）使用 Swift 客户端 CLI

Swift 客户端 CLI 的 STAT 命令用于获取有关账户信息的容器或对象。得到容器信息容器信息后，容器的名字应该在 stat 命令后提供。stat 命令后需要提供容器和对象的名称，才可以获得对象的信息。通过下列请求以显示账户状态：

swift--os-auth-token=token--os-storage-url=https：//storage.lts2.evault.com/ v1/26cef4782cca4e5aabbb9497b8c1ee1b stat

在上面的命令行中，令牌为之前生成的令牌，26cef4782cca4e5aabbb9497 b8c1ee1b 是账户名。响应信息如下：

Account：26cef4782cca4e5aabbb9497b8c1ee1b

Containers：2

Objects：6

Bytes：17

Accept-Ranges：bytes

Server：nginx/1.4.1

（二）使用 cURL

使用 cURL 也同样可以获得账户信息。它表明，该账户包含两个容器和六个对象。命令如下：

#curl-X HEAD-i https：//storage.lts2.evault.com/v1/26cef4782cca4e5aabbb9497b8c1ee1b-H 'X-Auth-Token：token'-H'Content-type：application/json'

响应信息如下：

HTTP/1.1 204 No Content

Server：nginx/1.4.1

Date：Wed，04 Dec 2013 06：53：13 GMT

Content-Type：text/html；charset=UTF-8

Content-Length：0

X-Account-Bytes-Used：3439364822

X-Account-Container-Count：2

X-Account-Object-Count：6

（三）使用 REST API

Fiddler Web 调试器支持 REST，可以用来发送请求和接收 HTTP 响应。执行以下命令：

Method ：HEAD

URL：　https：//storage.lts2.evault.com/v1/26cef4782cca4e5aabbb9497b8c1ee1b

Header：X-Auth-Token：token

Data：No data

The response is as follows：HTTP/1.1 204 No Content

Server：nginx/1.4.1

Date：Wed，04 Dec 2013 06：47：17 GMT

Content-Type：text/html；charset=UTF-8

Content-Length：0

X-Account-Bytes-Used：3439364822

X-Account-Container-Count：2

X-Account-Object-Count：6

正如所看到的，发出命令的机制虽然不同，但非常类似于 cURL 访问 Swift 集群的方式。

四、容器列表

本节介绍如何获取账户中的容器信息。

（一）使用 Swift 客户 CLI

执行如下请求：

#swift –os –auth –token =token –os –storage –url =https：//storage.lts2.evault.com/v1/26cef4782cca4e5aabbb9497b8c1ee1b list

对上述请求的响应如下：

cities

countries

（二）使用 cURL

下面的命令显示如何使用 cURL 获取容器信息。执行如下请求：

#curl –X GET –i https：//storage.lts2.evault.com/v1/26cef4782cca4e5aabbb9497b8c1ee1b–H 'X–Auth_token：token'

对上述请求的响应如下，它表明，该账户包括两个容器和六个对象。

HTTP/1.1 200 OK

X–Account–Container–Count：2

X–Account–Object–Count：6

cities

countries

可以看到这里的输出包含 header 和 body，而在前面的例子中，输出只有 header 而没有 body。

五、容器中的对象列表

本节介绍了如何列出容器中存在的对象。

（一）使用 Swift 客户 CLI

The following command shows how to list objects using the Swift Client CLI （in this example we are listing out the objects in the cities container）：

下面的命令给出了如何使用 Swift 客户端 CLI 列出对象（在这个例子中我们

列出了 Cities 容器中的对象)。执行以下命令：

#swift--os-auth-token=token--os-storage-url= https：//storage.lts2.evault.com/
v1/26cef4782cca4e5aabbb9497b8c1ee1b list cities

对上述请求的响应如下：

London.txt

Mumbai.txt

NewYork.txt

（二）使用 cURL

下面的命令显示如何使用 cURL 列出对象。在这个例子中，列出了 Cities 容
器中的对象。执行下面的请求：

#curl -X GET -i https：//storage.lts2.evault.com/v1/26cef4782cca4e5aabbb9497b
8c1ee1b/cities-H 'X-Auth-Token：token'

对上述请求的响应如下：

HTTP/1.1 200 OK

Content-Type：text/plain；charset=utf-8

Content-Length：34

X-Container-Object-Count：3

London.txt

Mumbai.txt

NewYork.txt

（三）使用 REST API

在这个例子中，列出了 countries 容器中的对象。执行下面的请求：

Method：GET

URL：URL：https：//storage.lts2.evault.com/v1/26cef4782cca4e5aabbb9497b8c1
ee1b/countries

Header：X-Auth-Token：token

Data：No content

对上述请求的响应如下：

HTTP/1.1 200 OK

Content-Type：text/plain；charset=utf-8

Content-Length：38

X-Container-Object-Count：3

France.txt

India.txt

UnitedStates.txt

六、更新容器的元数据

本节介绍如何为容器添加或更新元数据。

（一）使用 Swift 客户 CLI

在这个例子中，为访问过的国家（Country）添加元数据。执行以下命令：

swift--os-auth-token=token--os-storage-url=https：//storage.lts2.evault.com/v1/
26cef4782cca4e5aabbb9497b8c1ee1b post countries

-H "X-Container-Meta-Countries：visited"

（二）使用 REST API

在这里，使用 REST API 添加元数据。执行以下命令：

Method：POST

URL： https：//storage.lts2.evault.com/v1/26cef4782cca4e5aabbb9497b8c1ee1b/
countries

Header：X-Auth-Token：token

X-Container-Meta-Countries：visited

Data：No content

七、环境变量

下列环境变量可以用来简化 CLI 命令：

- OS_USERNAME：包含访问账户的用户名
- OS_PASSWORD：包含和用户名绑定的密码
- OS_TENANT_NAME：包含租户名称
- OS_AUTH_URL：包含认证的 URL

一旦这些环境变量获得输入，在运行命令行工具（Swift CLI）时就不需要重
复输入参数值。

八、伪分层目录

在容器中，Open Stack Swift 对象存储可以模拟一个层次目录结构，方法是在对象名称中包含"/"（正斜杠字符）。

通过下方的命令，为 Continent 容器上传一个文件（AMERICA/USA/Newyork.txt）：

#swift upload Continent AMERICA/USA/Newyork.txt

可以通过下方的命令列出 Continent 容器中的几个伪分层文件夹：

#swift list Continent

AMERICA/USA/Newyork.txt

ASIA/ASIA.txt

ASIA/China/China.txt

ASIA/INDIA/India.txt

Australia/Australia.txt

continent.txt

我们可以用"/"分隔参数限制显示的结果。我们还可以使用前缀参数随着分隔参数查看对象的伪目录和目录的内容。以下是使用这些参数的两个例子：

#swift list Continent--delimiter /

AMERICA/

ASIA/

Australia/

continent.txt

#swift list Continent--delimiter/--prefix ASIA/

ASIA/ASIA.txt

ASIA/China/

ASIA/INDIA/

#swift list Continent--delimiter/--prefix ASIA/INDIA/

ASIA/INDIA/India.txt

九、容器的访问控制列表

为了访问容器和对象，一个有效的认证令牌必须在每个请求的 X-Auth-

Token 头部（Header）发送。否则，将返回一个授权失败代码。在某些情况下，其他客户端和应用程序需要访问提某些容器和对象。可以通过为容器设置一个称为 x-container-read 的元数据元素提供访问控制。下面的示例为 cities 容器设置访问控制列表（ACL）：

首先，来观察显示缺乏 ACL 的容器状态。使用管理员权限运行以下命令（管理员用户将有权限运行此命令）：

#swift stat cities

在下方的响应信息中，可以观察到缺乏 ACL、Read ACL 和 Write ACL 没有内容：

Account：26cef4782cca4e5aabbb9497b8c1ee1b

Container：cities

Objects：3

Read ACL：

Write ACL：

Sync To：

用户 tenant1：user1，此前没访问过此容器，当它试图访问该容器，就会返回错误消息，表示禁止访问。运行如下命令：

#swift-V 2.0-A https：//auth.lts2.evault.com/v2.0-U tenant1：user1-K t1 list cities

作为上方的请求响应，Swift 将返回一个禁止访问的错误消息。此错误如下：

Container GET failed：403 Forbidden

Access was denied to this resource

在前面的示例中，使用 "-U" 选项提供用户名，并使用 "-K" 选项提供访问该账户的密钥。

因此，可以为 cities 容器设置 x-container-read 元数据元素，激活 tenant1：user1 用户的 READ 访问权限。此操作只由能通过 admin user 使用以下命令来完成：

#swift post-r tenant1：user1 cities

检查 ACL 权限可以通过以下命令完成：

#swift stat cities

上方命令的响应信息如下：

Account：26cef4782cca4e5aabbb9497b8c1ee1b

Container：cities

Objects：3

Read ACL：tenant1：user1

Write ACL：

Sync To：

现在，当 tenant1：user1 用户试图访问该容器，将获得授权并成功执行命令。执行下方的命令：

#swift−V 2.0−A https：//auth.lts2.evault.com/v2.0−U tenant1：user1−K t1 list cities

上方命令的响应信息如下：

London.txt

Mumbai.txt

NewYork.txt

由于 x−container−write ACL 没有为 tenant1：user1 用户设置 cities 容器写权限，该用户无法写入 cities 容器。为了允许写访问，x−container−write ACL 执行如下命令：

#swift post−w tenant1：user1 cities

为了检查 ACL 权限，需要执行以下命令：

#swift stat cities

上方命令的响应信息如下：

Account：26cef4782cca4e5aabbb9497b8c1ee1b

Container：cities

Objects：3

Read ACL：tenant1：user1

Write ACL：tenant1：user1

Sync To：

Now the tenant1：user1 user will be able to write objects into the cities container.

现在 tenant1：user1 用户能够将对象写入 cities 容器。

如果想让大量用户获得访问权限，ACL 可以采用通配符进行设置，例如

".r：*，.rlistings"。".r：*"前缀允许任何用户从容器中检索对象；".rlistings"打开容器列表功能。

十、传输大型对象

Open Stack Swift 架构中，单个对象不能超过 5GB。较大的对象，可以拆分为 5GB，或者更小的片段，通过 Swift CLI 工具的命令行参数指定片段的大小选项，上传到一个特殊的容器（对象被上传到该容器内）。

一旦上传完成，必须创建一个清单（Mainfest）对象，该对象包含各个片段的信息。清单文件大小为零，它的 header 中 X-Object-Manifest 确认文件片段存储在哪个容器中，以及所有片段名称的开始。例如，如果要上传大小为 8GB 的 france.txt 到 countries 容器，那么 france.txt 对象必须被分成两个片段（5GB 和 3GB）。块对象的名称将以 france.txt 开始（France.txt/../00000000 and France.txt/../00000001）。

一个称为 countries_segments 的专用容器将被创建，块将被上传到这个容器。在 countries 容器中创建一个称为 france.txt 的清单对象。清单文件大小为零，其 header 包含下方的内容（并不是强制性的将块放置在一个专门的容器中，它们可以在同一个容器中存在）。

X-Object-Manifest：countries_segments/France.txt

当请求下载一个大型对象，Swift 将自动将所有片段合并并下载整个大型对象。

Swift 客户端 CLI 有-S 标志，指定段的大小，它可以用来分割一个大对象分段上传。下面的命令是用来上传一个段大小为 5368709120 字节的文件：

Make the following request：

#swift upload countries -S 5368709120 France.txt

上方命令的响应信息为：

France.txt segment 0

France.txt segment 1

France.txt segment 2

France.txt

下面的命令可以用来列出当前容器的内容：

#swift list

上方命令的响应信息为：

countries

countries_segments

cities

下面的命令列出 countries_segments 容器内的对象：

#swift list countries_segments

上方命令的响应信息为：

France.txt/1385989364.105938/5368709120/00000000

France.txt/1385989364.105938/5368709120/00000001

十一、使用函数库访问 Swift

Swift 集群支持 Java、Python、Ruby、PHP 和其他的编程语言的访问。

（一）Java

Apache jclouds 库（http://jclouds.apache.org/documentation/quickstart/rackspace/），特别是 org.jclouds.openstack.swift.CommonSwiftClient API 可以用来编写 java 应用程序和 Swift 的连接，能够对账户、容器和对象进行各种操作。

示例代码如下所示：

```
import org.jclouds.ContextBuilder;

import org.jclouds.blobstore.BlobStore;

import org.jclouds.blobstore.BlobStoreContext;

import org.jclouds.openstack.swift.CommonSwiftAsyncClient;

import org.jclouds.openstack.swift.CommonSwiftClient;

BlobStoreContext context = ContextBuilder.newBuilder（provider）
            .endpoint（"http：//auth.lts2.evault.com/"）
            .credentials（user，password）
            .modules（modules）
            .buildView（BlobStoreContext.class）；

storage = context.getBlobStore（）；

swift = context.unwrap（）；

containers = swift.getApi（）.listContainers（）；

objects = swift.getApi（）.listObjects（myContainer）；
```

（二）Python

Python 语言通过 python-swiftclient 库（https：//github.com/openstack/python-swiftclient/）提供了绑定 Open Stack Swift 的功能。下面的示例代码展示了经过验证后如何列出容器：

```
#! /usr/bin/env python
http_connection = http_connection（url）
cont = get_container（url，token，container，marker，limit，prefix，delimiter，end_marker，path，http_conn）
```

（三）Ruby

Ruby 语言通过 ruby-openstack 库（https：//github.com/ruby-openstack/ruby-openstack）提供绑定 Open Stack 云的功能。下面的示例代码演示如何列出容器和对象：

```
Lts2 = OpenStack：：Connection.create（:username => USER，:api_key => API_KEY，:authtenant => TENANT，:auth_url => API_URL，:service_type => "object-store"）
Lts2.containers
=> ["cities"，"countries"]
Cont = Lts2.container（"cities"）
Cont.objects
=> ["London.txt"，"Mumbai.txt"，"NewYork.txt"]
```

第五节　Swift 管理

一、使用 Rsyslog 管理日志

得到 Swift 各种服务的日志非常有用，这可以通过配置 proxy-server.conf 和 rsyslog 实现。为了从代理服务器接收日志，需要修改/etc/swift/proxy-server.conf 配置文件，添加如下配置：

```
log_name=name
```

log_facility＝LOG_LOCALx

log_level＝LEVEL

在上方的条目中：name 可以是在日志中看到的任何名称。LOG_LOCALx 中的字母 x 可以取 0 和 7 之间的任何数字。LEVEL 参数可以是紧急状态（Encemergy）、警报（Alert）、关键性（Critical）、错误（Error）、警告（Warning）、通知（Notification）、信息（Informational）或调试（Debug）之一。

接下来，打开并修改/etc/rsyslog.conf 文件，在 GLOBAL_DIRECTIVES 部分添加下面的代码行：

$PrivDropToGroup adm

同时，创建一个名为/etc/rsyslog.d/swift.conf 的配置文件，在其中添加一行代码，如下所示：

local2.* /var/log/swift/proxy.log

The preceding line tells syslog that any log written to the LOG_LOCAL2 facility should go to the /var/log/swift/proxy.log file. We then give permissions for access to the /var/log/swift folder，and restart the proxy service and syslog service

上方的一行代码对 syslog 进行配置，令写入 LOG_LOCAL2 的任何日志应该加入/var/log/swift/proxy.log 文件。授予访问/var/log/messages 文件夹的访问权限，重新启动代理服务和 syslog 日志服务。

二、故障管理

Swift 存储集群基于廉价设备，硬件的可靠性、可用性不高，因此故障检测和故障恢复至关重要。根据故障层次来说，可能出现驱动故障，服务器故障，甚至 zone 和 region 故障。Open Stack Swift 的设计架构的核心在于耐局部故障（如集群的整个局部不可用），保障系统的可用性。

（一）检测驱动器故障

驱动故障可以通过内核日志来侦测。磁盘子系统会记录警告和错误，这些信息可以帮助管理员确定某些驱动器是不再可靠或已经坏了。另外，可以在存储节点上设置一个脚本，通过驱动旁听进程采集驱动的故障信息。其步骤如下：

● 在每个存储节点上，在/etc/swift 文件夹中创建一个名称为 swift-drive-audit 的脚本，其内容如下：

［drive-audit］

log_facility = LOG_LOCAL0

log_level = DEBUG

device_dir = /srv/node

minutes = 60

error_limit = 2

log_file_pattern = /var/log/kern*

regex_pattern_X = berrorb.*b（sd［a-z］{1，2}d?）b and b（sd［a-z］{1，2}d?）b.*berrorb

- 将以下代码行添加到/etc/rsyslog.d/swift.conf：

local0.* /var/log/swift/drive-audit

- 然后使用以下命令重新启动 rsyslog 服务

#service rsyslog restart

- 然后使用以下命令重新启动 Swift 服务

#swift-init rest restart

- 驱动器故障信息将存储在/var/log/swift/drive-audit 日志文件中。

（二）处理驱动器故障

当驱动器发生故障时，一种方法是迅速更换驱动器，另一种是不更换驱动器。如果不打算立即更换驱动器，那么最好卸载驱动器，并将它从环中删除。如果决定更换驱动器，就需要拔出故障的驱动器，用一个正常的驱动器将其替换，然后格式化、加载新的驱动器。对新驱动器，需要将让复制算法负责将数据写入其中，以保证副本一致性和数据完整性。

（三）处理节点故障

当一个 Swift 集群中的存储服务器出现问题时，必须确定问题是否可以在短时间内解决，还是需要一段更长的时间。此处，短时间指的是几个小时。如果停机时间间隔很短，可以让 Swift 服务继续工作，在故障发生时同时对节点进行调试、修复。因为 Swift 保持数据的多个副本（默认为三），不会有数据可用性的问题，但可能会增加数据访问的时间。一旦存储服务器的故障找到了原因并得到了处理，该节点就回到集群。Swift 的复制服务会接收余下的工作，例如理清存储节点丢失的信息是什么，从而更新节点并恢复同步。

如果节点修复时间过长，那么最好将该节点和所有相关设备从环中删除。一旦节点重新联机，设备可以格式化、重新挂载并添加到环。

　　下面介绍两个常用命令，分别负责从环上去除设备和节点。从环上去除一个设备，使用如下命令：

#swift-ring-builder \<builder-file\> remove \<ip_address\>/\<device_name\>

例如：swift-ring-builder account.builder remove 172.168.10.52/sdb1

从环中删除节点，使用如下命令：

#swift-ring-builder \<builder-file\> remove \<ip_address\>

例如：swift-ring-builder account.builder remove 172.168.10.52

（四）代理服务器故障

　　如果 Swift 集群中只有一台代理服务器并且出现了故障，那么系统将无法工作，这是因为客户端不能上传或下载任何对象。因此，部署冗余代理服务器就非常有必要，这样可以增加 Swift 集群中的数据可用性。在找出并修复代理服务器的故障后，需要重新启动 Swift 服务，恢复对象存储的访问功能。

（五）Zone 和 Region 故障

　　在 Swift 存储集群中，即使某个 Zone 出现整体故障，Swift 服务仍然不会中断。这是因为 Swift 的高可用性配置中包含多个存储节点和多个 Zone。如果故障能够被迅速地找到并修复，属于故障节点的存储服务器和驱动器将重新恢复服务。否则，Zone 中的存储服务器和硬盘必须从环中删除，因而环需要再平衡。一旦 Zone 重新投入使用，存储服务器和硬盘驱动器会被重新添加到环中，环依然需要再平衡。在一般情况下，Zone 故障应作为一个严峻的问题进行处理。在某些情况下，Zone 故障的原因是，机架顶部的存储或网络交换机出现故障，因此断开了部分存储阵列和服务器与 Swift 集群之间的连接。在这种情况下，交换设备故障必须被迅速诊断和纠正。

　　如果 Swift 集群包含多个 Region，如果有一个 Region 故障，那么所有的请求可以被路由到其他可以正常工作的 Region。故障 Region 所属的服务器和驱动器，需要尽快修复，只有将其重新投入服务才可以平衡其他 Region 的负载。Region 故障会导致上传和下载的延迟，由于用户请求被路由到不同的 Region。Region 故障的发生可能是由于核心路由器或防火墙发生故障。这些故障也应该迅速诊断和解除，从而使该 Region 重新投入服务。

三、容量规划

　　随着 Swift 存储集群业务量的增加，它的存储的需求将不断提高。扩容对于

Swift 来说非常容易实现，需要做的是添加更多的存储节点和相关的代理服务器。本节论述 Swift 存储集群中新驱动器及存储服务器的规划和添加。

（一）添加新的驱动器

添加新的驱动器，涉及环的重新平衡，因此需要认真的规划。在决定添加新的驱动器时，首先要指定其所在 Zone 和存储服务器。其次对其进行格式化和挂载。再次需要将运行 swift-ring-builder 的 add 命令将驱动器添加到环。最后需要运行 swift-ring-builder rebalance 命令来重新平衡环。如此被生成的.gz 环文件需要分发到所有的存储服务器节点。

在运营中，旧的驱动器通常会以容量更大、速度更高的驱动器取代。在该场景下，最好是慢慢将旧驱动器的数据迁移到其他驱动器，不是执行一个突然的设备替换。一个好的方法是，可以逐渐减少旧驱动器在环中的权重，多次重复后，一旦旧驱动器的数据被系统转移，这个驱动器就可以被安全地删除。删除旧的驱动器后，只需插入新的驱动器，并按照前面提到的步骤，将此新驱动器添加到环即可。

（二）添加新的存储和代理服务器

增加新的存储和代理服务器也是一种简单直接的扩容方式。存储服务器需要放置在正确的 Zone 内，并且属于这些服务器的驱动器需要被添加到环中。再调整后，将.gz 环文件分发到其余的存储服务器，新的存储服务器就正式成为群集的一部分。同样，在配置了一个新的代理服务器后，需要更新配置文件和负载均衡设置。当代理服务器成为群集的一部分后，就可以开始接受用户的请求。

四、迁移

本节介绍硬件和软件迁移。迁移的目的地可以是同一个 Region 或 Zone 内的现有服务器或新服务器。当增加了新硬件和软件（操作系统、软件包或 Swift 软件），需要将现有的服务器和软件迁移过去，从而利用那些新增加的高性能硬件资源和软件资源。通常一次迁移一台服务器，或一次迁移一个 Zone，因为 Swift 服务对整个 Zone 进行迁移。

需要以下步骤来升级存储服务器节点：

（1）执行下面的命令以阻止所有在后台运行的 Swift 操作：

#swift-init rest stop

（2）通过使用以下命令行正常地关闭所有 Swift 服务：

swift-init ｛account|container|object｝ shutdown

（3）升级必要的操作系统和系统软件包，安装或升级所需的 Swift 包。在一般情况下，Swift 的更新周期为 6 个月。

（4）接下来，创建或修改相关的 Swift 配置文件。

（5）在重启服务器之后，通过执行下面的命令重启所需的服务：

#swift-init ｛account|container|object｝ start

#swift-init rest start

如果更改了存储服务器上的驱动器，必须对环进行更新和再平衡。

一旦完成新旧服务器的迁移，检查服务器的日志文件。如果服务器运行没有任何问题，将继续升级下一个存储服务器。

接下来，讨论如何升级代理服务器。代理服务器在升级之前，需要通过使用负载均衡器将其隔离，这样做客户端的请求不会发送给它。代理服务器的升级包含以下四个步骤：

（1）通过使用以下命令行正常地关闭代理服务：

#swift-init proxy shutdown

（2）升级必要内容，如操作系统、系统软件包，并安装或升级所需的 Swift 包。

（3）创建、执行需要更改的 Swift 代理配置文件。

（4）重启服务器之后，使用下面的命令重启所需的所有服务：

#swift-init proxy start

代理服务器升级后，必须将其添加到负载均衡池，令其开始接收客户端的请求；同时还要监控日志文件，确保代理服务器能够正常工作。

参考文献

[1] Patterson D., Keeton K. Hardware technology trends and database opportunities [R]. Keynote address at SIGMOD 98, 1998.

[2] Grochowski E., Halem R. D. Technological impact of magnetic hard disk drives on storage systems [J]. IBM Systems Journal, 2003, 42 (2).

[3] Matthews J., Trika S., Hensgen D., et al. Intel Turbo Memory: Nonvolatile disk caches in the storage hierarchy of mainstream computer systems [J]. Trans. Storage, 2008, 4 (2).

[4] Zhu Q., Chen Z., Tan L., et al. Hibernator: helping disk arrays sleep through the winter [C]. In Proceedings of the twentieth ACM symposium on Operating systems principles, Brighton, United Kingdom, 2005.

[5] Patterson D. A., Gibson G., Katz R. H. A case for redundant arrays of inexpensive disks (RAID) [M]. ACM, 1988.

[6] Chen P. M., Lee E. K., Gibson G. A., et al. RAID: High-performance, reliable secondary storage [J]. ACM Computing Surveys, 1994, 26 (2).

[7] Jiang S., Ding X., Chen F., et al. DULO: An effective buffer cache management scheme to exploit both temporal and spatial locality [C] // Proceedings of the 4th conference on USENIX Conference on File and Storage Technologies, San Francisco, CA, December, 2005.

[8] Yadgar G., Factor M., Schuster A. Karma: Know-it-all replacement for a multilevel cache [C]//Proceedings of the 5th USENIX conference on File and Storage Technologies, San Jose, CA, 2007.

[9] Zhu Q., David F. M., Devaraj C. F., et al. Reducing energy consumption of disk storage using power-aware cache management [C]// Proceedings of the 10th

International Symposium on High Performance Computer Architecture, 2004.

［10］ McKusick M. K., Joy W. N., Leffler S. J., et al. A fast file system for UNIX ［J］. ACM Transactions on Computer Systems (TOCS), 1984, 2 (3).

［11］ Rosenblum M., Ousterhout J. K. The design and implementation of a log-structured file system ［J］. ACM Transactions on Computer Systems (TOCS), 1992, 10 (1).

［12］ Ding X., Jiang S., Chen F., et al. Disk seen: Exploiting disk layout and access history to enhance I/O prefetch ［C］// 2007 USENIX Annual Technical Conference on Proceedings of the USENIX Annual Technical Conference, Santa Clara, CA, 2007.

［13］ Son S. W., Chen G., Kandemir M. Disk layout optimization for reducing energy consumption ［C］//Proceedings of the 19th annual international conference on Supercomputing, Cambridge, Massachusetts, 2005.

［14］ Bruno J., Brustoloni J., Gabber E., et al. Disk scheduling with quality of service guarantees ［C］//Proceedings of the IEEE International Conference on Multimedia Computing and Systems, July, 1999.

［15］ Uysal M., Merchant A., Alvarez G. A. Using MEMS-based storage in disk arrays ［C］// Proceedings of the 2nd USENIX Conference on File and Storage Technologies, San Francisco, CA, 2003.

［16］ Caulfield A. M., De A., Coburn J., et al. Moneta: A high-performance storage array architecture for next-generation, non-volatile memories ［C］//Proceedings of the 2010 43rd Annual IEEE/ACM International Symposium on Microarchitecture, 2010.

［17］ Akel A., Caulfield A. M., Mollov T. I., et al. Onyx: A prototype phase change memory storage array ［C］//Proceedings of the 3rd USENIX Conference on Hot Topics in Storage and File Systems, Portland, 2011.

［18］ Bisson T., Brandt S. A. Reducing hybrid disk write latency with flash-backed I/O Requests ［C］// Proceedings of the 15th International Symposium on Modeling, Analysis, and Simulation of Computer and Telecommunication Systems, October 2007.

［19］ Caulfield A. M., Grupp L. M., Swanson S. Gordon: Using flash memory to build fast, power-efficient clusters for data-intensive applications [J]. SIGPLAN Not., 2009, 44 (3).

[20] Narayanan D., Thereska E., Donnelly A., et al. Migrating server storage to SSDs: Analysis of tradeoffs [C] // 4th ACM European Conference on Computer Systems, Nuremberg, Germany, April, 2009.

[21] Josephson W. K., Bongo L. A., Li K., et al. DFS: A file system for virtualized flash storage [J]. Trans. Storage, 2010, 6 (3).

[22] Soundararajan G., Prabhakaran V., Balakrishnan M., et al. Extending SSD lifetimes with disk-based write caches [C] // Proceedings of the 8th USENIX Conference on File and Storage Technologies, San Jose, California, 2010.

[23] Mao B., Jiang H., Wu S., et al. HPDA: A hybrid parity-based disk array for enhanced performance and reliability [J]. Trans. Storage, 2012, 8 (1).

[24] Yang Q., Ren J. I-CASH: Intelligently coupled array of SSD and HDD [C] // Proceedings of the 2011 IEEE 17th International Symposium on High Performance Computer Architecture, 2011.

[25] Useche L., Guerra J., Bhadkamkar M., et al. EXCES: External caching in energy saving storage systems [C] // Proceedings of the IEEE 14th International Symposium on High Performance Computer Architecture, 2008. HPCA 2008., Feb, 2008.

[26] Pritchett T., Thottethodi M. Sieve Store: A highly-selective, ensemble-level disk cache for cost-performance [C] //Proceedings of the 37th Annual International Symposium on Computer architecture, Saint-Malo, France, 2010.

[27] Makatos T., Klonatos Y., Marazakis M., et al. Using transparent compression to improve SSD-based I/O caches [C] //Proceedings of the 5th European conference on Computer Systems, Paris, France, 2010.

[28] Byan S., Lentini J., Madan A., et al. Mercury: Host-side flash caching for the data center [C] // Mass Storage Systems and Technologies (MSST), 2012 IEEE 28th Symposium on, April, 2012.

[29] Oh Y., Choi J., Lee D., et al. Caching less for better performance: balancing cache size and update cost of flash memory cache in hybrid storage systems [C] //Proceedings of the 10th USENIX conference on File and Storage Technologies,

San Jose, CA, 2012.

[30] Seon-yeong P., Dawoo J., Jeong-uk K., et al. CFLRU: A replacement algorithm for flash memory [C] //Proceedings of the 2006 international Conference on Compilers, Architecture and Synthesis for Embedded Systems, ACM: Seoul, Korea, 2006.

[31] Kgil T., Roberts D., Mudge T. Improving NAND flash based disk caches [C] //Proceedings of the 35th Annual International Symposium on Computer Architecture, 2008.

[32] Lee H. J., Lee K. H., Noh S. H. Augmenting RAID with an SSD for energy relief [C] //Proceedings of the 2008 Conference on Power Aware Computing and Systems, San Diego, California, 2008.

[33] Kim H., Ahn S. BPLRU: A buffer management scheme for improving random writes in flash storage [C] //Proceedings of the 6th USENIX Conference on File and Storage Technologies, San Jose, California, 2008.

[34] Jo H., Kang J.-U., Park S.-Y., et al. FAB: Flash-aware buffer management policy for portable media players [J]. IEEE Trans. on Consum. Electron., 2006, 52 (2).

[35] Kim J., Kim J. M., Noh S. H., et al. A space-efficient flash translation layer for Compact Flash systems [J]. IEEE Trans. on Consum. Electron., 2002, 48 (2).

[36] Chen F., Luo T., Zhang X. CAFTL: A content-aware flash translation layer enhancing the lifespan of flash memory based solid state drives [C] //Proceedings of the 9th USENIX conference on File and stroage technologies, San Jose, California, 2011.

[37] Gupta A., Pisolkar R., Urgaonkar B., et al. Leveraging value locality in optimizing NAND flash-based SSDs [C] //Proceedings of the 9th USENIX conference on File and storage technologies, San Jose, California, 2011.

[38] Min C., Kim K., Cho H., et al. SFS: Random write considered harmful in solid state drives [C] //Proceedings of the 10th USENIX conference on File and Storage Technologies, San Jose, CA, 2012.

[39] Ouyang X., Nellans D., Wipfel R., et al. Beyond block I/O: Rethinking

traditional storage primitives [C] //Proceedings of the 2011 IEEE 17th International Symposium on High Performance Computer Architecture, 2011.

[40] Frankie T., Hughes G., Kreutz-Delgado K. A mathematical model of the trim command in NAND-flash SSDs [C] //Proceedings of the 50th Annual Southeast Regional Conference, Tuscaloosa, Alabama, 2012.

[41] Sunhwa P., Ji Hyun Y., Seong-Yong O. Atomic write FTL for robust flash file system [C] //Consumer Electronics, 2005 (ISCE 2005). Proceedings of the Ninth International Symposium on, 14–16 June, 2005.

[42] Barrie Sosinsky. Cloud computing Bible [M]. Wiley Publishing, 2011.

[43] Wu Michael, Zwaenepoel Willy. eNVy: A non-volatile, main memory storage system [C]. ASPLOS, New York, 1994.

[44] P. C. Gilmore, R. E. Gomoryt. Multistage cutting stock problems of two and more dimensions [J]. Operations Research, 1965, 13 (1).

[45] David A. Patterson, Garth A. Gibson, Randy H. Katz. A case for redundant arrays of inexpensive disks (RAID) [C] //Proceedings of the 1988 ACM SIGMOD International Conference on Management of Data. Chicago, IlUnois: ACM, 1988.

[46] Amar Kapadia, Sreedhar Varma, Kris Rajana, Implementing cloud storage with open stack swift [M]. Packt Publishing, 2014.

[47] Gueyoung Jung et al. Mistral: Dynamically managing power, performance, and adaptation cost in cloud infrastructures [P]. ICDCS, 2010.

[48] C. Subramanian, A. Vasan, A. Sivasubramaniam. Reducing data center power with server consolidation: Approximation and evaluation [P]. HiPC, 2010, 1–10.

[49] Jeonghwan Choi. Power consumption prediction and power-aware packing in consolidated environments [J]. IEEE Transactions on Computers, 2010, 59 (12).

[50] Kawaguchi Atsuo, Nishioka Shingo, Motoda Hiroshi. A flash memory based file system [C]. USENIX ATC, Berkeley, 1995.

[51] Chang Li-Pin, Kuo Tei-Wei. An adaptive striping architecture for flash memory storage systems of embedded systems [C]. RTAS'02, Washington, 2012.

[52] Hsieh Jen-Wei, Chang Li-Pin, Kuo Tei-Wei. Efficient on-line identification of hot data for flash-memory management [C]. SAC, New York, 2005.

［53］Lee Sungjin, Shin Dongkun, Kim Young-Jin, Kim Jihong. LAST: Locality-aware sector translation for NAND flash memory -based storage systems［C］. SIGOPS, New York, 2008.

［54］Lee Sungjin, Ha Keonsoo, Zhang Kangwon, Kim Jihong. Flex FS: A flexible flash file system for MLC NAND flash memory［C］. USENIX ATC, Berkeley, 2009.

［55］S. Liang, S. Jiang, X. Zhang. Step: Sequentiality and thrashing detection based prefetching to improve performance of networked storage servers［M］. ICDCS'07, Washington, DC, USA, 2007.

［56］B. S. Gill, L. Angel, D. Bathen. Amp: Adaptive multi-stream prefetching in a shared cache［M］. FAST'07, 2007.

［57］P. Cao, E. W. Felten, A. R. Karlin, K. Li. Implementation and performance of integrated application -controlled file caching, prefetching, and disk scheduling［J］. ACM Trans. Computer System, 1996, 14 (4).

［58］Rajkumar Buyya, James Broberg, Andrzej Goscinski. Cloud computing principle and paradigms［M］. Wiley, 2013.

［59］B. S. Gill, D. S. Modha. Sarc: Sequential prefetching in adaptive replacement cache［C］//Proceedings of the Annual Conference on USENIX 2005 Annual Technical Conference, Berkeley, CA, USA, 2005.

［60］F. Chang, G. A. Gibson.Automatic i/o hint generation through speculative execution［M］. OSDI'99, Berkeley, CA, USA, 1999.

［61］Z. Li, Z. Chen, S. M. Srinivasan, Y. Zhou. C-miner: Mining block correlations in storage systems［M］. FAST'04, Berkeley, CA, USA, 2000.

［62］M. Li, E. Varki, S. Bhatia, A. Merchant.Tap: table-based prefetching for storage caches［M］. FAST'08, Berkeley, CA, USA, 2008.

［63］Gustavo A. A. Santana. Data center virtualization fundamentals［M］. CISCO, 2015.

［64］C. Li, K. Shen. Managing prefetch memory for data -intensive online servers［M］. FAST'05, Berkeley, CA, USA, 2005.

［65］J. Matthews, S. Trika, D. Hensgen, R. Coulson, K. Grimsrud. Intel turbo memory: Nonvolatile disk caches in the storage hierarchy of mainstream computer systems [J]. Trans. Storage, 2008, 4 (2).

[66] Shengjun Xue, Wu-Bin Pan, Wei Fang. A novel approach in improving I/O performance of small meteorological files on HDFS [J]. Applied Mechanics and Materials, 2012, 117 (119).

[67] Ming Chen, Wei Chen, Likun Liu, Zheng Zhang. An analytical framework and its applications for studying brick storage reliability [C]. SRDS'07: 26th IEEE International Symposium on Reliable Distributed Systems, Beijing, 2007.

[68] Tyson C., Neil C., Peter A., etc. Map reduce online [C]. NSDI 2010: USENIX Symposium on Networked Systems Design and Implementation, CA, USA, 2010.

[69] M. Saxena, M. M. Swift. FlashVM: Virtual memory management on flash [C] // Proceedings of the 2010 USENIX Conference on USENIX Annual Technical Conference. Berkeley, CA, USA, 2010.

[70] M. Saxena, M. M. Swift, Y. Zhang. Flashtier: A lightweight, consistent and durable storage cache [M]. EuroSys'12. New York, NY, USA, 2012.

[71] Hui He, Zhonghui Du, Weizhe Zhang , Allen Chen. Optimization strategy of hadoop small file storage for big data in healthcare [J]. Journal of Supercomputing, 2015, 71 (7).

[72] A. J. Uppal, R. C.-L. Chiang, H. H. Huang. Flashy prefetching for high-performance flash drives [M]. MSST, IEEE 28th Symposium on, San Diego, CA, USA, 2012.

[73] Y. Joo, J. Ryu, S. Park, K. G. Shin. Fast: Quick application launch on solid-state drives [M]. FAST'11, Berkeley, CA, USA, 2011.

[74] Grant Mackey, Saba Sehrish, Jun Wang. Improving metadata management for small files in HDFS [C]. CLUSTER'09: 2009 IEEE International Conference on Cluster Computing and Workshops, New Orleans, LA, 2009.

[75] Xuhui Liu, Jizhong Han, Yunqin Zhong, Chengde Han, Xubin He. Implementing WebGIS on hadoop: A case study of improving small file I/O performance on HDFS [C]. CLUSTER'09: IEEE International Conference on Cluster Computing and Workshops 2009, New Orleans, LA, 2009.

[76] F. Chen, D. A. Koufaty, X. Zhang. Hystor: Making the best use of solid

state drives in high performance storage systems ［C］. ICS'11, New York, NY, US-A, 2011.

　　［77］ S. Byan, J. Lentini, A. Madan, L. Pabon. Mercury：Host-side flash caching for the data center ［C］. MSST, IEEE 28th Symposium on, 2012.

　　［78］ Ganesh A., Michael C. H., Xiaoqi R., etc. Grass：Trimming stragglers in approximation analytics ［C］. NSDI 2014：USENIX Symposium on Networked Systems Design and Implementation, CA, USA, 2014.

　　［79］ 封仲淹. NAS 集群文件系统元数据管理的设计与实现 ［D］. 武汉：华中科技大学, 2006.

　　［80］ 刘金柱. NAS 网络存储技术研究 ［D］. 武汉：华中科技大学, 2009.

　　［81］ 吴振宇. 高可用性附网存储集群的研究与实现 ［D］. 武汉：华中科技大学, 2007.

　　［82］ 刘勇. 基于 FCSAN 的存储虚拟化研究和设计 ［D］. 武汉：华中科技大学, 2006.

　　［83］ 高静. 基于 iSCSI 的 IPSAN 的研究与实现 ［D］. 哈尔滨：哈尔滨工业大学, 2007.

　　［84］ 程延锋. 基于 Linux 的 NAS 系统设计 ［D］. 哈尔滨：西安电子科技大学, 2006.

　　［85］ 张帆. 基于 NAS 的光盘库系统嵌入式控制器的设计与实现 ［D］. 武汉：华中科技大学, 2004.

　　［86］ 孔华锋. 基于主动网络技术的存储网络关键技术的研究 ［D］. 武汉：华中科技大学, 2004.

　　［87］ 肖庆华. 几种典型网络存储系统的存储管理技术研究 ［D］. 武汉：华中科技大学, 2004.

　　［88］ 吴敬琏. 模块式附网存储系统的研究与实现 ［D］. 北京：清华大学, 2002.

　　［89］ 高琨. 企业存储区域网 SAN 的方案分析与研究 ［D］. 北京：北京邮电大学, 2008.

　　［90］ 吴涛. 虚拟化存储技术研究 ［D］. 武汉：华中科技大学, 2004.

　　［91］ 刘朝斌. 虚拟网络存储系统关键技术研究及其性能评价 ［D］. 武汉：华中科技大学, 2003.

［92］向东. iSCSI_SAN 网络异构存储系统管理策略的研究［D］. 武汉：华中科技大学，2004.

［93］姜国松. RAID 控制器 APoRC 软件架构研究［D］. 武汉：华中科技大学，2009.

［94］刘军平. 磁盘存储系统可靠性技术研究［D］. 武汉：华中科技大学，20011.

［95］李明强. 磁盘阵列的纠删码技术研究［D］. 北京：清华大学，2011.

［96］吴素贞. 磁盘阵列高可用技术研究［D］. 武汉：华中科技大学，2010.

［97］万胜刚. 磁盘阵列高容错模式及重构技术研究［D］. 武汉：华中科技大学，2010.

［98］何水兵. 对象存储控制器关键技术研究［D］. 武汉：华中科技大学，2009.

［99］赵铁柱. 分布式文件系统性能建模及应用研究［D］. 广州：华南理工大学，2011.

［100］郇丹丹. 高性能存储系统研究［D］. 北京：中国科学院计算技术研究所，2006.

［101］刘劲松. 关于存储系统性能的测试——仿真与评价的研究［D］. 武汉：华中科技大学，2004.

［102］侯昉. 海量网络存储系统中的多级缓存技术研究［D］. 广州：华南理工大学，2011.

［103］张晓. 基于存储区域网络的数据可靠性技术研究［D］. 西安：西北工业大学，2005.

［104］邓玉辉. 基于网络磁盘阵列的海量信息存储系统［D］. 武汉：华中科技大学，2004.

［105］葛雄资. 基于预取的磁盘存储系统节能技术研究［D］. 武汉：华中科技大学，2012.

［106］李琼. 面向高性能计算的可扩展 I/O 体系结构研究与实现［D］. 北京：国防科技大学，2009.

［107］毛波. 盘阵列的数据布局技术研究［D］. 武汉：华中科技大学，2011.

［108］金超. 容错存储系统的结构优化技术研究［D］. 武汉：华中科技大学，2003.

[109] 王刚. 网络磁盘阵列结构和数据布局研究［D］. 天津：南开大学，2002.

[110] 刘卫平. 网络存储中的数据容错与容灾技术研究［D］. 西安：西北工业大学，2006.

[111] 夏鹏. 文件系统语义分析技术研究［D］. 武汉：华中科技大学，2011.

[112] 吴涛. 虚拟化存储技术研究［D］. 武汉：华中科技大学，2004.

[113] 姚杰. 分布式存储系统文件级连续数据保护技术研究［D］. 武汉：华中科技大学，2004.

[114] 陈金莲. 分布式连续数据保护方案［D］. 北京：中国地质大学，2008.

[115] 曾敬勇. 高可靠海量存储系统远程镜像模块的设计与实现［D］. 成都：电子科技大学，2006.

[116] 刘正伟. 海量数据持续数据保护技术研究与实现［D］. 济南：山东大学，2011.

[117] 喻强. 基于 ISCSI 连续数据保护系统的研究和实现［D］. 武汉：华中科技大学，2004.

[118] 王娟. 基于 SAN 的镜像与快照技术结合应用研究［D］. 武汉：华中科技大学，2004.

[119] 周炜. 基于存储虚拟化的快照与 CDP 设计［D］. 武汉：华中科技大学，2004.

[120] 王欣兴. 基于群组的块级连续数据保护服务研究与实现［D］. 北京：清华大学，2012.

[121] 赵瑞君. 基于网络的连续数据保护系统设计与实现［D］. 武汉：华中科技大学，2012.

[122] 刘婷婷. 面向云计算的数据安全保护关键技术研究［D］. 郑州：解放军信息工程大学，2013.

[123] 徐维江. 网络计算中的私有数据保护问题及其应用研究［D］. 合肥：中国科技大学，2008.

[124] 杨宗博. 文件级持续数据保护系统的设计与实现［D］. 郑州：解放军信息工程大学，2009.

[125] 李旭. 系统级数据保护技术研究［D］. 武汉：华中科技大学，2008.

[126] 李亮. 一种基于持续数据保护的镜像系统的研究与实现［D］. 长沙：

国防科技大学，2010.

[127] 任敏敏. 一种快照技术的研究与实现 [D]. 武汉：华中科技大学，2011.

[128] 傅先进. 支持持续数据保护的快照系统研究 [D]. 长沙：国防科技大学，2009.

[129] 魏建生. 高性能重复数据检测与删除技术研究 [D]. 武汉：华中科技大学，2012.

[130] 彭飞. 光盘库备份系统中重复数据删除技术的研究与实现 [D]. 武汉：华中科技大学，2013.

[131] 黄莉. 基于语义关联的重复数据清理技术研究 [D]. 武汉：华中科技大学，2011.

[132] 王灿. 基于在线重复数据消除的海量数据处理关键技术研究 [D]. 武汉：华中科技大学，2007.

[133] 谭玉娟. 数据备份系统中数据去重技术研究 [D]. 武汉：华中科技大学，2012.

[134] 郑寰. 数据备份中基于相似性的重复数据删除的研究 [D]. 武汉：华中科技大学，2012.

[135] 杨天明. 网络备份中重复数据删除技术研究 [D]. 武汉：华中科技大学，2010.

[136] 周正达. 信息存储系统中重复数据删除技术的研究 [D]. 武汉：华中科技大学，2012.

[137] 胡盼盼. 在线重复数据删除技术的研究与实现 [D]. 武汉：华中科技大学，2011.

[138] 黎天翔. 智能网络存储系统中的重复数据删除技术研究 [D]. 广州：华南理工大学，2008.

[139] 曾涛. 重复数据删除技术的研究与实现 [D]. 武汉：华中科技大学，2011.

[140] 张甲燃. 重复数据删除技术研究 [D]. 济南：山东大学，2013.

[141] 王重韬. 重复数据删除系统的存储管理及其可靠性研究 [D]. 武汉：华中科技大学，2012.

[142] 王兴. 重复数据删除系统的性能优化研究 [D]. 武汉：华中科技大学，

2013.

[143] 周敬利，余胜生.网络存储原理与技术［M］.北京：清华大学出版社，2005.

[144] 罗英伟等.信息存储与管理：数字信息的存储、管理和保护［D］.北京：人民邮电出版社，2009.

[145] 白跃彬译.计算机系统结构——量化研究方法［M］.北京：电子工业出版社，2010.

[146] 李艳静.MEMS存储设备在计算机系统中应用的关键技术研究［D］.长沙：国防科技大学，2007.

[147] 曹强，黄建忠，万继光，谢长生.海量网络存储系统原理与设计［M］.武汉：华中科技大学出版社，2010.

[148] 温学鑫.非对称相变存储器单元制备工艺及性能研究［D］.武汉：华中科技大学，2012.

[149] 薛寅颖.基于光盘库的云存储系统研究与实现［D］.南京：南京航空航天大学，2013.

[150] 何统洲，黄浩，吴彬.MEMS存储设备的伺服设计［J］.小型微型计算机系统，2007，28（10）.

[151] 张光.存储虚拟化技术的研究［D］.北京：北方交通大学，2013.

[152] 谭生龙.存储虚拟化技术的研究［J］.微计算机应用，2010，31（1）.

[153] 胡军杰.云平台下分布式文件系统评测技术研究［D］.哈尔滨：哈尔滨工业大学，2014.

[154] 刘建毅，王枞，薛向东.存储安全分析［J］.中兴通讯技术，2012，18（6）.

[155] 赵少峰.云存储系统关键技术研究［D］.郑州：郑州大学，2013.

[156] 蔡柳青.基于MongoDB的云监控设计与应用［D］.北京：北京交通大学，2011.

[157] 熊振华.基于OPENSTACK云存储技术的研究［D］.长春：吉林大学，2014.

[158] 邵珠兴.基于OpenStack的云存储系统的研究与设计［D］.北京：北京工业大学，2014.

[159] 杨传辉.大规模分布式存储系统：原理解析与架构实战［M］.北京：

机械工业出版社，2013.

[160] 徐晓新. 基于 VMwarevShphere 的数据中心虚拟化建设研究 [D]. 北京：北京中医药大学，2014.

[161] 胡嘉玺. 智慧 VMware_vSphere 运维实录 [D]. 北京：清华大学，2011.

[162] 余洋. 基于 Xen 的安全虚拟化平台及应用研究 [D]. 南京：南京邮电大学，2013.

[163] 方国伟，Bill Liu. 详解微软 Windows Azure 云计算平台 [M]. 北京：电子工业出版社，2011.

[164] Roger Jennings. 云计算与 Azure 平台实战 [M]. 北京：清华大学出版社，2011.

[165] 赵立伟，方国伟. 让云触手可及：微软云计算实践指南 [M]. 北京：电子工业出版社，2010.

[166] 王鹏. 云计算的关键技术与应用实例 [M]. 北京：人民邮电出版社，2010.

[167] 何坤源. VMware vSphere 5.0 虚拟化架构实战指南 [M]. 北京：人民邮电出版社，2013.

[168] 刘一梦. 基于 MongoDB 的云数据管理技术的研究与应用 [D]. 北京：北京交通大学，2012.

[169] 王庆波，金泽，何乐，赵阳，邹志东，吴玉会，杨林. 虚拟化与云计算 [M]. 北京：电子工业出版社，2009.

[170] 袁东坡，孙建钢，Hilary Lee 等. 智慧云数据中心 [M]. 北京：电子工业出版社，2013.

[171] Adrian De Luca，Mandar Bhide. 存储虚拟化 [M]. Wiley，2009.

[172] 敖青云. 存储技术原理分析：基于 Linux_2.6 内核源代码 [M]. 北京：电子工业出版社，2011.

[173] 陈敏敏. 基于 MongoDB 云存储平台的论坛信息抽取与存储研究 [D]. 上海：上海交通大学，2012.

[174] 彭渊. 大规模分布式系统架构与设计实战 [M]. 北京：机械工业出版社，2014.

[175] 廖彬，于炯，张陶，杨兴耀. 基于分布式文件系统 HDFS 的节能算法 [J]. 计算机学报，2013，36（5）.

[176] 王峰，刘洋. 基于逻辑卷副本整合的节能存储技术研究 [J]. 河南师范大学学报：自然科学版，2012，40（3）.

[177] 陆游游，舒继武. 闪存存储系统综述 [J]. 计算机研究与发展，2013，50（1）.

[178] 陈志广，肖侬，刘芳，杜溢墨. 一种用磁盘备份 SSD 的高性能可靠存储系统 [J]. 计算机研究与发展，2013，50（1）.

[179] 赵晓永，杨扬，孙莉莉，陈宇. 基于 Hadoop 的海量 MP3 文件存储架构 [J]. 计算机应用，2012，32（6）.

[180] 张春明，芮建武，何婷婷. 一种 Hadoop 小文件存储和读取的方法 [J]. 计算机应用与软件，2012，29（11）.

[181] 姚怡，赖朝安. 一种带剪切约束的启发式二维装箱算法 [J]. 图学学报，2015，36（6）.

[182] 程学旗，靳小龙，王元卓等. 大数据系统和分析技术综述 [J]. 软件学报，2014，25（9）.

[183] 朱圣才. 基于 WindowsAzure 平台的虚拟化技术研究 [J]. 信息网络安全，2013（6）.

[184] 张琦，王林章，张天，邵子立. 一种优化的闪存地址映射方法 [J]. 软件学报，2014，25（2）.

[185] 余思，桂小林，黄汝维，庄威. 一种提高云存储中小文件存储效率的方案 [J]. 西安交通大学学报，2011，45（6）.

[186] 王峰，王伟，刘洋. 一种基于固态盘和硬盘的混合存储架构 [J]. 河南师范大学学报：自然科学版，2013，41（4）.

[187] 张继平. 云存储解析 [M]. 北京：人民邮电出版社，2013.

[188] 基于随机游走的大容量固态硬盘磨损均衡算法 [J]. 计算机学报，2012，35（5）.

[189] 杨濮源，金培权，岳丽华. 一种时间敏感的 SSD 和 HDD 高效混合存储模型 [J]. 计算机学报，2012，35（11）.

[190] 李国杰，程学旗. 大数据研究：未来科技及经济社会发展的重大战略领域——大数据的研究现状与科学思考 [J]. 中国科学院院刊，2012，27（9）.

[191] 张顺龙，库涛，周浩. 针对多聚类中心大数据集的加速 K-means 聚类算法 [J]. 计算机应用研究，2016，33（2）.

［192］周润物，李智勇，陈少淼等. 面向大数据处理的并行优化抽样聚类 K-means 算法［J］. 计算机应用，2016，36（2）.

［193］杨煜，赵成贵. 求解大规模谱聚类的近似加权核 k-means 算法［J］. 软件学报，2015，26（11）.

［194］贾洪杰，丁世飞，史忠植. 基于 Hadoop MapReduce 并行近似谱聚类算法研究与实现［J］. 计算机应用与软件，2015，32（8）.

［195］詹剑锋，高婉铃，王磊等. BigDataBench：开源的大数据系统评测基准［J］. 计算机学报，2016，39（1）.

［196］钱迎进. 大规模 Lustre 集群文件系统关键技术的研究［D］. 长沙：国防科技大学，2011.

［197］邢屹. 大规模键值分布式存储系统的设计与实现［D］. 成都：电子科技大学，2013.

［198］史晓丽. Bigtable 分布式存储系统的研究［D］. 成都：电子科技大学，2014.

［199］刘冠. 标准 SQL 语句与 MongoDB 数据转换技术研究［D］. 成都：四川师范大学，2013.

［200］徐燕雯. 基于 KVM 的桌面虚拟化架构设计与实现［D］. 上海：上海交通大学，2012.

［201］朱明中. Windows Azure 实战手记［M］. 北京：中国水利水电出版社，2011.

［202］杨文志. 云计算技术指南——应用、平台与架构［M］. 北京：化学工业出版社，2010.